机械工程训练

主编　李海越　郭睿智　杜林娟
参编　韩志民　李素燕　曲　芳
　　　李光辉　徐　靖　葛升平
主审　罗凤利

U0378993

扩展内容

机械工业出版社

本书在编写过程中突出了机械工程训练的实用性、先进性和全面性。全书共 16 章，包括绪论、工程材料及热处理、铸造、锻压、焊接、金属切削加工基础、车削、铣削、刨削、镗削、磨削、钳工、数控加工技术、特种加工、3D 打印技术、零件加工工艺和结构工艺性、综合创新训练。每章后配有二维码，读者扫描后可以阅读扩展内容及复习思考题。

本书主要用作高等学校工程训练（或金工实习）教材，还可作为机械制造工程技术人员的参考书。

图书在版编目（CIP）数据

机械工程训练/李海越，郭睿智，杜林娟主编 . —北京：机械工业出版社，2018.8（2025.1 重印）
 ISBN 978-7-111-60179-1

Ⅰ.① 机…　Ⅱ.①李…　②郭…　③杜…　Ⅲ.①机械工程—高等学校—教材　Ⅳ.①TH

中国版本图书馆 CIP 数据核字（2018）第 113262 号

机械工业出版社（北京市百万庄大街 22 号　邮政编码 100037）
策划编辑：王晓洁　责任编辑：王晓洁
责任校对：郑　婕　封面设计：陈　沛
责任印制：张　博
北京雁林吉兆印刷有限公司印刷
2025 年 1 月第 1 版第 4 次印刷
184mm×260mm · 15.75 印张 · 387 千字
标准书号：ISBN 978-7-111-60179-1
定价：49.80 元

电话服务　　　　　　　　　网络服务
客服电话：010-88361066　机　工　官　网：www.cmpbook.com
　　　　　010-88379833　机　工　官　博：weibo.com/cmp1952
　　　　　010-68326294　金　书　网：www.golden-book.com
封底无防伪标均为盗版　机工教育服务网：www.cmpedu.com

前　　言

本教材根据教育部教学指导委员会发布的《普通高等学校工程材料及机械制造基础系列课程教学基本要求》和《普通高等学校工程训练中心建设基本要求》的精神，汲取和总结了新的教学经验与改革成果，结合普通高等学校工程训练教学的实际需要编写。

本教材具有如下特点：

1. 对机械工程训练的知识和技能体系进行了整体优化，以基本要求为基础，以教学实际应用为主线，努力做到通俗易懂，实用性强，有利于培养学生的工程实践能力。

2. 教材内容突出了基础性与专业性，目的在于引领学生步入机械制造学科的神圣殿堂。

3. 增加了许多学科发展的新内容，以适应新工科建设和专业认证要求。

4. 总结与借鉴了机械工程训练新的教学成果和教学经验，采用了新的国家标准。

5. 本教材配有二维码，读者扫描后可以阅读扩展内容及复习思考题。

本教材由黑龙江科技大学工程训练与基础实验中心组织编写，由李海越、郭睿智和杜林娟任主编，韩志民、李素燕、曲芳、李光辉、徐靖、葛升平参加编写。具体编写分工如下：李海越编写了第1、2、7、9、10章，杜林娟编写了第12、15章，郭睿智编写了第13、14、16章，葛升平编写了第3章，徐靖编写了第4章，曲芳编写了第5章，李光辉编写了第6章，韩志民编写了第8章，李素燕编写了第11章。全书由罗凤利主审。

由于编者水平有限，书中难免存在不妥之处，恳请读者批评指正。

编　者

目　　录

第 1 章 绪 论

机械工程训练又称金工实习或机械制造实习，是一门传授机械制造基础知识和技能的实践性很强的技术基础课。它既是工科院校实践教学不可缺少的重要环节之一，又是材料成形工艺基础、机械制造工艺基础（原称金属工艺学）等课程先修的实践教学环节。

1.1 机械工程训练概述

1.1.1 机械制造过程

机械是机器和机构的统称。机器和机构都是人为的组合体，各部分都有确定的相对运动，但机器还能代替人做功或转换能量。

1. 机械制造工程在国民经济中的巨大作用

现代机械制造工程有 5 大服务领域：①研制和提供能量转换机械，包括将热能、化学能、原子能、电能、流体压力能和天然机械能转换为适合于应用的机械能的各种动力机械，以及将机械能转换为所需要的其他能量的能量转换机械；②研制和提供用以生产各种产品的机械，包括农、林、牧、渔业机械和矿山机械，以及各种重工业机械和轻工业机械等；③研制和提供从事各种服务的机械，如物料搬运机械，交通运输机械，医疗机械，办公机械，通风、采暖和空调设备，以及除尘、净化、消声等环境保护设备等；④研制和提供家庭和个人生活用的机械，如洗衣机、电冰箱、钟表、照相机、运动器械和娱乐器械等；⑤研制和提供各种机械武器。

各种先进的仪器设备是机械、电子、计算机、自动控制、光学、声学和材料科学，甚至化学、生物与环境科学结合与交叉的产物。因此，无论学生将来从事何种专业，机械制造工程的学习对他们的未来发展都会起到重要作用。

机械制造是人类按照市场的需求，运用主观掌握的知识和技能，借助于手工或可以利用的客观物质工具，采用有效的工艺方法和必要的能源，将原材料转化为最终机械产品，投放市场并不断完善的全过程。机械制造的过程可以描述为宏观过程和具体过程。

2. 机械制造的宏观过程

机械制造的宏观过程如图 1-1 所示，首先设计图样，再根据图样制订工艺文件和进行工装的准备，然后是产品制造，最后是市场营销，并将各个阶段的信息反馈回来，使产品不断完善。

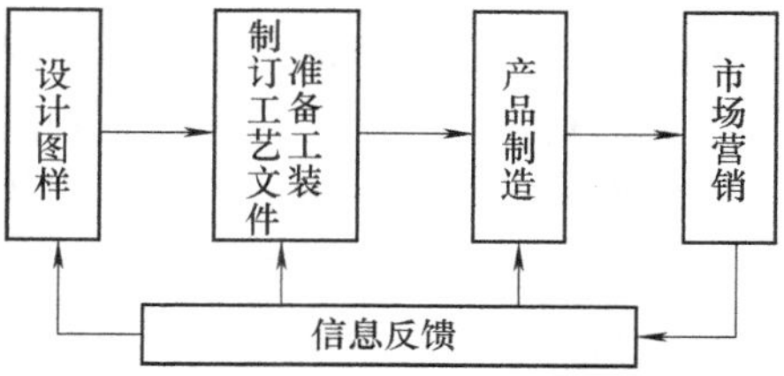

3. 机械制造的具体过程

机械制造的具体过程如图 1-2 所示。原材料包

图 1-1 机械制造的宏观过程

括生铁、钢锭、各种金属型材及非金属材料等。将原材料用铸造、锻造、冲压、焊接等方法制成零件的毛坯（或半成品、成品），再经过切削加工、特种加工制成零件，最后将零件和

电子元器件装配成合格的机电产品。

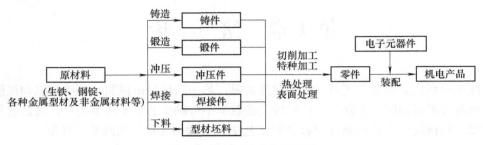

图 1-2　机械制造的具体过程

机械制造过程中的主要工艺方法有如下几种：

（1）铸造　铸造是把熔化的金属液浇注到预先制作的铸型型腔中，待其冷却凝固后获得铸件的加工方法。铸造的主要优点是可以生产形状复杂特别是内腔复杂的毛坯，而且成本低廉。铸造的应用十分广泛，在一般机械中，铸件的重量大都占整机重量的 50% 以上，如各种机械的机体、机座、机架、箱体和工作台等，大都采用铸件。

（2）锻造　锻造是将金属加热到一定温度，利用冲击力或压力使其产生塑性变形而获得锻件的加工方法。锻件的组织比铸件致密，力学性能高，但锻件形状所能达到的复杂程度远不如铸件，锻造零件的材料利用率也较低。各种机械中的传动零件和承受重载及复杂载荷的零件，如主轴、传动轴、齿轮、凸轮、叶轮和叶片等，其毛坯大多采用锻件。

（3）冲压　冲压是利用压力机和专用模具，使金属板料产生塑性变形或分离，从而获得零件或制品的加工方法。冲压通常在常温下进行。冲压件具有重量轻、刚度好和尺寸精度高等优点，各种机械和仪器、仪表中的薄板成形件及生活用品中的金属制品，绝大多数都是冲压件。

（4）焊接　焊接是利用加热或加压（或两者并用），使两部分分离的金属件通过原子间的结合，形成永久性连接的加工方法。焊接具有连接质量好、节省金属和生产率高等优点。焊接主要用于制造金属结构件，如锅炉、容器、机架、桥梁和船舶等，也可制造零件毛坯，如某些机座和箱体等。

（5）下料　下料是将各种型材利用气割、机锯或剪切等方式获得零件坯料的一种方法。

（6）非金属成型　在各种机械零件和构件中，除采用金属材料外，还采用非金属材料，如木材、玻璃、橡胶、陶瓷、皮革和工程塑料等。非金属材料的成型方法因材料的种类不同而不同。例如，橡胶制品通过塑炼、混炼、成型和硫化等过程制成；陶瓷制品是利用天然或人工合成的粉状化合物，经过成型和高温烧结制成的；工程塑料制品是将颗粒状的塑料原材料，在注射机上加热熔融后注入专用的模具型腔内冷却后制成的。

（7）切削加工　切削加工是利用切削工具（主要是刀具）和工件做相对运动，从毛坯和型材坯料上切除多余的材料，获得尺寸精度、形状精度、位置精度和表面粗糙度完全符合图样要求的零件的加工方法。切削加工包括机械加工（简称机工）和钳工两大类。机工主要是通过工人操纵机床来完成切削加工的，常见的机床有车床、铣床、刨床和磨床等，相应的加工方法称为车削、铣削、刨削和磨削等。钳工一般是通过工人手持工具进行切削加工的，其基本操作包括锯削、锉削、刮削、攻螺纹、套螺纹和研磨等，通常把钻床加工也包括在钳工范围内，如钻孔、扩孔和铰孔等。

（8）特种加工 特种加工是相对传统切削加工而言的。切削加工主要依靠机械能，而特种加工直接利用电、光、声、化学、电化学等能量形式来去除工件多余材料。特种加工的方法很多，常用的有电火花、电解、激光、超声波、电子束和离子束加工等，主要用于各种难加工材料、复杂结构和特殊要求工件的加工。

（9）热处理 在毛坯制造和切削加工过程中常常要对工件进行热处理。热处理是将固态金属在一定的介质中加热、保温后以某种方式冷却，以改变其整体或表面组织而获得所需性能的加工方法。通过热处理可以提高材料的强度和硬度，或者改善其塑性和韧性，充分发挥金属材料的性能潜力，满足不同的使用要求或加工要求。重要的机械零件在制造过程中大都要经过热处理。常用的热处理方法有退火、正火、淬火、回火和表面热处理等。

（10）表面处理 表面处理是在保持材料内部组织和性能的前提下，改善其表面性能（如耐磨性、耐蚀性等）或表面状态的加工方法。除表面热处理外，表面处理常用的还有电镀、磷化、发蓝和喷塑等。

（11）装配 装配是将加工好的零件及电子元器件按一定顺序和配合关系组装成部件和整机，并经过调试和检验使之成为合格产品的工艺过程。

（12）热加工和冷加工 在单件小批量生产中，习惯把铸造、锻造、焊接和热处理称为热加工，把切削加工和装配称为冷加工。

1.1.2 机械工程训练的内容

按照教育部《普通高等学校工程材料及机械制造基础系列课程教学基本要求》等有关文件的精神，机械类专业机械工程训练应安排铸造、锻压、焊接、车工、铣刨、磨工、钳工、特种加工和数控加工等工种的训练。具体训练内容如下：

1）常用钢铁材料及热处理的基本知识。

2）冷、热加工的主要加工方法及加工工艺。

3）冷、热加工所用设备、附件及其工、夹、量、刀具的大致结构、工作原理和使用方法。

1.1.3 机械工程训练的教学环节

训练在工程训练基地（或中心）内按工种进行。教学环节有实际操作、现场演示和训练讲课等。

1）实际操作是训练的主要环节，通过实际操作获得各种加工方法的感性知识，初步学会使用有关的设备和工具。

2）现场演示是在实际操作的基础上进行的，以扩大必要的工艺知识面。

3）训练讲课包括概论课、理论课和专题讲座。

1.2 机械工程训练的目的

机械工程训练的目的是学习工艺知识，增强实践能力，提高综合素质，培养创新意识和创新能力。

1.2.1 学习工艺知识

学生除应该具备较强的基础理论知识和专业技术知识外，还必须具备一定的机械制造的基本工艺知识。与一般的理论课程不同，学生在机械工程训练中，主要通过自己的亲身实践来获取机械制造的基本工艺知识。这些工艺知识都是非常具体、生动而实际的，对于各专业的学生学习后续课程、进行毕业设计乃至以后的工作，都是必要的基础知识。

1.2.2 增强实践能力

这里所说的实践能力包括动手能力，在实践中获取知识的能力，以及运用所学知识和技能独立分析和亲手解决工艺技术问题的能力。这些能力，对于大学生是非常重要的，而这些能力只能通过训练、实验、作业、课程设计和毕业设计等实践性课程或教学环节来培养。

在机械工程训练中，学生自己动手操作各种机器设备，使用各种工、夹、量、刀具，将接触到实际生产过程。

1.2.3 提高综合素质

作为一个工程技术人员，应具有较高的综合素质，即应具有坚定正确的政治方向，艰苦奋斗的创业精神，团结勤奋的工作态度，严谨求实的科学作风，良好的心理素质及较高的工程素质等。

工程素质是指人在有关工程实践工作中所表现出的内在品质和作风，它是工程技术人员必须具备的基本素质。工程素质的内涵应包括工程知识、工程意识和工程实践能力。其中工程意识包括市场、质量、安全、群体、环境、社会、经济、管理、法律等方面的意识。机械工程训练是在生产实践的特殊环境下进行的，对大多数学生来说是第一次接触工人，第一次用自身的劳动为社会创造物质财富，第一次通过理论与实践的结合来检验自身的学习效果，同时接受社会化生产的熏陶和组织性、纪律性的教育。学生将亲身感受到劳动的艰辛，体验到劳动成果的来之不易，增强对劳动人民的思想感情，加强对工程素质的认识。所有这些，对提高学生的综合素质，必然起到重要的作用。

1.2.4 培养创新意识和创新能力

培养学生的创新意识和创新能力，最初启蒙式的潜移默化是非常重要的。在工程训练中，学生要接触到几十种机械、电气与电子设备，并了解、熟悉和掌握其中一部分设备的结构、原理和使用方法。这些设备都是前人和今人的创造发明，强烈地映射出创造者们历经长期追求和苦苦探索所燃起的智慧火花。在这种环境下学习，有利于培养学生的创新意识。在训练过程中，还要有意识地安排一些自行设计、自行制作的创新训练环节，以培养学生的创新能力。

1.3 机械工程训练的要求

1.3.1 机械工程训练的特点

机械工程训练以实践为主，学生必须在教师的指导下，独立操作，它不同于一般理论性课程，特点如下：

1）它没有系统的理论、定理和公式，除了一些基本原则以外，大都是一些具体的生产经验和工艺知识。

2）学习的课堂主要不是教室，而是具有很多仪器设备的训练室或实验室。

3）学习的对象主要不是书本，而是具体生产过程。

4）教学不仅有教师，而且还要以工程技术人员和现场教学指导人员为主导。

1.3.2　机械工程训练的学习

因为机械工程训练所具有的实践性教学特点，所以学生的学习方法也应做相应的调整和改变。

1）要善于在实践中学习，注重在生产过程中学习工艺知识和基本技能。

2）要注意训练教材的预习和复习，按时完成训练作业、日记和报告等。

3）要严格遵守规章制度和安全操作规程，重视人身和设备的安全。

4）建议学生按照以下认知过程学习：教学目的导向→预习、复习→认真听讲→记好日记→遵章守纪→积极操作→确保安全→循序渐进→听从安排→完成作业（工件）→主动学习→勇于创新→提高能力。

1.3.3　安全第一

安全教学和生产对国家、集体、个人都是非常重要的。安全第一，既是完成机械工程训练学习任务的基本保证，也是一个合格的高质量工程技术人员应具备的一项基本的工程素质。在整个机械工程训练中，学生要自始至终树立安全第一的思想，必须遵守规章制度和安全操作规程，时刻警惕，不要有麻痹大意的思想。

第2章 工程材料及热处理

【目的与要求】

1. 了解表面处理的一些方法、特点和应用。
2. 了解一些热处理生产环境保护知识。
3. 了解其他材料知识。
4. 掌握金属材料热处理主要生产工艺过程及其特点。
5. 掌握热处理的安全技术操作规程。
6. 熟悉常用钢铁材料的种类、牌号、性能特点及选用方法。

工程材料是指制造工程构件和机械零件用的材料。工程材料分为金属材料、有机高分子材料、无机非金属材料（陶瓷）和复合材料4类。

2.1 金属材料的性能

金属材料的性能是指用来说明金属材料在给定条件下的行为参数。金属材料的性能主要表现在两个方面：一个是使用性能，一个是工艺性能。使用性能是指物理、化学、力学等方面的性能，工艺性能是指铸造、热处理、锻压、焊接、切削加工等方面的性能。

2.1.1 物理性能和化学性能

1. 物理性能

金属材料的物理性能主要包括密度、熔点、导热性、导电性、磁性、热膨胀性等。

1）密度是指在同一温度下单位体积物质的质量，一般用 ρ 表示，单位为 g/cm^3 或 kg/m^3。

2）熔点是指材料在缓慢加热时由固态转变为液态并有一定潜热吸收或放出时的转变温度。

3）导热性是指材料传导热量的能力，用热导率 λ 表示，单位为 $W/(m \cdot K)$。

4）导电性是指材料传导电流的能力，用电导率 γ 表示，单位为 S/m。

5）磁性是指材料在磁场中能被磁化或导磁的能力，也称为导磁性，一般用磁导率 μ 表示，单位为 H/m。

6）热膨胀性是指材料因温度改变而引起体积变化的现象，一般用线胀系数表示。

2. 化学性能

化学性能也就是指金属材料的化学稳定性，包含抗氧化性和耐蚀性。耐蚀性包含耐酸性和耐碱性。在腐蚀性介质中或在高温下服役的零部件，比在正常的室温条件下腐蚀强烈，在设计这类零部件时应考虑选用化学稳定性比较好的合金钢。

2.1.2　力学性能

金属材料在外力作用下所表现出的各项性能指标统称为金属材料的力学性能，有四大力学性能指标：强度、塑性、硬度、韧性。力学性能是金属材料的主要性能，是机械设计、制造选择材料的主要依据。

1. 强度

金属材料在载荷的作用下抵抗变形和开裂的能力称为强度。其数值测定是按国家标准规定的标准试样（图 2-1）在试验机上测出的。

根据试样在拉伸过程中承受的载荷和产生的变形量之间的关系可以获得拉伸曲线，如图 2-2 所示。可以看出，试样在拉伸过程中有以下几个变形阶段：

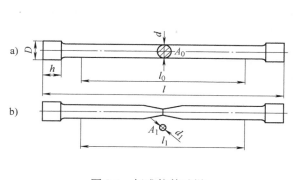

图 2-1　标准拉伸试样

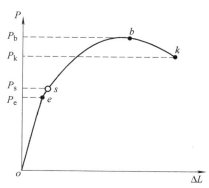

图 2-2　低碳钢的拉伸曲线

（1）弹性变形阶段—oe　这个阶段载荷 P 低于 P_e，伸长量与拉力成正比，试样只产生弹性变形，当外力去除后，试样能恢复到原来的长度。P_e 为能恢复原状的最大拉力，弹性极限用 σ_e 表示。

（2）屈服阶段—es　载荷达到 P_s 时曲线出现一个平台或锯齿形线段，这时不再增加载荷试样仍继续变形。屈服强度就是指材料开始屈服时的应力。屈服现象结束后曲线继续上升，表明试样又能承受更大的载荷了，材料在过屈服点后得到了强化，这种现象叫屈服强化或形变强化，也叫冷作硬化或加工硬化。屈服强度分为上屈服强度和下屈服强度，分别用 R_{eU} 和 R_{eL} 表示，单位为 MPa。下屈服强度的计算公式为

$$R_{eL} = \frac{P_s}{A_0}$$

式中　R_{eL}——下屈服强度；

　　　P_s——试样产生屈服时的最小载荷（N）；

　　　A_0——试样原始横截面积（mm^2）。

（3）强化阶段—sb　屈服阶段后，试样的伸长量又与载荷呈曲线关系上升。在载荷增加不大的情况下而变形量却较大，表明这时试样产生大量的塑性变形。图 2-2 中 P_b 是试样拉伸时的最大载荷。材料在拉断前所承受的最大拉伸应力称为抗拉强度，用 R_m 表示。其计算公式为

$$R_m = \frac{P_b}{A_0}$$

式中 R_m——抗拉强度（MPa）；

　　　P_b——试样断裂前所承受的最大载荷（N）；

　　　A_0——试样原始横截面积（mm^2）。

R_m越大，说明材料抵抗破坏的能力越强，所以说R_m是一个重要的强度指标。

（4）缩颈阶段—bk　当载荷超过P_b时，试样的局部截面积开始变小，这种现象称为"缩颈"。试样局部截面积越来越小，载荷也会越来越小，当载荷达到曲线上的k点时，试样被拉断。

屈服强度和抗拉强度是评定材料性能的主要指标，也是设计零件的主要依据。

2. 塑性

金属材料在外力的作用下产生永久变形而不断裂的能力称为塑性。常用的塑性指标是拉断后的断后伸长率（也叫伸长率）A和断面收缩率Z。

$$A = \frac{l_1 - l_0}{l_0} \times 100\%$$

$$Z = \frac{A_0 - A_1}{A_0} \times 100\%$$

式中 l_0——试样原来的长度（mm）；

　　　l_1——试样拉断时的长度（mm）；

　　　A_0——试样原来的截面积（mm^2）；

　　　A_1——试样断裂处的截面积（mm^2）。

3. 硬度

金属材料抵抗其他更硬的物体压入其表面的能力称为硬度。硬度是衡量金属材料的一个重要指标，是体现金属材料表面抵抗局部塑性变形、压痕或划痕的能力。

（1）布氏硬度（HBW）　对一定直径的硬质合金球施加试验力压入试样表面，经规定保持时间后，卸除试验力，测量试样表面压痕的直径（图2-3）。

布氏硬度与试验力除以压痕表面积的商成正比。压痕被看作是具有一定半径的球形，压痕的表面积通过压痕的平均直径和压头直径计算得到。

符号、说明及布氏硬度计算方法见表2-1。

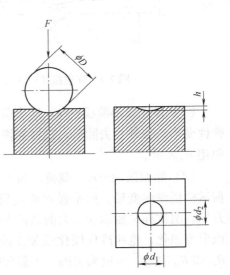

图 2-3　试验原理

表 2-1　符号、说明及布氏硬度计算方法

符　　号	说　　明
D/mm	硬质合金球直径
F/N	试验力
d/mm	压痕平均直径 $d = \dfrac{d_1 + d_2}{2}$

（续）

符　号	说　明
d_1，d_2/mm	在两相互垂直方向测量的压痕直径
h/mm	压痕深度 $= \dfrac{D - \sqrt{D^2 - d^2}}{2}$
HBW	布氏硬度 = 常数 $\times \dfrac{\text{试验力}}{\text{压痕表面积}} = 0.102 \dfrac{2F}{\pi D(D - \sqrt{D^2 - d^2})}$
$0.102 \times F/D^2 /(N/mm^2)$	试验力-球直径平方的比率

注：常数 $= \dfrac{1}{g_n} = \dfrac{1}{9.80665} \approx 0.102$。

　　g_n——标准重力加速度。

　　（2）洛氏硬度（HR）　试验原理如图 2-4a 所示。图 2-4b 中 1 为初始试验力压入位置，2 为总试验力压入位置（保持规定时间），3 为保持初始试验力的回弹位置。

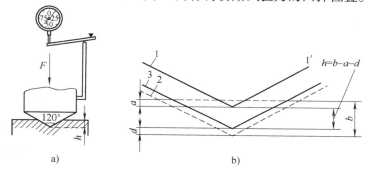

图 2-4　洛氏硬度试验原理

　　被测材料越硬，压入深度增量 h 越小，这与布氏硬度所标记的硬度值大小的概念矛盾。为了与习惯上数值越大硬度越高的概念一致，采用常数 K 减去压入深度 h 来表示硬度值。为简便起见又规定每 0.002mm 压入深度为一个硬度单位。洛氏硬度的计算公式为

$$HR = \frac{K - h}{0.002}$$

式中　HR——洛氏硬度；

　　　K——常数（金刚石压头 K 取 0.2；淬火钢球压头 K 取 0.26）；

　　　h——压入深度增量（mm）。

　　实际操作中，洛氏硬度值可以直接在硬度试验机的表盘上读出。由于压头和施加试验力的不同，洛氏硬度有多种标尺，常用的有 HRA、HRB、HRC。

　　（3）维氏硬度（HV）　维氏硬度采用金刚石正棱角锥，可以准确测量金属零件的表面硬度或测量硬度很高的零件。一般用于测量氮化后材料硬度。

4. 冲击韧度

　　材料抵抗冲击载荷作用的能力称为冲击韧度。通常以材料被冲断所消耗的冲击能量来衡量冲击韧度的大小。一般用材料单位横截面积的冲击吸收能量 a_K（J/cm^2）作为冲击韧度指标。

$$a_K = \frac{K}{S_0}$$

式中　a_K——冲击韧度指标（J/cm^2）；

　　　K——冲击消耗能量（J）；

　　　S_0——试样缺口处最小横截面积（cm^2）。

2.2　常用金属材料

金属材料一般分为四大类：

1）工业纯铁（$w(C) \leqslant 0.0218\%$），一般不用来制造机械零件。

2）钢（$0.0218\% < w(C) \leqslant 2.11\%$）。

3）铸铁（$2.11\% < w(C) \leqslant 6.69\%$）。

4）非铁金属，一般包括铝、铜及其合金等。

2.2.1　钢的分类及应用

1. 钢的分类

（1）按化学成分分类

1）碳钢：按碳的含量不同可分为低碳钢（$w(C) \leqslant 0.25\%$）、中碳钢（$0.25\% < w(C) \leqslant 0.6\%$）和高碳钢（$w(C) > 0.6\%$）。

2）合金钢：按合金元素的含量不同可分为低合金钢（合金元素的质量分数<5%）、中合金钢（合金元素质量分数为5%~10%）、高合金钢（合金元素质量分数>10%）。

（2）按硫磷含量分类

1）普通钢（$w(S) \leqslant 0.05\%$，$w(P) \leqslant 0.45\%$）。

2）优质钢（$w(S) \leqslant 0.035\%$，$w(P) \leqslant 0.035\%$）。

3）高级优质钢（$w(S) \leqslant 0.02\%$，$w(P) \leqslant 0.03\%$）。

（3）按使用特性分类

1）结构钢。

2）工具钢。

3）特殊性能钢。

2. 碳钢的牌号、主要性能及用途

（1）碳素结构钢　常用的碳素结构钢 Q235AF 代号示意如下：

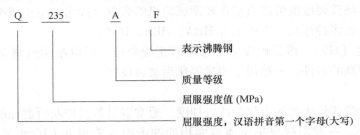

碳素结构钢由于焊接性能好而强度不高，一般用于制造受力不大的机械零件，如地脚螺

钉、钢筋、套环及一些农机配件，另外也用于工程结构件，如桥梁、高压线塔、建筑构件等。

（2）优质碳素结构钢　优质碳素结构钢的牌号用两位数表示碳的质量分数的平均万分数，如：08F、45、65Mn 等。

（3）碳素工具钢　常用的碳素工具钢牌号中"T"是"碳"的汉语拼音首字母，数字表示以名义千分数表示的碳的质量分数，如 T8、T10、T12A 等。

（4）铸造碳钢　在一些工程机构上，个别零件由于形状复杂而难于用锻造和切削加工等方法来完成，同时又要求具有相当的强度，用铸铁满足不了性能要求，因此用碳素钢经熔化铸造而成。常用铸造碳钢的牌号、化学成分和力学性能及用途见表 2-2。牌号中"ZG"是"铸钢"的汉语拼音首字母，后边两组数字中第一组表示屈服强度，第二组表示抗拉强度。

表 2-2　常用碳素铸钢的牌号、化学成分和力学性能以及用途

牌号	成分（质量分数，%）				室温力学性能（不小于）					用途举例
	$w(C) \leqslant$	$w(Si) \leqslant$	$w(Mn) \leqslant$	$w(P) \leqslant$	$R_{eH}(R_{P0.2})$ /MPa	R_m/MPa	A（%）	Z（%）	KV/J	
ZG 200-400	0.20	0.60	0.80	0.035	200	400	25	40	30	良好的塑性、韧性及焊接性，用于受力不大的机械零件，如机座及变速器壳等
ZG 230-450	0.30	0.60	0.90	0.035	230	450	22	32	25	一定的强度和好的塑性、韧性、焊接性，用于受力不大、韧性好的机械零件，如外壳、轴承盖、阀体、犁柱等
ZG 270-500	0.40	0.60	0.90	0.035	270	500	18	25	22	较高的强度、较好的塑性，铸造性良好，切削性好，用于轧钢机机架、轴承座、连杆、箱体、曲轴、缸体等
ZG 310-570	0.50	0.60	0.90	0.035	310	570	15	21	15	强度和切削性能好，塑性和韧性较低，用于载荷较高的大齿轮、缸体、制动轮、辊子等
ZG 340-640	0.60	0.60	0.90	0.035	340	640	10	18	10	高的强度和耐磨性，切削性好，焊接性差，流动性好，裂纹敏感性较大，用作齿轮、棘轮等

3. 合金钢的分类及牌号

所谓合金钢就是在碳钢的基础上加入某些合金元素，以提高钢的某些性能。

合金钢可分为合金结构钢、合金工具钢、特种性能钢。

（1）合金结构钢　含碳量用碳的质量分数的平均万分数表示，合金元素含量用合金元素的质量分数的平均百分数表示，合金元素的质量分数<1.5%时只标符号而不标含量。如：42CrMo 的 $w(C)=0.42\%$，铬、钼的质量分数均小于 1.5%。

（2）合金工具钢　含碳量用碳的质量分数的名义千分数表示，$w(C)\geqslant1\%$时不标出，如 9SiCr 表示 $w(C)=0.9\%$。

（3）特殊性能钢　$w(C)<0.1\%$时用"06"表示，如 06Cr13Al；$w(C)\leqslant0.03\%$时，则用"022"表示，如 022Cr17Ni12Mo2。

2.2.2　铸铁的分类及应用

铸铁是 $w(C)\geqslant2.11\%$ 的铁碳合金，一般含有硅、锰元素及磷、硫等杂质。铸铁在工业生产上应用比较广泛。铸铁与碳素钢相比力学性能相对较差，但其具有优良的减振性、耐磨性、切削加工性和铸造性能，生产成本也比较低。

1. 根据碳在铸铁中存在的形式分类

（1）白口铸铁　碳完全以渗碳体形式存在，断口呈银白色，硬而脆，难以进行切削加工，一般用于不需加工但需耐磨且有较高硬度的零件，如铧犁、球磨机的磨球、轧辊等。

（2）灰铸铁　碳大部分以片状石墨形式存在，断口呈暗灰色。工业中应用比较广泛。

（3）麻口铸铁　碳以石墨和渗碳体的混合形式存在，断口呈灰白相间的麻点状，脆性较大，工业上很少使用。

2. 根据石墨在铸铁中的形状分类

（1）灰铸铁　石墨呈片状，抗压强度明显大于抗拉强度，同时还具有良好的切削加工性、减振性、吸振性等特点。灰铸铁还具有熔点低、流动性好、收缩量小等优点，因此铸造性能良好。

灰铸铁的牌号是由"灰铁"汉语拼音的首字母和后面的表示最低抗拉强度的数字组成，如 HT150 表示最低抗拉强度为 150MPa 的灰铸铁。

（2）球墨铸铁　球墨铸铁中的碳主要以球状石墨形式存在，是在铸铁液中加球化剂进行球化处理获得的。球墨铸铁既有灰铸铁的优点，又具有较高的强度和一定的塑性和韧性，因此，综合力学性能优越，在一定程度上可以代替钢制造一些形状复杂、承受载荷大的零件，如曲轴、连杆、凸轮轴、齿轮等。

球墨铸铁的牌号是由"球铁"的汉语拼音字首加上后面的表示最低抗拉强度和最低断后伸长率的两组数字组成。如 QT450-10 表示最低抗拉强度为 450MPa，最低断后伸长率为 10%的球墨铸铁。

（3）可锻铸铁　可锻铸铁是由白口铸铁经过长时间石墨化退火而获得的具有团絮状石墨的铸铁。可锻铸铁具有较好的强度、塑性和韧性。可锻铸铁的牌号分别由 KTH（黑心可锻铸铁）、KTB（白心可锻铸铁）、KTZ（珠光体可锻铸铁）加上后面的表示最低抗拉强度和最低断后伸长率的两组数字组成。

2.3　热处理概述

机械零件在机械加工中要经过冷、热加工等多道工序，其间经常要穿插热处理工序。所谓热处理就是将固态金属材料通过加热、保温和冷却，改变其组织，从而获得所需要的组织结构和性能的一种工艺方法。

热处理是一种重要的加工工艺，在机械制造业中被广泛地应用。如在机床、汽车、拖拉机等机器的制造中有约超过 2/3 的零部件需要热处理。人们习惯上称热处理工艺是钢铁的内科医生。

2.3.1　常用的热处理方法

1. 退火和正火

1）退火是将工件加热到某一合适温度，保温一定时间，然后缓慢冷却（通常是随炉冷却，也可埋入导热性较差的介质中冷却）的一种工艺方法。

退火的目的：降低硬度，便于切削加工，细化晶粒，改善组织，提高力学性能，消除内应力，并为后续热处理做好组织准备。

退火主要适用于各类铸件、锻件、焊接件和冲压件，退火一般是机械加工及其他热处理工序之前的预备热处理工序。

2）正火是将工件加热到某一温度（加热温度由钢中的含碳量及合金元素的含量来决定，碳钢一般加热到 780~900℃），保温一定时间后，出炉在空气中冷却的一种工艺方法。

正火的目的与退火大体上差不多，正火由于冷却速度快，所以晶粒较细，但其强度、硬度较退火件稍高，而塑性、韧性略有下降。由于正火采用空冷，消除内应力不如退火彻底，但正火生产周期短，操作简单，因此在满足使用性能要求的前提下，应尽量采用正火工艺。一般的情况下，低、中碳钢采用正火工艺，高碳钢采用退火工艺。

2. 淬火与回火

淬火是将工件加热到临界温度以上，保温一段时间，然后用较快的速度冷却（一般采用水或油等介质）以得到高硬度组织的一种热处理工艺。

钢的淬火加热温度范围如图 2-5 所示，图中阴影部分为不同含碳量钢的淬火加热温度。所谓临界温度，对 $w(C)<0.8\%$ 的碳钢来说就是图中的 A_3，对 $w(C)\geq0.8\%$ 的碳钢来说就是图中的 A_1 线。表 2-3 所列是一些常用钢的淬火加热温度。

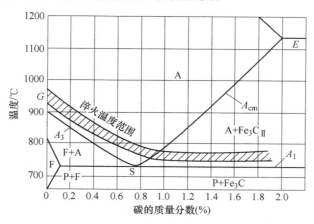

图 2-5　钢的淬火加热温度范围

表 2-3　一些常用钢的淬火加热温度

牌号	淬火加热温度/℃	牌号	淬火加热温度/℃
30	870~890	50CrVA	850~880
35	850~870	GCr15	820~860
45	820~850	CrWMn	820~840
70	780~820	9SiCr	850~880
T8A	770~820	9Mn2V	780~820
T10A	770~810	Cr12	950~980
T12A	770~810	Cr12MoV	1000~1050
40Cr	830~860	5CrNiMo	830~860
40Mn2	810~850	5CrMnMo	820~850
40CrMnMo	840~860	3Cr2W8V	1050~1100
40CrNiMoA	840~860	W18Cr4V	1260~1290
65Mn	780~840	W6Mo5Cr4V2	1200~1240
60Si2Mn	850~870		

　　工件经淬火后硬度、强度及耐磨性都有显著提高，而脆性增加，并产生很大的内应力。为了降低脆性、消除内应力，必须进行回火。

　　回火是将淬过火的工件重新加热到某一温度，保温一定时间后，冷却到室温的一种工艺方法。回火分3种，详情见表2-4。

表 2-4　回火方式、目的以及适用范围

回火方式	回火温度/℃	回火目的	适用范围	硬度（HRC）
低温回火	150~250	降低内应力及脆性，保持高硬度及耐磨性	高碳工具钢、低合金工具钢制作的刃具、量具、冲模、滚动轴承及渗碳件等	58~64
中温回火	350~450	提高弹性和屈服强度，获得强度和韧性的配合	弹簧、热锻模、冲击工具及刀杆等	35~45
高温回火	500~650	获得强度、韧性、塑性及硬度都较好的综合力学性能	重要的结构件、连杆、螺栓、齿轮及轴等	20~30

　　另外，还有一个常用的热处理工艺叫作调质，所谓调质就是淬火加上高温回火。

2.3.2　几种常见热处理设备的简单介绍

　　热处理设备可分为主要设备和辅助设备两大类。主要设备用来完成热处理的主要操作——加热和冷却；辅助设备用来完成各种辅助工序、生产操作、动力供应及安全生产的保障等。

1. 加热炉

常用的加热炉有箱式电阻加热炉、盐浴加热炉等。

（1）箱式电阻加热炉　箱式电阻加热炉是通过电阻丝或硅碳棒加热，以空气为加热介质，也称空气炉。其炉型表示如 RJX-30-9，其中"R"表示电阻，"J"表示加热，"X"表示箱式；"30"表示额定功率；"9"表示最高加热温度为 950℃。箱式电阻加热炉可用于工件的退火、正火、淬火、回火、调质以及固体渗碳等热处理工艺的加热。箱式电阻加热炉在使用前，必须检查其电源接头及电源线的绝缘是否良好。炉体及控温系统应保持清洁，控温系统要定期检查。炉内的氧化皮要定期清理干净，以防引起电热元件短路。装炉时工件不得随意抛撒，不得撞击炉墙、炉衬。进出料时，必须切断电源，保证生产安全。

（2）盐浴加热炉　盐浴加热炉是以熔盐为加热介质，其主要方式是电极加热。常用的熔盐主要有 NaCl、KCl、BaCl$_2$、CaCl$_2$、NaNO$_3$ 等。盐浴加热炉通常须设置炉盖和通风罩，使用时要采用强力抽风，工作人员必须穿防护服，佩戴手套和防护眼镜；工件和浴盐等须烘干后才能入炉，并定期对盐浴脱氧、捞渣和添加新盐或更换新盐。

2. 冷却设备

热处理冷却设备能够保证工件在冷却时具有相应的冷却速度和冷却温度。常用的冷却设备有水槽、油槽等。为了提高生产能力，常配备冷却循环系统和吊运设备。其他的还有冷热处理炉、冷却室、冷却坑等。

3. 测、控温仪表

热处理时，为了准确测量和控制工件及冷却介质的温度，需要测、控温仪表进行测温和控温。

（1）玻璃液体温度计　玻璃液体温度计根据液体介质（汞、酒精、甲苯等）在玻璃管内受热膨胀的原理进行温度测量，测量范围：−100~800℃。它的特点是准确方便，直接读取数值，带电接点者还可配继电器实现控制。

（2）热电偶与毫伏计　热电偶是由两根成分不同的金属丝或合金丝组成，一端焊接起来插入炉中（热端），另一端（冷端）分开，用导线与毫伏计相连。当热端被加热后与冷端间产生温度差，冷端两线间产生电位差，使带有温度刻度的毫伏计的指针发生偏转指示温度。

热电偶高温计可以和自动控温设备组合起来自动控制炉温。使用时先按照工艺设定工件加热温度，当炉温低于设定温度时就自动接通电源进行加热，当炉温高于设定温度后就自动切断电源停止加热。炉温下降至低于设定温度后，重新接通电源再加热，保证炉内温度均匀。热电偶高温计可供测定 0~2000℃ 范围内的各种气体或液体的温度。

（3）光学高温计　光学高温计利用物体单色波辐射强度随温度变化的原理进行测温。光学高温计具有结构简单、使用方便和非接触测量物体温度等优点。但由于测量结果受现场环境的影响较大，又不能实现温度的自动控制和测量，同时只能测量高温而不能测量低温，在热处理中只用于热电偶较易腐蚀或难于测量的高温场合，如测感应加热的工件表面温度和高温盐炉的炉温等。

2.4　热处理安全操作技术规程

1）热处理生产由于工序繁多，要与高温金属接触，又由于车间环境一般较差（高温、大烟雾、高噪声、高劳动强度），安全隐患较多，既有人员安全问题，又有设备、产品的安全问题。因此，热处理生产的安全生产问题尤为突出。

2）热处理生产中主要的安全生产规程。

①操作前，按有关规定对设备进行检查。

②操作时，必须穿戴必要的防护用品，如工作服、手套、眼镜等。

③仪器和仪表等未经许可不得随意使用和调整。

④加热设备和冷却设备之间不得放置任何妨碍操作的物品。

⑤地面不得有油污。

⑥不得用手接触有温度的工件，以免造成灼伤。

⑦不得进入有标记的危险区域。

⑧保持设备和工作场地整洁。

扩展内容及复习思考题

第3章 铸 造

【目的与要求】

1. 了解铸造生产工艺过程及其特点；了解常用特种铸造方法的特点和应用。
2. 了解铸造生产环境保护及安全技术。
3. 掌握砂型铸造工艺的主要内容、铸件分型面的选择原则及常见铸造缺陷。
4. 掌握铸造的安全操作技术规程。
5. 熟悉两箱造型（整模、分模、挖砂等）的特点和应用；能独立完成简单铸件的两箱造型。

3.1 概述

3.1.1 铸造及其特点

铸造是将液态金属浇入与零件形状相适应的铸型型腔中，待其冷却凝固后获得毛坯或零件的成型方法，所铸出的金属制品称为铸件。大多数铸件作为毛坯，需要经过机械加工后才能成为各种机器零件，也有一些铸件能够达到使用的尺寸精度和表面粗糙度要求，可作为成品零件直接使用。铸造是机械制造中生产毛坯或机器零件的主要方法之一。用于铸造生产的金属主要有铸铁、铸钢以及铸造非铁合金。铸造广泛应用于机械、汽车、电力、冶金、石化、航空、航天、国防、造船等方面。

由于铸造时金属处于液态下成型，因此其和其他成型方法相比具有以下优点：

1）可以生产形状复杂，特别是内腔复杂的铸件，如各种箱体、机架、床身等。
2）铸件轮廓尺寸可以从几毫米到几十米，重量可以从几克到几十吨，甚至上百吨。
3）投资少，工艺简单，成本低，材料利用率高。
4）工艺适应性广，既可以单件生产，也可以用于大批量生产。

然而铸造生产也存在着某些缺点和不足，例如：

1）组织疏松，晶粒粗大，内部易产生缩孔、缩松、气孔等缺陷，力学性能较低。
2）铸造工序多，精度难以控制，质量不够稳定。
3）生产条件差，工人劳动强度高。

铸造行业是制造业的主要组成部分，在国民经济中占有极其重要的地位。铸件在机械产品中所占的比例较大，如内燃机关键零件都是铸件，占总质量的 70%~90%；汽车中铸件质量占 19%（轿车）~23%（轻型载货汽车）；机床、拖拉机、液压泵、阀和通用机械中铸件质量占 65%~80%；农业机械中铸件质量占 40%~70%；矿冶（钢、铁、非铁合金）、能源（火电、水电、核电等）、海洋和航空航天等工业的重、大、难装备中铸件都占很大的比例和起着重要的作用。

在科学技术不断进步的今天，铸造技术也在不断发展。其他领域的新技术、新发明也不断地促进铸造技术的发展。铸造生产的现代化将为制造业的不断进步与发展奠定可靠基础。

3.1.2 常用铸造方法

常用的铸造方法有砂型铸造和特种铸造两类，目前最常用和最基本的铸造方法是砂型铸造。在铸造生产中，砂型铸造约占80%。砂型铸造主要用于铸铁件、铸钢件的铸造。

3.2 砂型铸造

将液态金属注入砂型（用型砂作为造型材料而制作的铸型）中得到铸件的方法称为砂型铸造。

3.2.1 砂型铸造的生产工艺过程

砂型铸造的生产工艺过程主要有制备铸型（在砂型铸造中叫砂型）、熔炼金属、浇注、铸件的清理4部分。每个过程又由许多工艺过程组成，如先根据零件的形状和尺寸，设计制造模样和芯盒，配制好型砂和芯砂，然后用模样制造铸型，用芯盒制造型芯，再把烘干的型芯装入铸型并合型，将熔化的液态金属注入铸型，待冷却凝固后经落砂、清理、检验即得铸件。图3-1所示是套筒铸件生产的工艺过程。

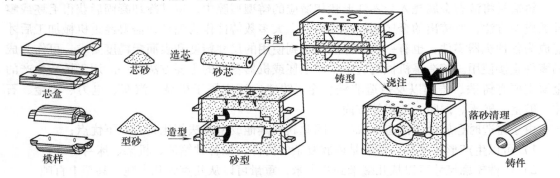

图 3-1 套筒铸件生产的工艺过程

3.2.2 砂型及其组成

1. 砂型与型腔

（1）砂型 用型砂作为造型材料而制作的铸型，包括形成铸件形状的空腔、型芯和浇注系统的组合整体。砂型用砂箱支撑时，砂箱也是铸型的组成部分。

（2）型腔 型腔是指铸型中造型材料所包围的空腔部分。金属液经浇注系统充满型腔，冷却凝固后获得所要求的形状和尺寸的铸件。因此，型腔的形状和尺寸要和铸件的形状和尺寸相适应。

2. 砂型的组成

图3-2所示为合型后的砂型。砂型一般由上砂型、下砂型、砂芯、型腔和浇注系统等部分组成，其中两个砂型之间的接合面称为分型面。出气孔则将浇注时产生的气体排出。型芯

又称为芯或芯子，主要用来形成铸件的内腔，砂芯放于型芯座中的部分称为芯头。在批量生产时，上、下砂箱的定位通常用定位销，在单件、小批量生产中常采用泥号定位。

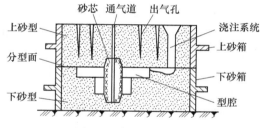

图 3-2　合型后的砂型

3.2.3　型（芯）砂

型砂及芯砂是制作砂型及砂芯的主要材料，其性能好坏将直接影响铸件的质量。型砂质量不好，会使铸件产生气孔、粘砂、砂眼、夹砂等缺陷，这些缺陷造成的废品占铸件总废品的 50% 以上，因此，必须合理地选用和配制型（芯）砂。

1. 型（芯）砂的组成

型（芯）砂一般由原砂、粘结剂、水及附加物按一定比例混制而成。

（1）原砂　组成型（芯）砂的主体，一般采用天然砂，主要成分是石英（SiO_2），其熔点达 1713℃，能承受一般铸造合金的高温作用。铸造用原砂要求二氧化硅的质量分数为 85%～97%。原砂颗粒的大小、形状等对型（芯）砂的性能影响很大，一般以圆形、大小均匀为佳。

（2）粘结剂　在砂型中用粘结剂把砂粒粘结在一起，形成具有一定可塑性和强度的型砂和芯砂。在砂型铸造中所用粘结剂多为黏土类粘结剂，包括普通黏土和膨润土两类。除黏土类粘结剂外，常用的粘结剂还有水玻璃、树脂等。原砂和粘结剂再加入一定量的水混制后，就在砂粒表面包上一层黏土膜，如图 3-3 所示，经紧实后使型（芯）砂具有一定的强度和透气性。

（3）水　水可与黏土形成黏土膜，从而增加砂粒的粘结作用，并使其具有一定的强度和透气性。水分的多少对型（芯）砂性能和铸件的质量影响极大。水分过多，易使型（芯）砂湿度过大，强度低，造型时易粘膜；水分过少，型砂与芯砂干而脆，强度、可塑性降低，造型、起模困难。因此，水分要适当，合适的黏土、水分比为 3：1。

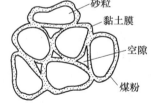

图 3-3　型（芯）砂
结构示意图

（4）附加物　附加物是为了改善型（芯）砂的某些性能而加入的材料。常用的附加物有煤粉、锯末、焦炭粒等。如加入煤粉，由于其在高温金属液的作用下燃烧形成气膜，隔离了液态金属与铸型内腔表面的直接作用，能够防止铸件产生粘砂缺陷，提高铸件的表面质量。而型（芯）砂中加入木屑，烘烤后被烧掉，可增加型（芯）砂的孔隙率，提高其透气性。

2. 型（芯）砂应具备的主要性能

（1）强度　指型（芯）砂抵抗外力而不被破坏的能力。型（芯）砂具有一定的强度，可使铸型在起模、翻型、搬运及浇注金属液时不致损坏。型（芯）砂强度应适中，否则易导致塌箱、掉砂和型腔扩大等，或因强度过高使透气性、退让性变差，产生气孔及铸造应力倾向增大。

（2）透气性　紧实后型（芯）砂的孔隙度称为透气性，是指能让气体通过的能力。如果型（芯）砂的透气性不足，铸型在浇注高温金属液时产生的大量气体就不能及时顺利排出型腔，则可造成铸件呛火、气孔和浇不足等缺陷。

（3）耐火度　耐火度是指型（芯）砂承受金属液高温作用而不熔化、不烧结的性能。耐火度差，铸件易产生粘砂现象，铸件难于清理和切削加工。一般耐火度与原砂中石英含量有关，石英含量越多，耐火度越好。

（4）退让性　型（芯）砂随铸件的冷却收缩而被压缩退让的性能称为退让性。若型（芯）砂的退让性差，则型（芯）砂对铸件收缩形成较大的阻力，使铸件产生大的应力，导致铸件变形，甚至开裂。型（芯）砂中加入锯末、焦炭粒等附加物可改善其退让性；砂型紧实度越高，退让性越差。

（5）可塑性　可塑性是指型（芯）砂在外力作用下，能形成一定的形状，当外力去掉后，仍能保持此形状的能力。可塑性好，可使铸型清楚地保持模样外形的轮廓，容易制造出复杂形状的砂型，并且容易起模。手工起模时在模样周围砂型上刷水的目的就是增加局部砂型的水分，以提高可塑性。

（6）流动性　流动性是指型砂与芯砂在外力或本身重力的作用下，沿模样表面和砂粒间相对流动的能力。流动性不好的型砂与芯砂不能铸造出表面轮廓清晰的铸件。

3. 型（芯）砂的制备

（1）型砂与芯砂的配比　型砂与芯砂质量取决于原材料的性质及其配比。型砂与芯砂的组成物应按照一定的比例配制，以保证一定的性能要求。比如小型铸铁件湿型的配比为：新砂 10%～20%，旧砂 80%～90%，另加膨润土 2%～3%，煤粉 2%～3%，水 4%～5%。铸铁中小砂芯的配比为：新砂 40% 左右，旧砂 60% 左右，黏土占新旧砂总和的 5%～7%，水占新旧砂总和的 7.5%～8.5%。

（2）型砂与芯砂的制备　型砂与芯砂的性能还与配砂的操作工艺有关，混制越均匀，型砂与芯砂的性能越好。一般型砂与芯砂的混制是在混砂机中进行的，图3-4所示是常用的碾轮式混砂机。混制时，按照比例将新砂、旧砂、黏土、附加物等材料加入到混砂机中，干混 2～3min，混拌均匀后再加入适量的水或粘结剂（水玻璃等）进行湿混 5～12min 后即可出砂。混制好的型砂或芯砂应堆放 4～5h，使水分分布得更均匀。在使用前还需对型（芯）砂进行松砂处理，以打碎砂团，增加砂粒间的空隙，提高其透气性。

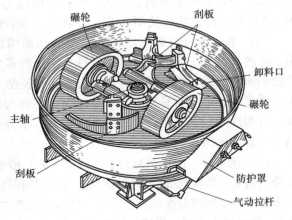

图 3-4　碾轮式混砂机

（3）型砂与芯砂性能的检测　配制好的型（芯）砂需经检验合格后才能使用。有条件的铸造生产车间常用专门的型（芯）砂性能测试仪进行检测。有经验的工人有时也用手捏砂团的办法粗略地进行检测。如果手捏时感到柔软易变形，砂团不松散、不粘手，手纹清晰，折断时断面没有碎裂现象（图3-5），抛向空中砂团散开则说明型（芯）砂湿度适当，并有足够的强度，性能合格。

3.2.4 模样与芯盒

1. 模样

模样是根据零件图设计制造出来的，是造型的基本工具，是用来形成铸型型腔的工艺装备，它决定铸件的外部形状和尺寸。模样一般用木材、金属、塑料或其他材料制成。模样设计时须考虑以下几个问题。

a) 手捏可成砂团，表明型砂湿度适当
b) 手松开后砂团表面不松散、不粘手、手纹清晰，表明成型性好

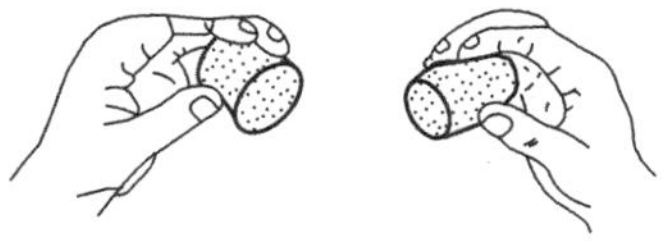

（1）选择分型面 分型面与铸型的分型面是一致的，目的是便于起模，同时易于保证铸件质量。

（2）起模斜度 为便于起模，在垂

c) 用双手把砂团折断时断面没有碎裂现象，同时有足够的强度

图 3-5 手捏法检验型砂

直于分型面的立壁上做出的斜度，称为起模斜度，一般取 0.5°~4°，垂直表面的高度越高，斜度越小，内表面的斜度应比外表面大一些。

（3）加工余量 切削加工时从铸件表面切去的金属层，称为加工余量。铸件上凡需加工的表面都需留有适当的切削加工余量。余量的大小主要取决于铸件的尺寸、材料和铸造工艺及切削加工的方法。

（4）收缩余量 液体金属冷凝后要收缩，因此模样的尺寸应比铸件大些，放大的尺寸称为收缩量。收缩量与金属的断面收缩率有关，灰铸铁的断面收缩率为 0.8%~1.2%，铸钢为 1.5%~2%。在实际生产制作模样时，都是用特制的缩尺，不需要另外进行计算。

（5）铸造圆角 为了便于造型和避免铸件产生缺陷，模样壁与壁之间以圆角连接；一般的中、小铸件圆角半径可取 3~5mm。

（6）型芯头 为在砂型中做出安置型芯的凹坑，必须在模样上做出相应的型芯头。

2. 芯盒

芯盒是用以制作型芯的工艺装备。型芯在铸型中用来形成铸件的空腔，因此芯盒的内腔应与零件的内腔相适应。制作芯盒时，除和制作模样一样考虑上述问题以外，芯盒中还要制出做型芯头的空腔，以便做出带有型芯头的型芯。型芯头是型芯端部的延伸部分，它不形成铸件轮廓，只是落入芯座内，用于定位和支撑型芯。

3.2.5 造型方法

造型和制芯是铸造生产过程中两个重要的环节，是获得优质铸件的前提和保证。造型方法可分为手工造型和机器造型两大类。手工造型主要用于单件小批量生产，机器造型主要适用于大批量生产。

1. 手工造型

手工造型的特点是操作灵活，适应性强，是目前应用最广泛的造型方法。手工造型的方法很多，可以根据铸件的结构特点、生产批量以及本单位的条件合理进行选择。常见的方法有整模造型、分模造型、活块造型、挖砂造型、假箱造型、刮板造型、三箱造型、地坑造型等。

（1）整模造型　整模造型的特点是模样为整体结构，造型时模样轮廓全部放在一个砂箱内（一般为下砂箱），分型面为平面。造型时，整个模样能从分型面方便地取出。整模造型操作简单，不受上下箱错位影响而产生错型缺陷，所得铸型型腔的形状和尺寸精度好，适用于外形轮廓上有一个平面可作分型面的简单铸件，如压盖、齿轮坯、轴承座、带轮等零件的铸型的造型。图 3-6 所示为整模造型工艺过程。

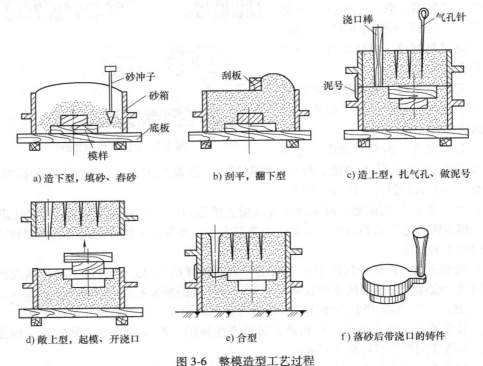

a) 造下型，填砂、舂砂　　b) 刮平，翻下型　　c) 造上型，扎气孔、做泥号

d) 敞上型、起模、开浇口　　e) 合型　　f) 落砂后带浇口的铸件

图 3-6　整模造型工艺过程

（2）分模造型　铸件的最大截面不在端面时，一般将模样沿着模样的最大截面（分型面）分成两个部分，利用这样的模样造型称为分模造型。有时对于结构复杂、尺寸较大、具有几个较大截面又互相影响起模的模样，可以将其分成几个部分，采用分模造型。模样的分型面常作为砂型的分型面。分模造型的方法简便易行，适用于形状复杂的铸件的造型，特别是广泛用于有孔或带有型芯的铸件，如套筒、阀体、水管、箱体、立柱等造型。分模造型时铸件形状在两半个砂型中形成，为了防止错箱，要求上、下砂型合型准确。如图 3-7 所示为分模造型的工艺过程。

（3）活块造型　模样上有妨碍起模的凸起（凸台、肋板、耳板等），在制作模样时将这些部分制成可拆卸或活动的部分，用燕尾槽或活动销联接在模样上，起模或脱芯后，再将活块取出，这种造型方法称为活块造型。活块造型的优点是可以减少分型面数目，减少不必要的挖砂工作；缺点是操作复杂，生产效率低，经常会因活块错位而影响铸件的尺寸精度。因此，活块造型一般只适用于单件小批量生产。图 3-8 所示为活块造型的工艺过程。

（4）挖砂造型　当铸件的最大截面不在一端，而模样又不便分模时（如分模后的模样壁太薄，强度太低，或分型面是曲面等），则只能将模样做成整模，造型时挖掉妨碍起模的型砂，形成曲面的分型面，这种造型方法称为挖砂造型。在挖砂造型时，要将砂挖到模样的

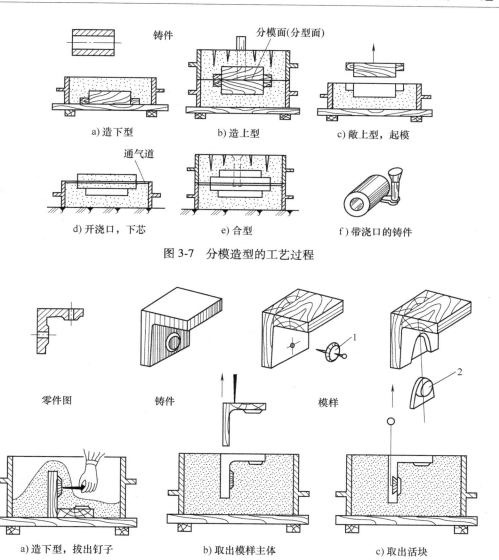

图 3-7 分模造型的工艺过程

图 3-8 活块造型的工艺过程
1—用销钉联接的活块 2—用燕尾槽联接的活块

最大截面处，挖制的分型面应光滑平整，坡度合适，以便开型和合型操作。由于挖砂造型的分型面是一曲面，在上型形成部分吊砂，因此必须对吊砂进行加固。加固的方法是：当吊砂较低较小时，可插铁钉加固；当吊砂较高较大时，可用木片或砂钩进行加固。图 3-9 所示为挖砂造型的工艺过程。挖砂造型生产率低，对操作人员的技术水平要求较高，一般仅适用于单件或小批量生产小型铸件。当铸件的生产数量较多时，可采用假箱造型代替挖砂造型。

（5）假箱造型 为了克服挖砂造型的缺点，提高劳动生产率，在造型时可用成型底板代替平面底板，并将模样放置在成型底板上造型以省去挖砂操作（图 3-10）；也可以用含黏土量多、强度高的型砂春紧制成砂质成型底板，可称之为假箱，以代替平面底板进行造型（图 3-11），称为假箱造型。

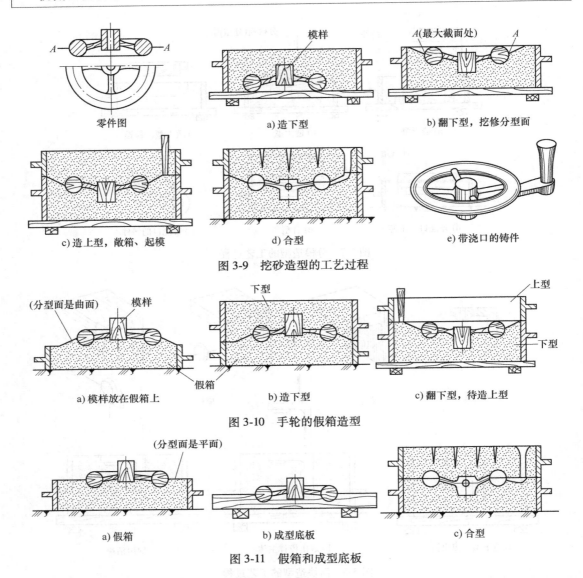

零件图　　　a) 造下型　　　b) 翻下型，挖修分型面

c) 造上型，敞箱、起模　　　d) 合型　　　e) 带浇口的铸件

图 3-9　挖砂造型的工艺过程

a) 模样放在假箱上　　　b) 造下型　　　c) 翻下型，待造上型

图 3-10　手轮的假箱造型

a) 假箱　　　b) 成型底板　　　c) 合型

图 3-11　假箱和成型底板

（6）刮板造型　刮板造型是指不用模样而用刮板操作的造型方法。刮板是一块与铸件截面形状相适应的木板，依据砂型型腔的表面形状，引导刮板做旋转、直线或曲线运动，完成造型工作。对于某些特定形状的铸件，如旋转体类，当其尺寸较大、生产数量较少时，若制作模样则要消耗大量木材及制作模样的工时，因此可以用刮板造型，刮制出砂型型腔。刮板造型只能用手工操作，对操作技术要求较高，一般只适合于单件小批量、尺寸较大铸件的造型。图 3-12 所示为刮板造型过程。

（7）三箱造型　有些铸件具有两端截面比中间大的外形（例如槽轮），必须使用三只砂箱、分模造型。砂型从模样的两个最大截面处分型，形成上、中、下三个砂型才能起出模样。这种用三只砂箱、铸型有两个分型面的造型方法称为三箱造型。三箱造型比两箱造型多一个分型面，容易产生错箱，操作复杂、效率低，只适合单件或小批量生产。图 3-13 所示为三箱造型的工艺过程。

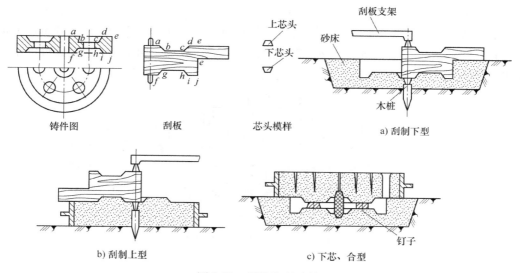

铸件图　　　　　刮板　　　　　芯头模样　　　　a) 刮制下型

b) 刮制上型　　　　　　　　　c) 下芯、合型

图 3-12　刮板造型过程

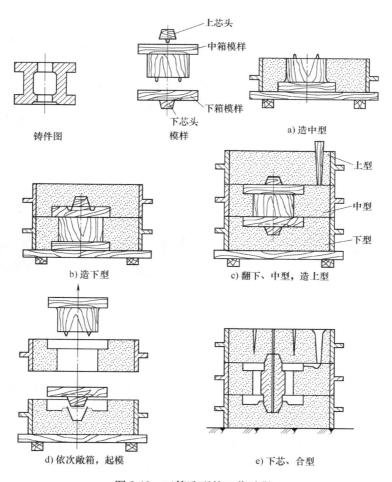

铸件图　　　　　　　　　　　　　　a) 造中型

b) 造下型　　　　　　　　c) 翻下、中型，造上型

d) 依次敞箱，起模　　　　　　　e) 下芯、合型

图 3-13　三箱造型的工艺过程

（8）地坑造型 用车间地面的砂坑或特制的砂坑制造下型的造型方法叫地坑造型。地坑造型制造大铸件时，常用焦炭垫底，再埋入数根通气管以利于气体的排出。地坑造型可以节省砂箱，降低工装费用。地坑造型过程复杂、效率低，故主要用于中、大型铸件的单件或小批量生产。图 3-14 所示为地坑造型的工艺过程。

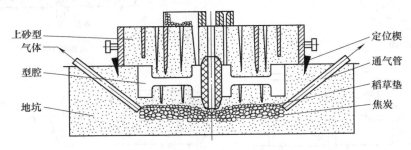

图 3-14 地坑造型的工艺过程

2. 机器造型

机器造型是以机器全部或部分代替手工紧砂和起模等造型工序，并与机械化砂处理、浇注和落砂等工序共同组成流水线生产。机器造型可以大大提高劳动生产率，改善劳动条件，具有铸件质量好，加工余量小，生产成本低等优点。尽管机器造型需要投入专用设备、模样、专用砂箱以及厂房等，投资较大，但在大批量生产中铸件的成本仍能显著降低。

（1）紧砂方法 机器造型常用的紧砂方法主要有震压紧实、抛砂紧实等。

1）震压紧实。震压造型机是利用压缩空气使震击活塞多次震击，将砂箱下部的砂型紧实，再用压实气缸将上部的砂型压实。如图 3-15 所示的震压造型机结构简单，震压力大，但是工作时噪声大，振动大，劳动条件差，紧实后的砂箱内，各处的紧实程度不均匀。

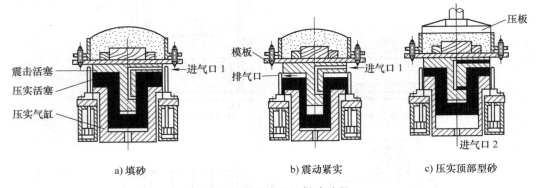

a) 填砂　　　　　　　　b) 震动紧实　　　　　　c) 压实顶部型砂

图 3-15 震压造型机紧砂过程

2）抛砂紧实。抛砂紧实机紧砂是将型砂高速抛入砂箱中，这样可以同时完成添砂和紧砂工作。如图 3-16 所示，转子高速旋转，将型砂抛向砂箱，随着抛砂头在砂箱上方移动，将整个砂箱填满并紧实。由于抛砂机抛出的砂团速度大致相同，所以砂箱各处的紧实程度均匀。此外，抛砂造型不受砂箱大小的限制，适用于生产大、中型铸件。

（2）起模方法 机器造型常用的起模方法主要有顶箱起模、漏箱起模、翻箱起模等方法。

1）顶箱起模。当砂箱中砂型紧实后，造型机的顶箱机构顶起砂型，使模样与砂箱分离，完成起模。这种起模机构结构简单，但是，起模时容易掉砂，一般只适用于形状简单、砂型的高度不大的铸型的制造，如图 3-17a 所示。

2）漏箱起模。如图 3-17b 所示，模样分成两个部分，模样上平浅的部分固定在模板上，凸出部分可向下抽出，这时砂型由模板托住不会掉砂，然后再落下模板。这种方法适合于铸型型腔较深或不允许有起模斜度时的起模。

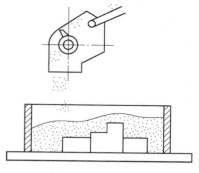

图 3-16　抛砂紧实

3）翻箱起模。如图 3-17c 所示，砂箱中砂型紧实后，起模时，将砂箱、模样一起翻转 180°，然后再使砂箱下降，完成起模工作。

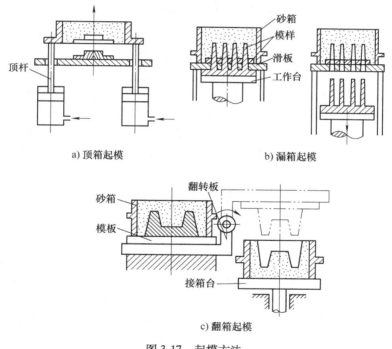

a) 顶箱起模　　　　　　　　b) 漏箱起模

c) 翻箱起模

图 3-17　起模方法

3.2.6　制型芯

（1）砂芯的用途及要求　砂芯的主要作用是形成铸件的内腔，也可用来形成复杂的外形。在浇注过程中，砂芯的表面被高温金属液包围，同时受到金属液的冲刷，工作环境条件恶劣，所以，要求砂芯比砂型有更高的强度、耐火度、退让性和透气性，以确保铸件质量，并便于清理。

（2）制芯工艺措施　为了保证砂芯的尺寸精度、形状精度、强度、透气性和装配稳定性，制芯时应根据砂芯尺寸大小、复杂程度及装配方案采取以下措施：

1) 放置芯骨。在砂芯中放置芯骨，可以提高砂芯的强度，并便于吊运及下芯。小型芯骨可以用铁丝、铁钉等制成，大、中型芯骨一般用铸铁浇注而成，并在芯骨上做吊环，以便运输。

2) 开通气孔。为了提高通气性，在砂芯内部应开设通气孔，并且各部分通气孔要互相贯通，以便迅速排出气体。形状简单的砂芯可用通气针扎出通气孔，对于形状复杂的砂芯可预埋蜡线，熔烧后形成通气孔，或在两半砂芯上挖出通气槽等。图 3-18 所示为芯骨和通气道。

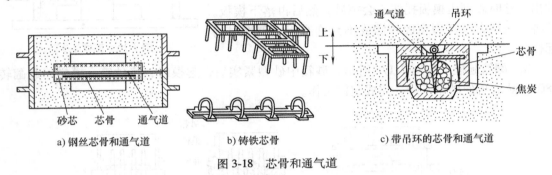

a) 钢丝芯骨和通气道　　　　b) 铸铁芯骨　　　　c) 带吊环的芯骨和通气道

图 3-18　芯骨和通气道

3) 刷涂料。在砂芯表面涂刷耐火材料，防止铸件粘砂。铸铁件用砂芯一般采用石墨作为涂料，铸钢件用砂芯一般用石英粉作为涂料，非铁合金铸件的砂芯可用滑石粉涂料。

4) 烘干。将砂芯烘干以提高砂芯的强度和透气性。根据砂芯所用芯砂的配比不同，砂芯的烘干温度也不一样。黏土砂芯烘干温度为 250°～350°，油砂芯烘干温度为 180°～240°。

(3) 制芯方法　砂芯一般是用芯盒制成的，芯盒的空腔形状和铸件的内腔相适应。根据芯盒的结构，手工制芯方法可以分为下列三种：

1) 对开式芯盒制芯。适用于圆形截面的较复杂砂芯，如图 3-19 所示。

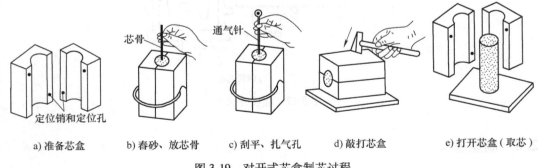

a) 准备芯盒　　b) 舂砂、放芯骨　　c) 刮平、扎气孔　　d) 敲打芯盒　　e) 打开芯盒（取芯）

图 3-19　对开式芯盒制芯过程

2) 整体式芯盒制芯。适用于形状简单的中、小砂芯。

3) 可拆式芯盒制芯。对于形状复杂的中、大型砂芯，当用整体式和对开式芯盒无法取芯时，可将芯盒分成几块，分别拆去芯盒取出砂芯。芯盒的某些部分还可以做成活块。

成批大量生产的砂芯可用机器制出。黏土、合脂砂芯多用震击制芯机制芯，水玻璃砂芯可用射芯机制芯，树脂砂芯需用热芯盒射芯机和壳芯机制芯。

3.2.7 合型

砂型的装配称为合型，又称合箱组型，是将上砂型、下砂型、砂芯、浇口杯（浇口盆）等组合成一个完整铸型的操作过程。合型是制造铸型的最后一道工序，是决定铸型型腔形状及尺寸精度的关键，直接关系到铸件的质量。即使铸型和砂芯的质量很好，若合型操作不当，也会引起跑火、错型、偏芯、塌型、砂眼等缺陷。合型的工作包括铸型的检验、装配和紧固。

1. 铸型的检验和装配

下芯前，先清除型腔、浇注系统和砂型表面的浮砂，并检查其形状、尺寸及排气通道是否合格，再检查型腔的主要几何尺寸，然后固定好型芯，并确保浇注时金属液不会钻入芯头而堵塞排气道，最后再准确平稳地合上上型。

2. 铸型的紧固

金属液充满型腔后，上型将受到金属液的浮力而抬起，造成金属液从分型面流出（俗称跑火），因此，装配好的铸型必须进行紧固。单件、小批量生产时，多使用压铁压住上箱，压铁重量一般是铸件重量的 3～5 倍，压铁应压在砂箱箱带上，不要压在砂型上，避免压坏砂型。成批大量生产时，常使用卡子或螺栓紧固铸型。紧固时，应使铸型受力均匀、对称，如图 3-20 所示。

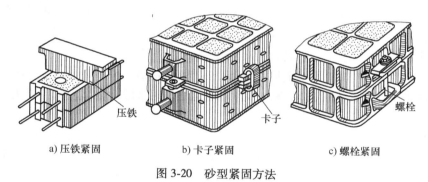

a) 压铁紧固　　　　b) 卡子紧固　　　　c) 螺栓紧固

图 3-20　砂型紧固方法

3.2.8 造型工艺

造型时必须考虑的主要工艺问题是分型面、浇注位置及浇注系统的确定，它们直接影响铸件的质量及生产效率。

1. 分型面的确定

1）整个铸件尽量在同一砂箱内，以减少错箱的可能性和提高铸件的精度。

2）分型面尽量是平直面，但必须是最大截面。

3）尽量减少分型面、活块和型芯的数量。

4）便于型芯的固定、排气和开箱检查。

2. 浇注位置的确定

浇注位置是指铸件在浇注时所处的位置。浇注位置的确定原则如下：

（1）重要的机械加工面朝下或处于侧立位置　因为浇注时，金属液中混杂的熔渣、气体等上浮后容易在铸件的上表面形成气孔、渣孔、砂眼等缺陷，而朝下的表面或侧立面质量较好。

（2）大平面朝下或倾斜　因为金属液浇注到铸型过程中高温液态金属的热作用，易将砂型烤裂，而导致夹砂、结疤等铸造缺陷。所以大平面朝下或倾斜后，将烘烤面变小，此种缺陷产生的可能性变小。

（3）薄壁部位朝下　主要目的是薄壁部位朝下时液态金属易于充满型腔，避免冷隔和浇不足缺陷的产生。

（4）厚大部位朝上　主要目的是利于安放冒口进行补缩，以防止产生缩孔缺陷。

3. 浇注系统

浇注系统是开设于铸型中引导液体金属填充型腔的一系列通道。其作用是：保证液体金属连续而平稳地流入型腔，以免冲坏型壁和型芯，防止熔渣、砂粒或其他夹杂物进入型腔；调节铸件的凝固顺序，并补充铸件在冷却和冷凝收缩时所需的金属液体。

（1）浇注系统的组成及作用　典型的浇注系统由浇口杯、直浇道、横浇道和内浇道 4 部分组成，如图 3-21 所示。对于形状简单的小铸件，可以省去横浇道。

1）浇口杯，较大的铸件可用浇口盆，用于承接浇注的金属液，起防止金属液的飞溅和溢出、减轻对型腔的冲击、分离熔渣、防止气体随液流带入型腔的作用。

2）直浇道。浇注系统中的垂直通道称为直浇道。直浇道通常有一定的锥度，防止气体吸入并便于起模。直浇道中的金属产生的静压力将有利于金属的充型，以获得完整

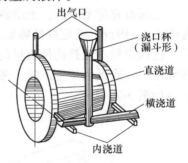

图 3-21　典型的浇注系统

的铸件。直浇道下面带有圆形的窝座，称为直浇道窝，用来减缓金属液的冲击力，使其平稳地进入横浇道。

3）横浇道。浇注系统中连接直浇道与内浇道的水平部分称为横浇道。横浇道的主要作用是挡渣、分配金属液流入内浇道及减缓金属液的流速。一般处于上型，截面形状多为梯形。

4）内浇道。金属液直接流入铸型型腔的通道。其截面多为扁梯形、浅半圆形，有时也用三角形。内浇道的作用是控制金属液进入型腔的速度和方向，调节铸件各部分的冷却速度。内浇道一般开设在下型，并注意金属液进入型腔的流速和方向不要正对型腔尖角部分或型芯，以免冲坏铸型。

（2）浇注系统的类型　按内浇道的开设位置，浇注系统分为如下 4 种类型：

1）顶注式浇注系统。内浇道设在铸件顶部，如图 3-22a 所示。顶注式浇道使金属液自上而下流入型腔，利于充满型腔和补充铸件收缩，但充型不平稳，会引起金属液飞溅、吸气、氧化及冲砂等问题。顶注式适用于高度较小、形状简单的薄壁件，易氧化的合金铸件不宜采用。

2）底注式浇注系统。内浇道设在型腔底部，如图 3-22b 所示。金属液从下而上平稳充型，易于排气，多用于易氧化的非铁金属材料铸件及形状复杂、要求较高的钢铁材料铸件。底注式浇注系统使型腔上部的金属液温度低而下部高，故补缩效果差。

3）中间注入式浇注系统。中间注入式浇注系统是介于顶注式和底注式之间的一种浇注

系统，开设方便，应用广泛，主要用于一些中型、不是很高、水平尺寸较大的铸件的生产。

　　4）阶梯式浇注系统。阶梯式浇注系统是沿型腔不同高度开设内浇道，金属液首先从型腔底部充型，待液面上升后，再从上部充型，兼有顶注式和底注式浇注系统的优点，主要用于高大铸件的生产。

　　（3）浇注系统的设置要求　合理地设置浇注系统，能够较大限度地避免铸造缺陷的产生，保证铸件质量。对浇注系统的设置要求为：

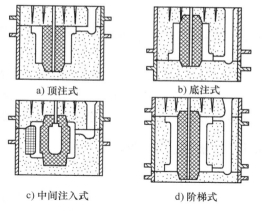

a) 顶注式　　　　b) 底注式

c) 中间注入式　　　d) 阶梯式

图 3-22　浇注系统的类型

　　1）使金属液平稳、连续、均匀地进入铸型，避免对砂型和砂芯的冲击。

　　2）防止熔渣、砂粒或其他杂物进入铸型。调节铸件各部分温度分布，控制冷却和凝固顺序，避免缩孔、缩松及裂纹的产生。

3.2.9　冒口与冷铁

　　为了实现铸件在浇注、冷凝过程中能正常充型和冷却收缩，一些铸件设计中应用了冒口和冷铁。

1. 冒口

　　高温金属液浇入铸型后，由于冷却凝固将产生体积收缩，使铸件最后凝固部位产生缩孔或缩松。为了获得完整健全的铸件，必须在可能产生缩孔或缩松的部位设置冒口。冒口是铸型中特设的储存补缩用金属液的空腔，使缩孔或缩松进入冒口中，凝固后的冒口是铸件上的多余部分，清理铸件时予以切除。冒口具有补缩、排气、集渣和引导充型的作用。

　　冒口应设在铸件厚壁处、最后凝固的部位，并应比铸件晚凝固。冒口形状多为圆柱形或球形。常用的冒口分为两类，即明冒口和暗冒口，如图 3-23 所示。

　　（1）明冒口　冒口的上口露在铸型外的称为明冒口，从明冒口中看到金属液冒出时，即表示型腔被浇满。明冒口的优点是有利于铸型内气体排出，便于从冒口中补加热金属液。缺点是明冒口消耗金属液多。

　　（2）暗冒口　位于铸型内的冒口称为暗冒口。浇注时看不到金属液冒出。其优点是散热面小，补缩效率比同等大小的明冒口高，利于减小金属消耗。一般情况下，铸钢件常用暗冒口。

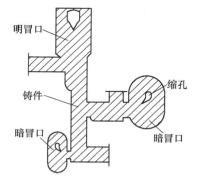

图 3-23　明冒口与暗冒口

2. 冷铁

　　为增加铸件局部的冷却速度，在砂型、砂芯表面或型腔中安放的金属物称为冷铁。砂型中放冷铁的作用是加大铸件厚壁处的凝固速度，消除铸件的缩孔、裂纹和提高铸件的表面硬度与耐磨性。冷铁可单独用在铸件上，也可与冒口配合使用，以减少冒口尺寸或数目。

3.3 铸造合金的熔炼及铸件的浇注、落砂与清理

铸造合金的熔炼是铸件生产的主要工序之一，是获得优质铸件的关键。若熔炼控制不当，会造成铸件的成批报废。合格的铸造合金不仅要求有理想的成分与浇注温度，而且要求金属液有较高的纯净度（夹杂物、含气量要少）。

3.3.1 铸造合金的熔炼

1. 铸铁的熔炼

铸铁是应用最多的铸造合金。对铸铁熔炼的基本要求是：铁液应有足够的温度；符合要求的化学成分且含有较少的气体和杂质；烧损率低；金属消耗少。

熔炼铸铁的设备有：冲天炉、感应电炉、电弧炉等，目前应用较多的是冲天炉。用冲天炉熔化的铁液质量不如电炉，但冲天炉具有结构简单、操作方便、燃料消耗少、成本低、熔化效率高，而且能连续生产的特点。

铸铁是 $w(C) = 2.7\% \sim 3.6\%$、$w(Si) = 1.1\% \sim 2.5\%$，以铁为主的铁碳合金。铸铁中的碳有两种形态，即碳化铁（FeC）和石墨。以碳化铁存在时，铸铁的断口呈银白色，称为白口铸铁；主要以石墨存在时，铸铁的断口呈暗灰色，称为灰铸铁。铸铁中含 C、Si 量少，或冷却速度大，则易得到白口铸铁。白口铸铁脆性大，硬度极高，很难切削加工，其应用范围有限。灰铸铁易于铸造和切削加工，它的抗拉强度和塑性低于钢，但其耐磨性、减振性好，价廉，因此得到广泛应用，铸铁件的生产占铸件生产的 $70\% \sim 75\%$。

一般来说，铸铁的熔炼应符合以下要求：铁液的化学成分要符合要求，铁液的温度要足够高，熔化效率高，节约能源。

熔炼铸铁的设备有：冲天炉、感应电炉、电弧炉等，最常用的是冲天炉。用冲天炉熔化的铁液质量不如电炉，但冲天炉具有结构简单、操作方便、燃料消耗少、成本低、熔化的效率高，而且能连续生产。

（1）冲天炉的构造　冲天炉是圆柱形竖式炉，由炉体、火花捕集器、前、加料装置、送风装置等 5 部分构成。冲天炉的构造如图 3-24所示。

1）炉体：包括烟囱、加料口、炉身、炉缸、炉底和支撑等部分。它主要的作用是完成炉料的预热、熔化。自加料口下沿至第一排风口中心线之间的炉体高度称有效高度，即炉身的高度，是冲天炉的主要工作区域。炉身的内腔称为炉腔。

2）火花捕集器：为炉顶部分，起除尘作用。

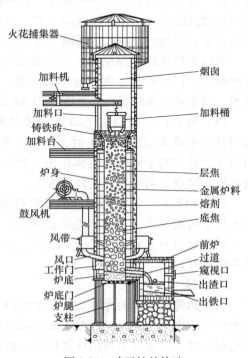

图 3-24　冲天炉的构造

废气中的烟尘和有害气体聚集于火花捕集器底部，由管道排出。

3）前炉。前炉的作用是储存铁液并使之成分、温度均匀。前面有出铁口、出渣口和窥视口。前炉中的铁液由出铁口放出，熔渣则由出渣口放出。

4）加料装置：包括加料机和加料桶，它的作用是把炉料按配比、分量、分批地从加料口送进炉内。

5）送风装置：包括进风管、风带、风口及鼓风机的输气管道，其作用是将一定量空气送入炉内，供底焦燃烧用。风带的作用是使空气均匀、平稳地进入各风口。冲天炉广泛应用多排风口，每排设 4~6 个小风口，沿炉膛截面均匀分布。

（2）炉料　炉料是熔炼铸铁所用的原材料的总称，一般由金属炉料、燃料和熔剂三部分组成。

1）金属炉料：由高炉生铁、回炉铁（冒口、废铸件等）、废钢及铁合金（硅铁、锰铁等）按比例配制而成。高炉生铁是主要的金属炉料，回炉铁可降低铸件成本，废钢可降低铁熔液中的含碳量，铁合金用来调整铁熔液的化学成分或配制所需的合金铸铁。

2）燃料：冲天炉主要的燃料是焦炭，焦炭的燃烧为铸铁熔炼提供热量。要求焦炭中碳的含量、发热量、强度要高，块度适中，挥发物、硫等的含量要少。其用量一般为金属炉料质量的 1/12~1/8，这个比值称为铁焦比。

3）熔剂：熔剂的作用是造渣。在熔化的过程中熔剂与炉料中有害物质形成熔点低、密度小、易于流动的熔渣，以便排除。常用的熔剂有石灰石（$CaCO_3$）和氟石（CaF_2），块度比焦炭略小，加入量为焦炭质量的 25%~30%。

（3）冲天炉的铸铁熔炼

1）熔炼原理。冲天炉是利用对流的原理来进行熔化的。在冲天炉熔化过程中，炉料从加料口装入，自上而下运动，被上升的热炉气预热，并在熔化带（在底焦顶部，温度约 1200℃）开始熔化。铁液在下落过程中又被高温炉气和炽热的焦炭进一步加热（称过热），温度可达 1600℃ 左右，经过过道进入前炉，此时温度稍有下降，最后出炉温度为 1360~1420℃。从风口进入的风和底焦燃烧后形成的高温炉气，是自下而上流动的，最后变成废气从烟囱中排出。

冲天炉内铸铁的熔化过程不仅是一个金属炉料的重熔过程，而且是炉内铁液、焦炭和炉气之间产生一系列物理、化学变化的过程。一般铁液由于和炽热的焦炭接触含碳量有所增加，硅、锰等合金元素的含量由于燃烧氧化有所下降，有害元素磷的含量基本不变。由于焦炭中的硫熔于铁液使 $w(Si)$ 增加约 50%。所以，用冲天炉熔化时要获得低硫铁液是比较困难的。

影响冲天炉熔化的主要因素是底焦的高度和送风强度等，必须合理控制。

2）铸铁熔炼的操作。

①修炉。每次装料化铁前用耐火材料将炉内损坏处修好并烘干。

②点火。加入刨花、木柴并点燃。

③加底焦。木柴烧旺后分批加入底焦至高出风口 0.6~1m 处为止。

④加炉料。底焦烧旺后，先加一批熔剂，再按金属炉料、燃料、熔剂的顺序一批批地向炉内加料至加料口为止。

⑤鼓风熔化。鼓风 5~10min，金属炉料便开始熔化，同时也形成熔渣，铁液和熔渣经炉

缸和过桥流入前炉储存。

⑥排渣与出铁。前炉中的铁液聚集到一定容量后，便可定时排渣与出铁。

⑦打炉。当剩下待铸的铸型不多时，即停止加料。等最后一批铁液浇完即可打开炉底门，将炉内的剩余炉料熄灭并清运干净。

2. 铸钢的熔炼

机械零件的强度、韧性要求较高时可采用铸钢件。铸钢可采用电弧炉、感应电炉、平炉、转炉、电渣炉及等离子炉等设备熔炼。

目前铸钢熔炼多采用中频感应电炉，其结构如图3-25所示，能熔炼各种高级合金钢和碳含量极低的钢。感应电炉的熔炼速度快、合金元素烧损小、能源消耗少且钢液质量高，即杂质含量少、夹杂少。

铸钢是$w(C)<2.11\%$的铁碳合金，代号为"ZG"。铸钢的强度、韧性、塑性、耐热性和焊接性都比铸铁高。铸钢的缺点是铸造性能差，生产工艺和熔炼设备复杂。铸钢分为铸造碳钢和铸造合金钢。按含碳量的高低，铸造碳钢又可分为铸造低碳钢［$w(C)<0.25\%$］、铸造中碳钢［$w(C)$为$0.25\%\sim0.60\%$］、铸造高碳钢［$w(C)>0.6\%$］。铸造合金钢是为了改善和提高

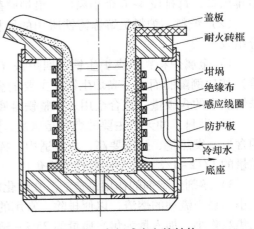

图3-25 中频感应电炉结构

盖板
耐火砖框
坩埚
绝缘布
感应线圈
防护板
冷却水
底座

铸钢件的某些性能，加入某种合金元素熔炼而成。钢中加入铬、钨、钒等元素可提高钢的硬度和耐磨性能，用于制造刀具和模具。

铸钢的铸造性能比铸铁差（流动性差、体收缩与线收缩大、氧化与吸气倾向大），熔点高，对成分控制及冶金质量的要求严。铸钢一般采用电弧炉、感应电炉、平炉、转炉、电渣炉及等离子炉等设备生产，更加注重钢液的冶炼过程。

电弧炉是利用从炉顶上方插入的并可自动调节的石墨电极与钢料之间产生的高温电弧，将钢料熔化。电弧炉开炉、停炉简便，容易操作。电弧炉熔炼周期短，能严格控制钢液的化学成分，适合熔炼优质钢和合金钢。

3. 非铁合金的熔炼

非铁金属材料是相对于钢铁材料而言的。工程中常采用的非铁金属材料有铝、镁、铜、锌、铅、锡等。铸造非铁合金有铸造铝合金、铸造铜合金等。铸造铝合金是以铝为基体的铸造合金，铸造铝合金的代号为"ZAl"。"ZAlSi12"表示$w(Si)$约为12%的铝硅合金。铸铝具有一定的力学性能，还具有优良的导电、导热性，它质量轻、塑性高、耐腐蚀，广泛用于制造仪表、泵、内燃机与飞机等的零件。铸造铜合金按其主要组成和性能分为两大类：铸造青铜和铸造黄铜。黄铜是指以锌为主要合金元素的铜基合金，为提高强度加入锰等元素的称为高强度锰黄铜，加入镍等元素的称为白铜。

铸造非铁合金大多熔点低、易吸气和氧化，多用坩埚炉熔炼。铸造铜合金多用石墨坩埚，铸造铝合金常用铸铁坩埚。熔炼时，铸造非铁合金置于用焦炭、油或电加热的坩埚中，并用熔剂覆盖，靠坩埚的热传导使合金熔化。最后还需将去气剂或惰性气体通入熔化的金属

液中，进行去气精炼。精炼完毕，立即取样浇注试块。

3.3.2　铸件的浇注

将液态金属浇入铸型的过程称为浇注。浇注对铸件质量影响很大，如果浇注操作不当会引起浇不足、冷隔、跑火、气孔、缩孔和夹渣等缺陷。

为了获得合格的铸件，除正确的造型、熔炼合格的铸造合金液外，浇注温度的高低、浇注速度的快慢也是保证铸件质量的重要因素。

铸造合金液浇入铸型时的温度称为浇注温度。较高的浇注温度能保证铸造合金液的流动性能，有利于夹杂物的积聚和上浮，减少气孔和夹渣等缺陷。但过高的浇注温度，会使铸型表面烧结，铸件表面容易粘砂，铸造合金熔液氧化严重，熔液中含气量增加，冷凝时收缩量增大，铸件易产生气孔、缩孔、裂纹等缺陷。浇注温度过低，铸造合金液的流动性变差，又容易产生浇不足、冷隔等缺陷。所以，应在保证获得轮廓清晰铸件的前提下，采用较低的浇注温度。一般情况下，铸铁的浇注温度在1340℃左右，铸造碳钢的浇注温度在1500℃左右，铸造锡青铜的浇注温度在1200℃左右，铸造铝硅合金的浇注温度在700℃左右。

单位时间内注入铸型中的铸造合金液的质量称为浇注速度。较快的浇注速度，可使铸造合金液很快地充满型腔，减少氧化程度，但过快的浇注速度易冲坏砂型。较慢的浇注速度易于补缩，获得组织细密的铸件，但过慢的浇注速度易产生夹砂、冷隔、浇不足等缺陷。浇注工作组织的好坏，浇注工艺是否合理，不仅影响到铸件质量，还涉及工人的安全，因此浇注时要严格遵守浇注的操作技术规程。

3.3.3　铸件的落砂与清理

1. 铸件的落砂

将浇注成型后的铸件从砂型中分离出来的工序称为落砂。铸件在砂型中应冷却到一定温度才能落砂。落砂过早，高温铸件在空气中急冷，易产生变形和开裂，表面也易氧化或形成白口，难以切削加工。落砂过晚，过久地占用生产场地和砂箱，不利于提高生产率。落砂的方法有手工落砂和机器落砂两种。中、小铸造厂一般用手工落砂。批量生产时，可采用振动、抛丸、高压水等机器落砂。

2. 铸件的清理

铸件落砂后仍带有浇注系统、冒口、飞边、表面粘砂等，必须经清理工序去除，满足铸件外表面的质量要求。

铸件清理工作包括：去除浇冒口、清除型芯及芯骨、清除铸件表面的粘砂及飞边等。

（1）去除浇冒口　脆性铸件如灰铸铁件的浇冒口可用锤子直接敲掉，敲打浇冒口时应注意锤击方向，如图3-26所示，以免将铸件敲坏；铸钢件的浇冒口一般用气割切除；非铁金属材料铸件多用锯割切除。

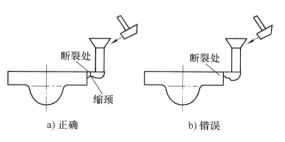

图 3-26　脆性铸件浇冒口的敲打

（2）清除型芯　铸件内腔的砂芯可用钩铲、风铲、钢钎、振錾子和锤子等工具手工铲除，或适当敲击铸件，振落砂芯。机械清理可采用振动落砂、水力清砂、水爆清砂等方法。

（3）清砂　对小型铸件表面粘砂，一般采用清理滚筒或喷砂机清理；大、中型铸件常采用抛丸机清理。图 3-27 为履带式抛丸清理机示意图。

（4）修整　飞边和浇冒口等，一般使用錾子、锉刀、风铲及砂轮等修整。

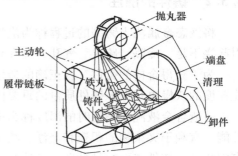

图 3-27　覆带式抛丸清理机示意图

3.4　铸件质量分析

铸造生产是一项较为复杂的工艺过程。影响铸件质量的因素很多，因此在对铸件进行质量检验时，往往会发现各种各样的铸造缺陷。有缺陷的铸件，有的经过修补还可以使用，有的则只能作为次品或废品处理。因此，分析铸件产生缺陷的原因，提高铸件质量，降低废品率是铸造生产必须研究解决的问题。

3.4.1　铸件质量检验

铸件质量包括内在质量和外观质量。内在质量包括化学成分、物理和力学性能、金相组织以及存在于铸件内部的孔洞、裂纹、夹杂物等缺陷；外观质量包括铸件的尺寸精度、形状精度、位置精度、表面粗糙度及表面缺陷等。根据产品的技术要求应对铸件质量进行检验，常用的检验方法有外观检验、无损探伤检验、金相检验及水压试验等。

3.4.2　铸件缺陷分析

在铸造生产过程中，由于种种原因，在铸件表面和内部产生的各种缺陷总称为铸件缺陷。按铸件缺陷性质不同，通常可以分为以下 8 个方面：多肉类缺陷、孔洞类缺陷、裂纹、冷隔类缺陷、表面缺陷、残缺类缺陷、夹杂类缺陷、形状和重量差错类缺陷以及成分、组织和性能不合格类缺陷等。表 3-1 所列为常见的铸件缺陷及缺陷产生的原因。

表 3-1　铸件常见缺陷及产生原因

类别	缺陷名称及特征	简　图	产生原因
孔洞类缺陷	气孔 铸件内部或表面有大小不等的孔眼，孔的内壁光滑，多为圆形		造型材料水分过多或含有大量发气物质；型砂透气性差；金属液温度过低；砂芯透气孔堵塞或砂芯未烘干；浇注温度过低；浇注系统不合理，气体无法排出等
	缩孔 铸件最后凝固的部位出现的形状极不规则、孔壁粗糙的孔洞，多产生在壁厚处		浇注系统和冒口设置不合理，不能保证顺利凝固；铸件设计不合理，壁厚不均匀；浇注温度过高，铁液成分不准，收缩太大

（续）

类别	缺陷名称及特征	简 图	产生原因
孔洞类缺陷	**砂眼** 铸件内部或表面带有砂粒的孔洞，形状不规则		型砂和芯砂的强度不足，砂太松，起模或合型时未对准，将砂型破坏；浇注系统不合理，浇注时砂型或砂芯被冲坏；铸件结构不合理，砂型或砂芯局部薄弱，被金属液冲坏
	渣眼 铸件浇注时的上表面充满熔渣的空洞，常与气孔并存，大小不一，成群集结		浇注时挡渣不良，熔渣随金属液进入型腔；浇口杯未注满或断流导致熔渣和金属液进入型腔；金属液温度过低，流动性不好，熔渣不易浮出
表面缺陷	**机械粘砂** 铸件表面黏附一层砂粒和金属的机械混合物，使表面粗糙		浇注温度过高，未刷涂料或刷得不足；砂型的耐火度不够；砂粒粗细不合适；砂型的紧实度不够，砂太松
	夹砂结疤 铸件表面产生的疤片状金属凸起物，表面粗糙，边缘锐利，在金属片和铸件之间夹有一层型砂	金属片状物	型砂热强度较低，型腔表层受热膨胀后易鼓起或开裂；型砂局部紧实度过大，水分过多，水分烘干后易出现脱皮；内浇道过于集中，使局部砂型烘烤温度过高；浇注温度过高，浇注速度过慢
形状及重量差错类缺陷	**错型** 铸件的一部分与另外一部分在分型面处相互错开		合型时上、下型错位；造型时上、下型有错移；定位销或泥号不准；分模的上、下模未对准等
	偏芯 型芯位置偏移，引起的铸件形状及尺寸不合格		型芯变形或安放位置偏移；型芯尺寸不准或固定不准；浇道位置不对，金属液冲偏了型芯
裂纹、冷隔类缺陷	**裂纹** 铸件开裂，裂纹处金属表面有氧化色，外形不规则	裂纹	铸件结构不合理，壁厚差太大；浇注温度太高，导致冷却速度不均匀；浇注位置选择不当，冷却顺序不对；砂型太紧，退让性差等

（续）

类别	缺陷名称及特征	简 图	产生原因
裂纹、冷隔类缺陷	冷隔 铸件有未完全熔合的缝隙，交接处多呈圆形，一般出现在离内浇道较远处、薄壁处或金属汇合处		金属液温度太低，浇注速度太慢，因表层氧化未能熔为一体；浇道太小，或布置不合理；铸件壁太薄，砂型太湿，含发气物质太多等
残缺类缺陷	浇不足 铸件残缺或铸件轮廓不完整，或轮廓虽完整，但边角圆且光亮。常出现在远离浇道的位置及薄壁处		浇注温度太低；熔融金属量不足；浇道太小或未开排气孔；铸件设计太薄等

（1）多肉类缺陷　铸件表面各种多肉缺陷的总称，包括飞边、抬型、胀砂、冲砂、掉砂等缺陷。这类缺陷影响铸件的外观质量，增加铸件的清理成本。

（2）孔洞类缺陷　在铸件表面和内部产生不同形状、大小的孔洞缺陷的总称，包括气孔、缩孔、缩松、疏松、渣眼等缺陷。这类缺陷会降低铸件的力学性能，影响铸件的使用性能，而且常位于铸件内部不容易发现，因此危害最大。其中以气孔和缩孔最为常见，对铸件的质量影响很大。

（3）裂纹、冷隔类缺陷　包括冷裂、热裂、热处理裂纹、白点、冷隔、浇注断流等缺陷。这类缺陷极大地降低了铸件的力学性能，严重时将导致铸件报废，其中以热裂最为常见。

（4）表面缺陷　铸件表面产生的各种缺陷的总称，包括鼠尾、沟槽、夹砂结疤、机械粘砂、化学粘砂、表面粗糙等缺陷。这类缺陷影响铸件的表面质量，并增加铸件清理工作量。

（5）残缺类缺陷　铸件由于各种原因造成的外形缺损缺陷的总称，包括浇不足、未浇满、跑火、型漏和损伤等缺陷。这类缺陷通常会导致铸件报废，而且还可能危害操作者人身安全。

（6）形状及重量差错类缺陷　包括拉长、超重、变形、错型、错芯、偏芯等缺陷。这类缺陷影响铸件外观质量，增加铸件清理工作量。

（7）夹杂类缺陷　铸件中各种金属和非金属杂物的总称，通常是氧化物、硫化物、硅酸盐等杂质颗粒机械地保留在固体金属内，或凝固时在金属内形成，或在凝固后的反应中形成。这类缺陷降低铸件的力学性能，影响铸件的使用性能，缩短铸件的使用寿命。

（8）成分、组织及性能不合格类缺陷　包括亮皮、菜花头、石墨漂浮、石墨集结、组织粗大、偏析、硬点、反白口、脱碳等缺陷。这类缺陷影响铸件的切削加工性能和使用性能。

3.4.3　铸件质量控制

进行铸件质量控制，就是要预防和消除铸件缺陷的产生，使铸件各项指标达到技术要求。因此，对铸件进行质量控制必须对铸造生产工艺过程各个环节的质量进行系统的、科学的、全面的管理。

（1）型（芯）砂的配制　造型材料选择、配制适当，保证型（芯）砂应具备的各项性能，并采用科学的方法进行检测。

（2）砂型工艺方面　包括模样和芯盒的设计制造、造型和制芯的方法、浇注系统和冒口设置等。

（3）铸造合金熔炼　必须进行严格的工艺操作，控制熔炼过程，以保证获得化学成分和温度符合要求的优质金属液。

（4）浇注和落砂　控制好浇注温度、浇注速度及落砂时间也是铸件质量控制中不可忽视的环节，它对防止铸件产生粘砂、缩孔、气孔、浇不足、冷隔、裂纹等缺陷具有重要的作用。

3.5　铸造安全操作技术规程

3.5.1　铸造生产特点

铸造生产由于工序繁多，要与高温液态金属相接触，车间环境一般较差（高温、高粉尘、高噪声、高劳动强度），安全隐患较多，既有人员安全问题，又有设备、产品的安全问题。因此，铸造生产的安全生产问题尤为突出。

3.5.2　铸造生产安全注意事项

1）进入车间后，应时刻注意头上的起重机，脚下的工件与铸型，防止碰伤、撞伤及烧伤等事故发生。

2）混砂机转动时，不得用手扒料和清理碾轮，不准伸手到机盆内添加粘结剂等附加物。

3）注意保管和摆放好自己的工具，防止被埋入砂中压坏，或被起模针和通气针扎伤手脚。

4）工作结束后，要认真清理工具和场地，砂箱要安放稳固，防止倒塌伤人毁物。

5）铸造熔炼与浇注现场不得有积水。

6）注意浇包及所有与铁水接触的物体都必须烘干，烘热后使用，否则会引起爆炸。

7）浇包中的金属液不能盛得太满，抬包时二人动作要协调，万一铁液泼出，烫伤手脚，应招呼同伴同时放包，切不可单独丢下抬杆，以免翻包，酿成大祸。

8）浇注时，人不可站在浇包正面，否则易造成意外的烧伤事故。

9）所有破碎、筛分、落砂、混碾和清理设备，应尽量密闭，以减少车间的粉尘。同时应规范车间通风、除尘及个人劳动保护等防护措施。

10）铸造合金熔炼过程中产生的有害气体，如冲天炉排放的含有一氧化碳的多种废气，铝合金精炼时排放的有害气体等，应有相应的技术处理措施。现场人员也应加强防护。

扩展内容及复习思考题

第4章 锻 压

【目的与要求】

1. 了解冲压设备、冲压工艺过程及剪、折机床的操作。
2. 了解常用加热炉的种类、结构、加热过程、始锻和终锻及锻件冷却方法。
3. 掌握自由锻造设备、工具、基本工序及操作方法，能独立进行锻造操作。
4. 掌握锻压安全操作技术规程。
5. 熟悉锻压生产工艺过程、分类、应用范围及其特点。

4.1 概述

利用金属在外力作用下所产生的塑性变形获得具有一定形状、尺寸和力学性能的原材料、毛坯或零件的生产方法，称为金属压力加工，又称金属塑性加工。锻压属于压力加工范畴，是机械制造中的重要加工方法之一，是锻造与冲压的总称。

4.1.1 锻造

锻造是在加压设备及工（模）具的作用下，使金属坯料产生局部或全部塑性变形，以获得一定的几何尺寸、形状、质量和力学性能的锻件的加工方法。根据变形温度不同，锻造可分为热锻、温锻和冷锻三种，其中应用最广泛的是热锻。热锻是在再结晶温度以上进行锻造的工艺，锻造后的金属组织致密、晶粒细小，还具有一定的金属流线，使金属的力学性能得以提高。因此，承受重载荷的机械零件，如机床主轴，航空发动机曲轴、连杆，起重机吊钩等多以锻件为毛坯。用于锻造的金属必须具有良好的塑性，在锻造时不致破裂。常用的锻造材料有钢、铜、铝及其合金。铸铁塑性很差，不能进行锻造。

4.1.2 冲压

使板料经分离和变形而得到制件的工艺方法统称为冲压。冲压通常是在常温下进行的，因此又称为冷冲压，只有板料厚度超过 8.0mm 时，才用热冲压。用于冲压件的材料多为塑性良好的低碳钢板、纯铜板、黄铜板及铝板等。有些绝缘胶木板、皮革、硬橡胶、有机玻璃板也可用来冲压。冲压件有质量小、刚度大、强度高、互换性好、成本低、生产过程便于实现机械自动化及生产效率高等优点，在汽车、仪表、电器、航空及日用工业等部门得到广泛的应用。

4.2 锻压工艺

4.2.1 自由锻

只用简单的通用性工具，或在锻造设备的上、下砧间经多次锻打和逐步变形而获得所需的几何形状及内部质量的锻件的方法称为自由锻。自由锻有手工自由锻（简称手锻）和机器自由锻（简称机锻）之分，机锻是自由锻的主要方法。

自由锻使用的工具简单，操作灵活，但锻件的精度低，生产率不高，劳动强度大，故只适用于单件、小批量和大件、巨型件的生产。

1. 加热

锻件加热的目的是提高金属的塑性和降低金属的变形抗力，以利于金属变形和得到良好的锻后组织和性能。但加热温度过高又易产生一些缺陷。

（1）钢在加热中的化学和物理反应　钢在加热时，表层的铁、碳与炉中的氧化性气体（O_2、CO_2 等）发生一些化学反应，形成氧化皮及表层脱碳现象。加热温度过高，还会产生过热、过烧及裂纹等缺陷。钢在加热时常见的缺陷及其防止措施见表 4-1。

表 4-1　钢在加热时常见的缺陷及其防止措施

缺陷名称	定　义	后　果	防止措施
氧化	金属加热时，介质中的 O_2、CO_2 和 H_2O 等与金属反应生成氧化物的过程	氧化使铸件用钢损失、锻件表面质量下降，模具及炉子使用寿命降低。当脱碳层厚度大于工件加工余量时，会降低工件表面的硬度和强度，严重时会导致工件报废	快速加热，减少过剩空气量，采用少氧化、无氧化加热，采用少装、勤装的操作方法，在钢材表面涂保护层
脱碳	加热时，由于气体介质与钢铁材料表层碳发生作用，使表层含碳量降低的现象		
过热	加热温度过高、保温时间过长引起晶粒粗大的现象	锻件力学性能降低、变脆，严重时锻件的边角处会产生裂纹	过热的坯料通过多次锻打或锻后正火处理来消除
过烧	加热温度超过始锻温度，使晶粒边界出现氧化及熔化的现象	坯料无法锻造	控制正确的加热温度、保温时间和炉气成分
裂纹	大型或复杂的锻件，塑性差或导热性差的锻件，在较快的加热速度或过高装炉温度下，因坯料内外温度不一致而造成裂纹	内部细小裂纹在锻打中有可能焊合，表面裂纹在断裂应力作用下进一步扩展导致报废	严格控制加热速度和装炉温度

（2）锻造加热温度范围及其控制　锻坯加热是根据金属的化学成分确定其加热规范，不同的金属，其加热温度也不同。为了保证质量，必须严格控制锻造温度范围。始锻温度指锻坯锻造时所允许的最高加热温度，终锻温度指锻坯停止锻造时的温度。锻造温度范围指从始锻温度到终锻温度的区间。

一般情况下，始锻温度应使锻坯在不产生过热和过烧的前提下，尽可能高些；终锻温度应使锻坯在不产生冷变形强化的前提下，尽可能低一些。这样便于扩大锻造温度范围，减少加热火次和提高生产率。常用金属材料的锻造温度范围见表 4-2。

锻造时的测温方法有观火色法及仪表检测法，其中观火色法通过目测钢在高温下的火色与温度关系来判断加热温度的高低，简便快捷，应用较广。表 4-3 为碳钢的加热温度与其火色的对应关系。

表 4-2　常用金属材料的锻造温度范围

金属种类	牌号举例	始锻温度/℃	终锻温度/℃
碳素结构钢	Q195，Q235，Q235A	1280	700
优质碳素结构钢	40，45，60	1200	800
碳素工具钢	T7，T8，T9，T10	1100	770
合金结构钢	30CrMnSiA，20CrMnTi，18Cr2Ni4WA	1180	800
合金工具钢	Cr12MoV	1050	800
合金工具钢	5CrMnMo，5CrNiMo	1180	850
高速工具钢	W18Cr4V，W9Mo3Cr4V	1150	900
不锈钢	12Cr13，20Cr13，12Cr18Ni9	1150	850
高温合金	GH33	1140	950
铝合金	3A21，5A02，2A50，2B50	480	380
镁合金	AZ61M	400	280
钛合金	TC4	950	800
铜及其合金	T1，T2，T3	900	650
铜及其合金	H62	820	650

表 4-3　碳钢的加热温度与其火色的对应关系

加热温度/℃	1300	1200	1100	900	800	700	<600
火色	黄白	淡黄	黄	淡红	樱红	暗红	赤褐

（3）加热设备的特点及其应用　按热源不同，加热方法可分为火焰加热和电加热两大类，表 4-4 为这两类加热方法的特点及应用。常用的加热设备如图 4-1 所示。

表 4-4　常用加热方法的特点及应用

加热方法	加热设备	原理及特点	应用场合
火焰加热	手工炉（又称明火炉）	结构简单，使用方便，加热不均，燃料消耗大，生产率不高	手工锤、小型空气锤自由锻
火焰加热	反射炉（图 4-1a）	结构较复杂，燃料消耗少，热效率较高	锻工车间广泛使用
火焰加热	少、无氧化火焰加热炉	利用燃料的不完全燃烧所产生的保护气氛，减少金属氧化，而炉膛上部二次进风，形成高温区向下部加热区辐射，达到少氧化、无氧化加热的目的	成批量中小件的精密锻造
电加热	箱式电阻炉（图 4-1b）	利用电流通过电热体产生热量对坯料进行加热，结构简单，操作方便，炉温及炉内气氛易于控制	用于非铁金属材料、高合金钢及精密锻造加热
电加热	中频感应炉	需变频装置，单位电能消耗为 0.4~0.55kW·h/kg，加热速度快、自动化程度高、应用广	$\phi20 \sim \phi150mm$ 坯料模锻、热挤、回转成形

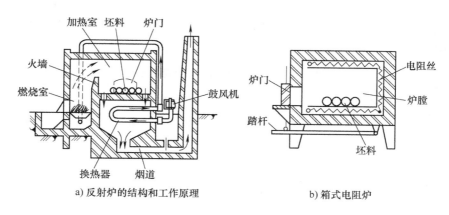

a) 反射炉的结构和工作原理　　　　　　b) 箱式电阻炉

图 4-1　常用加热设备

（4）锻件的冷却　锻件的冷却应做到使冷却速度不要过大和各部分的冷却收缩比较均匀一致，以防表面硬化、工件变形和开裂。锻件常用的冷却方法有空冷、坑冷和炉冷 3 种。空冷适用于塑性较好的中、小型的低、中碳钢的锻件；坑冷（埋入炉灰或干砂中）适用于塑性较差的高碳钢、合金钢的锻件；炉冷（放在 500~700℃ 的加热炉中随炉缓冷）适用于高合金钢、特殊钢的大件以及形状复杂的锻件冷却。

2. 自由锻成形

自由锻成形主要借助于锻造设备和通用的工具来实现。

（1）自由锻设备　锻造中、小型锻件常用的设备是空气锤（图 4-2）和蒸汽—空气自由锻锤，大型锻件常用水压机。空气锤的规格是以落下部分（包括工作活塞、锤杆与锤头）的质量来表示的。但锻锤产生的打击力，却是落下部分重力的 1000 倍左右。例如牌号上标注 75kg 的空气锤，就是指其落下部分的重力为 75kg，打击力约为 750N。常用的是规格为 50~750kg 的空气锤。空气锤既可进行自由锻，也可进行胎模锻，它的特点是操作方便，但吨位不大并有噪声与振动，只适用于小型锻件。

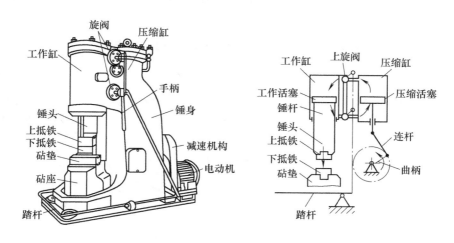

图 4-2　空气锤

空气锤通过操纵手柄或踏杆来控制旋阀，以改变压缩空气的流向，实现空转、连打、上悬及下压 4 种动作循环。空气锤规格的选择依据是锻件尺寸与质量，空气锤规格选用的概略数据见表 4-5。

表 4-5　空气锤规格选用的概略数据

锻件尺寸/mm	落下部分质量/kg							
	100	150	250	300	400	500	750	1000
镦粗直径	85	100	125	147	170	200	225	250
镦粗	30~75	40~90	50~110	65~130	75~150	80~180	95~200	105~200
拔长	100	120	150	175	180	220	250	300
锻件质量/kg≤	4	6	10	17	26	45	62	84

（2）自由锻的基本工序　自由锻的基本工序有镦粗、拔长、冲孔、弯曲、错移、扭转及切割等，其中镦粗、拔长、冲孔用得较多。自由锻基本工序的定义、操作要点和应用见表 4-6。

表 4-6　自由锻基本工序的定义、操作要点和应用

工序名称	定义及图例	操作要点	应　用
镦粗	使毛坯高度减小、横截面积增大的锻造工序称为镦粗	① h_0/d_0 应小于 2.5，否则易镦弯，镦弯锻坯应及时校正 ②加热应均匀，以防镦裂	①用来制造高度小和截面大的工件，如齿轮、圆盘、叶轮等 ②作为冲孔前的准备工序，使锻坯横截面积增大和平整，并减小冲孔高度

（续）

工序名称	定义及图例	操作要点	应用
镦粗	在坯料上某一部分进行的镦粗称为局部镦粗 坯料在垫环上或两垫环间进行的镦粗称为垫环镦粗	③端面应平整，且与轴线垂直 ④每击一次转动一下工件，防止镦偏、镦歪 ⑤行程应不大于锤头最大行程的 0.7 倍，防止出现夹层	③提高后续拔长工序的锻造比 ④提高锻件横向力学性能和减少力学性能的异向性 ⑤局部镦粗可以锻造凸肩直径和高度较大的饼状锻件，也可以锻造端部带有法兰的轴杆类锻件 ⑥垫环镦粗可用于锻造带有单边或双边凸肩的饼状锻件
拔长	使毛坯横截面积减小，长度增加的锻造工序称为拔长 用芯轴穿于空心毛坯的孔中进行的拔长称为芯轴拔长 用马杠对空心坯料进行的扩孔称为马杠扩孔	① $l = (0.3 \sim 0.7) b$，过大，降低拔长效率；过小，易产生折叠 ② $a/h \leqslant 2.5$，防止产生夹层 ③不断翻转锻件，保证温度均匀 ④拔长总是在方截面下进行，如坯料为圆形截面应按照下图所示方式进行 ⑤局部拔长时，应先压肩，以使过渡面平直整齐 方料压肩　　　　圆料压肩 ⑥拔长工件时，表面不平整，拔后必须修整	①用来制造长而截面小的工件，如轴、拉杆、曲面等 ②改善锻件内部质量 ③制造长筒类锻件，如炮筒、涡轮机主轴、圆环、套筒等

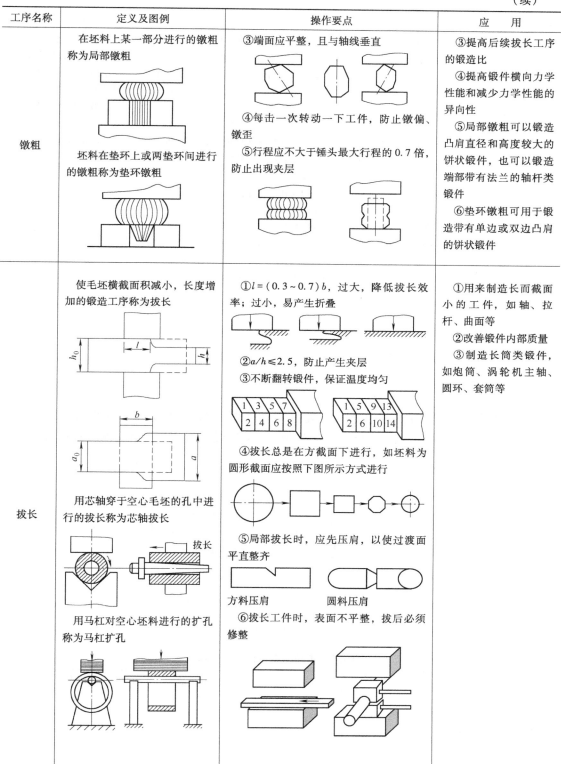

（续）

工序名称	定义及图例	操作要点	应　用
冲孔	在坯料上冲出通孔或不通孔的锻造工序称为冲孔，包括 1）双面冲孔 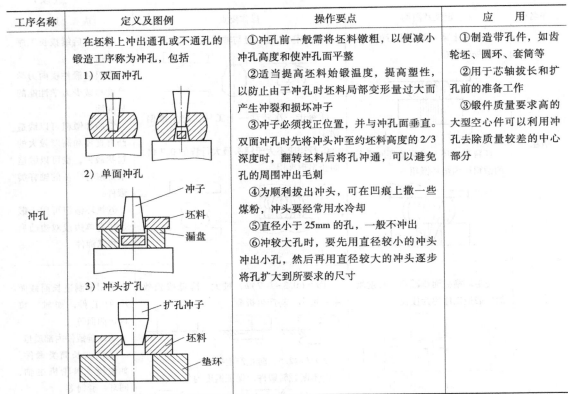 2）单面冲孔 冲子 坯料 漏盘 3）冲头扩孔 扩孔冲子 坯料 垫环	①冲孔前一般需将坯料镦粗，以便减小冲孔高度和使冲孔面平整 ②适当提高坯料始锻温度，提高塑性，以防止由于冲孔时坯料局部变形量过大而产生冲裂和损坏冲子 ③冲子必须找正位置，并与冲孔面垂直。双面冲孔时先将冲头冲至约坯料高度的2/3深度时，翻转坯料后将孔冲通，可以避免孔的周围冲出毛刺 ④为顺利拔出冲头，可在凹痕上撒一些煤粉，冲头要经常用水冷却 ⑤直径小于25mm的孔，一般不冲出 ⑥冲较大孔时，要先用直径较小的冲头冲出小孔，然后再用直径较大的冲头逐步将孔扩大到所要求的尺寸	①制造带孔件，如齿轮坯、圆环、套筒等 ②用于芯轴拔长和扩孔前的准备工作 ③锻件质量要求高的大型空心件可以利用冲孔去除质量较差的中心部分

　　（3）典型锻件自由锻工艺实例　齿轮坯锻件（图 4-3）分析如下：锻件材料为 45 钢，生产数量为 20 件，坯料规格为 $\phi120mm×220mm$，锻造设备为 750kg 空气锤。其自由锻工艺过程见表 4-7。

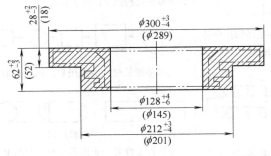

图 4-3　齿轮坯锻件

表 4-7　齿轮坯自由锻工艺过程

序号	工　序	简　图	操作方法	使用工具
1	镦粗	$\phi160$ 124	为去除氧化皮用平砧镦粗至 $\phi160mm×124mm$	火钳

（续）

序号	工 序	简 图	操作方法	使用工具
2	垫环局部镦粗	$\phi288$ 40 $\phi160$	由于锻件带有单面凸肩，坯料直径比凸肩直径小，采用垫环局部镦粗	火钳，镦粗漏盘
3	冲孔	$\phi80$	双面冲孔	火钳，$\phi80$mm 冲子
4	冲头扩孔	$\phi128$	扩孔分两次进行，每次径向扩孔量分别为25mm、23mm	火钳，$\phi105$mm 和 $\phi128$mm 冲子
5	修整	$\phi212$ 28 62^{+2}_{-3} $\phi128$ $\phi300^{+2}_{-4}$	边旋边轻打至外圆 $\phi300^{+2}_{-4}$mm 后，轻打平面至 62^{+2}_{-3}mm	火钳，冲子，镦粗漏盘

4.2.2 胎模锻

1. 胎模锻

胎模锻是介于自由锻与模锻之间的一种锻造方法。胎模不固定在锤头和砧座上，而是根据需要随时将胎模放在下砧上进行锻造，用完后拿下来。胎模锻一般采用自由锻方法制坯，然后在胎模中最后成形。图 4-4 所示是典型的模锻件。常用胎模的种类、结构和应用见表 4-8。

表 4-8　常用胎模的种类、结构和应用范围

序号	名称	简图	应用范围	序号	名称	简图	应用范围
1	摔子		轴类锻件的成形或精整，或为合模锻造制坯	3	扣模		非回转体锻件的局部或整体成形，或为合模锻造制坯
2	弯模		弯曲类锻件的成形，或为合模锻造制坯				

（续）

序号	名称	简图	应用范围	序号	名称	简图	应用范围
4	套模	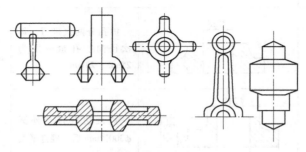	回转体类锻件的成形	5	合模		形状较复杂的非回转体类锻件的终锻成形

图 4-4　典型模锻件

胎模锻与自由锻相比，有锻件形状较准确、尺寸精度较高、力学性能较好及生产效率较高的优点，主要用于中、小件批量生产。

2. 典型胎模锻件工艺讨论

如果生产批量和要求不同，同种零件的毛坯应选用不同的锻造方法，因此两种锻件的结构也有所区别。现以轮毂为例进行分析。锻件材料为 45 钢；锻件质量为 0.68kg；坯料尺寸为 $\phi42mm×70mm$；锻造设备为 560kg 空气锤。

1）若轮毂件的批量不大，尺寸精度要求一般，可选用胎模锻成形。根据锻坯的质量 $G_{坯} = G_{锻件} + G_{料头} + G_{烧损}$ 及锻造比 $Y = F_{坯}/F_{锻件} \geqslant 2.5 \sim 3$（$G$ 表示质量，F 表示横截面积）决定下料尺寸，加热后在开式筒模（跳模）中最终成形跳出，如图 4-5 所示。

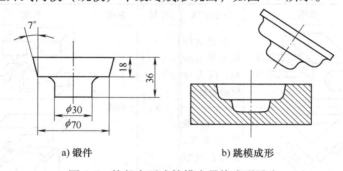

a) 锻件　　　　　　　　b) 跳模成形

图 4-5　轮毂在开式筒模中最终成形跳出

2）若轮毂件的批量很大，且孔腔也需成形，则选用固定模锻成形。其模锻件的结构与胎模锻件结构就有所不同；模锻件上有分模面、飞边、圆角、模锻斜度和冲孔连皮等。并且，它的加工余量及公差也都较小，如图 4-6 所示。锻件成形后用模具切去飞边及冲孔连皮。

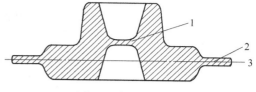

图 4-6　轮毂模锻件

1—冲孔连皮　2—飞边　3—分模面

4.3　锻压件质量检验与缺陷分析

1. 锻件的质量检验

冷却后的锻件应按规定的技术条件进行质量检验，常用的检验方法有工序检验与工步检验。按锻件图用量具检验锻件的几何尺寸及表面质量。对重要的锻件还需进行金相组织与力学性能的检验。

2. 锻件缺陷分析

（1）自由锻锻件的缺陷分析　自由锻锻件的缺陷及产生原因见表 4-9。

表 4-9　自由锻锻件缺陷及产生原因

缺陷名称	产生原因
过热或过烧	1. 加热温度过高，保温时间过长 2. 变形不均匀，局部变形度过小
裂纹 （横向和纵向裂纹，表面和内部裂纹）	1. 坯料心部没有热透或温度较低 2. 坯料本身有皮下气孔、冶炼质量差等缺陷 3. 坯料加热速度过快，锻后冷却速度过大 4. 变形量过大
折叠	1. 型砧圆角半径过小 2. 送进量小于压下量
歪斜偏心	1. 加热不均匀，变形度不均匀 2. 操作不当
弯曲和变形	1. 锻造后修整、校直不够 2. 冷却、热处理操作不当
力学性能偏低 （锻件强度不够，硬度偏低，塑性和冲击韧度偏低）	1. 坯料冶炼成分不合要求 2. 锻后热处理不当 3. 冶炼时原材料杂质过多，偏析严重 4. 锻造比过小

（2）模锻件的缺陷分析　模锻件的缺陷及其产生原因见表 4-10。

表 4-10 模锻件的缺陷及其产生原因

缺陷名称	产生原因
凹坑	1. 加热时间太长或粘上炉底熔渣 2. 坯料在模膛中成形时氧化皮未清除干净
形状不完整	1. 原材料尺寸偏小 2. 加热时间太长，火耗太大 3. 加热温度过低，金属流动性差，模膛内的润滑剂未吹掉 4. 设备吨位不足，锤击力太小 5. 锤击轻重掌握不当 6. 制坯模膛设计不当或飞边槽阻力小 7. 终锻模膛磨损严重 8. 锻件从模膛中取出不慎碰塌
厚度超差	1. 毛坯质量超差 2. 加热温度偏低 3. 锤击力不足 4. 制坯模膛设计不当或飞边槽阻力太大
尺寸不足	1. 终锻温度过高或设计终锻模膛时考虑断面收缩率不足 2. 终锻模膛变形 3. 切边模安装欠妥，锻件局部被切
锻件上、下部分发生错移	1. 锻锤导轨间隙太大 2. 上、下模调整不当或锻模检验角有误差 3. 锻模紧固部分（如燕尾）有磨损或锤击时错位 4. 模膛中心与打击中心相对位置不当 5. 导锁设计欠妥
锻件局部被压伤	1. 坯料未放下或锤击中跳出模膛连击压坏 2. 设备有毛病，单击时发生连击
翘曲	1. 锻件从模膛中撬起时变形 2. 锻件在切边时变形
夹层	1. 坯料在模膛中位置不对 2. 操作不当 3. 锻模设计有问题 4. 操作时变形程度大，产生飞边，不慎将飞边压入锻件中

（3）冲压件的缺陷分析　常见冲压件缺陷及产生原因见表 4-11。

表 4-11 常见冲压件缺陷及产生原因

缺陷名称	产生原因
飞边	冲裁间隙过大、过小或不均匀，刃口不锋利
翘曲	冲裁间隙过大，材质不纯，材料有残余应力等
弯曲裂纹	材料塑性差，弯曲线与流线组织方向平行，弯曲半径过小等
橘皮	相对厚度小，拉深系数小，间隙过大，压边力过小，压边圈或凹模表面磨损严重
裂纹和断裂	拉深系数过小，间隙过小，凹模或压料圈局部磨损，润滑不够，圆角半径过小
表面划痕	凹模表面磨损严重，间隙过小，凹模或润滑油不干净
拉深件壁厚不均	润滑不够，间隙不均匀、过大或过小

4.4　锻压安全操作规程

1）未经指导老师允许，不得擅自开动设备；开启前必须检查设备是否完好，安全防护装置是否齐全有效。

2）坯料加热、锻造和冷却过程中应防止烫伤。

3）钳口的形状和尺寸必须与坯料的截面相适应，以便夹牢工件，严禁将夹钳对准人体，严禁将手指放在两钳柄之间，以免夹伤。

4）锻锤开启后，司锤者应集中精力按掌钳者的指挥操作，掌钳者发出的信号要清晰。

5）锻造时，不要在易飞出冲头、料头、飞边、火星等物的危险区停留。严禁将手和头伸入锻锤与砧座之间，砧座上的氧化皮应用夹钳、长柄扫帚等工具消除。

6）冲压板料时，严禁将手或头伸入上模、下模之间，严禁用手直接取、放冲压件，应采用工具钩取。

7）冲压操作结束后，应切断电源，使滑块处于最低位置（模具处于闭合状态），然后进行必要的清理。

8）进入锻造车间必须穿隔热胶底鞋或皮底鞋和戴安全帽。

9）严格按指导教师的安排，完成规定的实训操作，不得擅自改变实训内容和操作规程。

10）锻压操作前应确保其他操作者处于安全区域，并在可能发生危险的区域设置警示标志。

11）工具、模具的放置与收藏要整齐合理、取用方便，用后及时维护和收藏。工作完毕后按要求对设备和工具进行清理，工作场地应清扫干净，飞边和废料等要送往指定地点。

12）锤头应做到"三不打"，即砧座上无锻坯不打、工件未夹牢不打、过烧或过冷的坯料不打。

13）严禁远距离扔料，近距离扔料要加防护挡板。

14）实训操作时发扬团结协作精神，保持现场整洁，做到文明有礼。

扩展内容及复习思考题

第5章 焊 接

【目的与要求】

1. 掌握焊接的定义和焊接方法的分类。
2. 熟悉焊条电弧焊、气焊与气割等焊接方法，并能独立进行操作。
3. 掌握其他焊接方法的特点和应用。
4. 了解焊接生产环境保护知识。
5. 掌握焊接安全操作技术规程。

5.1 焊接概述

5.1.1 焊接定义

焊接是通过加热或加压，或两者并用，用或不用填充材料，使焊件达到原子间结合并形成永久性接头的工艺过程。

作为现代工业的基础工艺，焊接方法的种类很多。按焊接过程的工艺特点和母材金属所处的状态，焊接方法可分熔焊、压焊、钎焊3类。

1. 熔焊

将焊件局部加热至熔化，冷凝后形成焊缝而使构件连接在一起的加工方法，包括电弧焊、气焊、电渣焊、电子束焊、激光焊、铝热焊等。熔焊是广泛采用的焊接方法，大多数的低碳钢、合金钢都采用熔焊方法焊接。特种熔焊还可以焊接陶瓷、玻璃等非金属。

2. 压焊

焊接过程中，对焊件施加压力（加热或不加热）完成焊接的方法。压焊时加热的主要目的是使金属软化，靠施加压力使金属塑变，让原子接近到相互稳定吸引的距离，这一点与熔焊时加热有本质的不同。压焊包括电阻焊、摩擦焊、超声波焊、冷压焊、爆炸焊、扩散焊、磁力脉冲焊等。

3. 钎焊

将熔点比母材低的钎料加热至熔化，但加热温度低于母材的熔点，用熔化的钎料填充焊缝、润湿母材并与母材相互扩散形成一体的焊接方法。钎焊分两大类：硬钎焊和软钎焊。硬钎焊的加热温度大于450℃，焊件抗拉强度大于200MPa，常用银基、铜基钎料，适于工作应力大，环境温度高的场合，如硬质合金车刀、地质钻头的焊接。软钎焊的加热温度小于450℃，焊件抗拉强度小于70MPa，适于应力小、工作温度低的场合。

5.1.2 焊接方法的特点及应用

1. 特点

（1）优点

1）节省金属材料，结构质量小。

2）以小拼大、化大为小，简化铸造、锻造及切削加工工艺，获得最佳技术经济效果。

3）焊接接头具有良好的力学性能和密封性。

4）能够制造双金属结构，使材料的性能得到充分利用。

（2）缺点　焊接结构的不可拆卸性，给维修带来不便；焊接结构中会存在焊接应力和变形；焊接接头的组织性能往往不均匀，易产生焊接缺陷等。

2. 应用

焊接作为机械以及其他产品的现代先进制造技术之一，已广泛应用于电站、核能、石化、煤炭、冶金、矿山、建筑、桥梁、船舶、汽车、机车、海洋工程、仪表仪器、轻工纺织以及日用家电等国民经济的各个部门。现代焊接技术在推动我国工业的发展中已占有相当重要的地位。以西气东输工程为例，全长约 4300km 的输气管道，其焊接接头数量达 35 万个以上，整个管道上焊缝的长度达到 15000km。离开焊接，简直无法想象如何完成这样的工程。今天焊接已经深深地融入到现代工业经济中，并在其中显现了十分重要甚至是不可替代的作用。

5.1.3　焊接接头性能

焊接接头如图 5-1 所示。被焊的工件材料称为母材。焊接过程中局部受热熔化的金属形成熔池，熔池金属冷却凝固后形成焊缝。焊缝两侧的母材受焊接加热的影响而引起金属内部组织和力学性能变化的区域，称为焊接热影响区。焊缝和热影响区的过渡区称为熔合区。焊缝、熔合区和热影响区一起构成焊接接头。

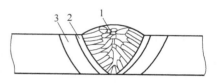

图 5-1　焊接接头
1—焊缝　2—熔合区　3—热影响区

5.2　焊条电弧焊

5.2.1　基本知识

利用电弧作热源的焊接方法称为电弧焊，而用手工操作焊条进行焊接的方法称为焊条电弧焊。焊条电弧焊是熔焊方法中应用最早，至今还广泛应用的焊接方法。焊条电弧焊具有典型的代表性，掌握了这种焊接方法，其他焊接就可以迎刃而解。

1. 焊条电弧焊的特点及应用

（1）焊条电弧焊的特点

1）使用的设备比较简单，价格相对便宜且轻便。

2）不需辅助气体防护，具有较强的抗风能力。

3）操作灵活，适应性强。不规则的焊缝，凡焊条能够达到的地方都能进行焊接。

4）应用范围广，可用于大多数工业用的金属和合金的焊接。

但是焊条电弧焊也有以下缺点：

1）操作技术要求高、培训费用大。

2）劳动条件差，需加强劳动保护。

3）生产效率低，主要靠手工操作，焊接参数选择范围较小，与自动焊相比，焊接生产率低。

4）不适于特殊金属及薄板的焊接。

（2）应用　可以应用于维修及装配中的短缝焊接，特别是难以达到的部位的焊接；适用于碳钢、低合金钢、不锈钢、铜及铜合金等金属材料的正常焊接，以及铸铁焊补和其他金属材料的堆焊。但是，钛、锆、钽、钼、锡、铅、锌等一般不用焊条电弧焊。

2. 焊接电弧

焊接电弧是由焊接电源供给的，具有一定电压的两电极间或电极与焊件间，在气体介质中产生的强烈而持久的放电现象。

（1）产生　在焊条与工件相接触瞬间，造成短路，产生很大的短路电流，由于焊条和工件的接触表面不平整，使接触点的电流密度很大，在此处产生较大的电阻热将金属熔化，甚至蒸发、汽化为气体。迅速将焊条拉开至一定距离时，电流只能从熔化的液态金属细颈处通过。在电场力的作用下，正离子和负离子不断向两极移动，不断地复合、碰撞，放出大量的光和热，产生电弧。

（2）电弧构成和热量分布　如图 5-2 所示，电弧热量来源于电能。电弧由阴极区、弧柱、阳极区三部分组成。阴极区产生热量约占电弧总热量的 36%，平均温度为 2400K，弧柱产生的热量约占 21%，中心温度可达 6000～8000K，阳极区约占 43%，温度为 2600K。65%～85% 的电弧热量用于加热、熔化金属，其余散失在电弧周围飞溅的金属液中。

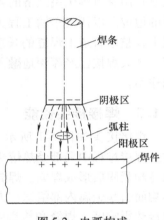

图 5-2　电弧构成

正是由于电弧在阴极和阳极上产生的热量不同，在直流焊接时可采用正接法和反接法，如图 5-3 所示。

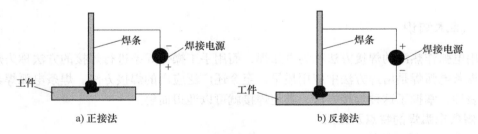

a) 正接法　　　　　　　　　　　　　b) 反接法

图 5-3　直流弧焊机的不同极性接法

焊接厚板时，一般采用直流正接法，这是因为电弧正极的温度和热量比负极高，采用正接法能获得较大的熔深。焊接薄板时，为了防止烧穿，常采用反接。而交流焊接时两极温度相同，一般约为 2500K，引弧电压为 50～90V，稳弧电压为 16～35V。

3. 焊条电弧焊设备及其主要参数

焊条电弧焊的设备分为两类，包括交流电弧焊机、直流电弧焊机。焊条电弧焊时，欲获得优良的焊接接头，首先必须使电弧稳定地燃烧。决定电弧稳定燃烧的因素很多，如电源设备、焊条成分、焊接规范及操作工艺等，其中主要的因素是电源设备。焊接电弧在引弧和燃烧时所需要的能量是靠电弧电压和焊接电流来保证的。为确保能顺利引弧和稳定地燃烧，对焊条电弧焊焊接设备的要求是：

首先，焊接电源在引弧时，应具有较高的电压（考虑到操作的安全需要，电压不宜太高，规定空载电压为 50~90V）和较小的电流（几安）；引燃电弧并稳定燃烧后，能供给电弧较低的电压（16~40V）和较大的电流（几十安至几百安），即电源有陡降外特性。

其次，焊接电源还要满足可以灵活调节焊接电流，以满足焊接不同厚度的工件对焊接电流的需求。此外，还应具有良好的动特性。

（1）焊条电弧焊设备

1）交流电弧焊机。交流电弧焊机实质上是一种特殊的降压变压器，它具有结构简单、噪声小、价格便宜、使用可靠、维护方便等优点。交流电弧焊机电源分动铁心式和动线圈式两种。交流电弧焊机可将工业电压（220V 或 380V）降低至空载 60~70V、电弧燃烧时的 20~35V。它的电流调节是靠改变活动铁心的位置来实现的。

2）直流电弧焊机。直流电弧焊机输出端有正、负极之分，焊接时电弧两端极性不变。在使用碱性低氢钠型焊条时，均采用直流反接。直流电弧焊机外形如图 5-4 所示。

（2）焊条电弧焊设备的主要参数

1）一次电压。

2）空载电压。一般交流电弧焊机的空载电压为 60~80V，直流电弧焊机的空载电压为 50~90V。

3）工作电压。一般焊机的工作电压为 20~40V。

4）电流调节范围。

5）负载持续率。

6）额定焊接电流。

图 5-4　直流电弧焊机外形

4. 焊条分类、组成和作用

焊条电弧焊的焊接材料为焊条。

（1）分类

1）焊条电弧焊用焊条的种类很多，按我国统一的焊条牌号，共分为十大类，如结构钢焊条、耐热钢焊条、不锈钢焊条、铸铁焊条、铜及铜合金焊条、特殊用途焊条等，其中应用最广的是结构钢焊条。

2）按焊条熔渣的化学性质不同，焊条分为酸性焊条和碱性焊条两大类。

①酸性焊条。熔渣中的酸性氧化物比碱性氧化物多，适合各种电源，易操作、电弧稳定、成本低，焊缝塑性和韧性差，不宜用于重要构件。

②碱性焊条。焊缝塑性和韧性好，抗冲击能力强，要求直流电源，操作性差、电弧不够稳定、价格高，适于重要构件。

（2）组成　焊条由焊芯和药皮组成，如图 5-5 所示。焊条药皮成分见表 5-1。

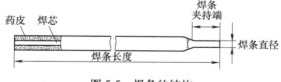

图 5-5　焊条的结构

表 5-1 焊条药皮成分

原料种类	原料名称	作 用
稳弧剂	碳酸钾、碳酸钠、长石、大理石、钛白粉、钠水玻璃、钾水玻璃	改善引弧性能，提高电弧燃烧的稳定性
造气剂	淀粉、木屑、纤维素、大理石	造成一定量的气体，隔绝空气，保护焊接熔滴与熔池
造渣剂	大理石、长石、氟石、菱苦石、锰矿、钛铁矿、黏土、钛白粉、金红石	造成具有一定物理化学性能的熔渣，保护焊缝，碱性渣中的 CaO 可脱硫、磷

焊芯材料都是特制的优质钢。焊接碳素结构钢的焊芯一般是 $w(C) = 0.08\%$ 的低碳钢，应用最普遍的有 H08 和 H08A，对含碳量及硫、磷有害杂质都有极严格的限制。常用的焊条直径（即焊芯的直径）为 2.5~6.0mm，长度为 350~450mm。焊芯的长度和直径代表焊条的长度和直径。

（3）作用

1）焊芯的作用。焊条焊芯的作用：一是作为电极传导电流，产生电弧；二是熔化后作为填充金属，与熔化的母材一起组成焊缝金属。

2）药皮的作用

①改善焊条工艺性，使电弧易于引燃，燃烧稳定，有利于焊缝成形，减少飞溅等。

②机械保护作用。在电弧热量作用下，形成熔渣保护熔化金属。

③冶金处理作用。去除有害杂质，添加有益合金元素，改善焊缝质量。

（4）焊条选用原则。根据焊件的化学成分、力学性能、抗裂性、耐蚀性、耐高温性能、结构形状、受力情况、焊接设备条件等选用焊条，即等强原则和同成分原则。

1）低碳钢和低合金钢构件：根据强度（两构件强度较低者为准）应用等强原则。

2）特殊性能钢（不锈钢、耐热钢和非铁金属材料）：根据等强原则和同成分原则选择特殊、专用焊条。

3）铸铁：碱性焊条和适当工艺（预热）。

4）酸性、碱性：根据重要性选用，重要结构选用碱性焊条。

（5）焊条的型号与保管

1）典型酸性焊条型号有 E4303 等，碱性焊条型号有 E5015 等。型号中的"E"表示结构钢焊条，型号中三位数字的前两位"43"或"50"表示焊缝金属的抗拉强度等级，分别为 430MPa 或 500MPa；第三位数字 0 或 1 代表全位置焊接；最后两位数字组合表示药皮类型和焊接电源种类，03 表示钛钙型药皮，使用交流或直流电源均可，15 为低氢钠型焊条，只能用于直流电源反接。

2）焊条的保管。焊条应保存在干燥的地方，避免受潮。特别是碱性焊条，每次使用前都要经烘干处理后才能使用。

5.2.2 基本操作技术

为了获得优质的焊缝，需要一流的焊接设备、熟练的焊接操作者、合适的焊接材料。在设备、操作者、材料已经确定的前提下，则需要选择合适的焊接参数。

1. 备料

按图样要求对原材料划线，并裁剪成一定形状和尺寸。注意选择合适的接头形式，当工件较厚时，接头处还要加工出一定形状的坡口。

2. 焊接规范的选择

焊条电弧焊的焊接规范，主要就是对焊接电流、类型和焊条直径的选择。根据所焊工件的材质选择焊条牌号。而焊接过程中的速度和电弧长度，通常由焊工根据焊条牌号和焊缝所在空间的位置，在施焊的过程中适度调节。

（1）焊条直径　为提高生产率，通常选用直径较粗的焊条，但一般不大于 $\phi6mm$。工件厚度在 4mm 以下的对接焊时，一般均用直径小于等于工件厚度的焊条。焊条直径与板厚的关系可参考表 5-2。大厚度工件焊接时，一般接头处都要开坡口，在焊打底层焊时，可采用直径为 $\phi2.5\sim\phi4mm$ 的焊条，后面的各层均可采用直径为 $\phi5\sim\phi6mm$ 的焊条。立焊时，焊条直径一般不超过 $\phi5mm$；仰焊时则不应超过 $\phi4mm$。

表 5-2　焊条直径与板厚的关系

板厚/mm	<4	4~8	9~12	>12
焊条直径/mm	≤板厚	$\phi3.2\sim\phi4$	$\phi4\sim\phi5$	$\phi5\sim\phi6$

（2）焊接电流　焊接电流的大小主要根据焊条直径来确定。焊接电流若太小，会降低焊接生产率，电弧不稳定，还可能焊不透工件；若焊接电流太大，则会引起熔化金属的严重飞溅，甚至烧穿工件。对于焊接一般的结构件，焊条直径在 $\phi3\sim\phi6mm$ 时，焊接电流的参考值可由下列经验公式求得：

$$I = (30 \sim 55)d$$

式中　I——焊接电流（A）；

d——焊条直径（mm）。

此外，电流大小的选择还与接头形式和焊缝空间位置等因素有关。立焊、横焊所用的焊接电流应比平焊时减少 10%～15%；仰焊时所用的焊接电流应比平焊时减少 15%～20%。

3. 焊缝层数

焊缝层数需视焊件的厚度而定。对于中、厚板一般多采用多层焊。焊缝层数多些，有利于提高焊缝金属的塑性、韧性。对质量要求较高的焊缝，每层厚度最好不大于 5mm。如图 5-6 所示的多层焊焊缝，其焊接顺序应按照图中序号进行焊接。

图 5-6　多层焊的焊缝和焊接顺序

4. 焊缝的空间位置

依据焊缝在空间所处的位置分为平焊、立焊、横焊、仰焊 4 种，如图 5-7 所示。平焊的特点是易操作、劳动条件好、生产率高、焊缝质量易保证，因此焊缝布置应尽可能放在平焊位置。立焊、仰焊或横焊时，由于重力作用，被熔化的金属要向下滴落而造成施焊困难，因此，在设计中应尽量不予采用。

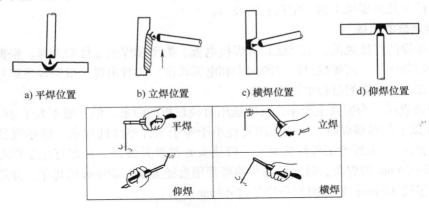

a) 平焊位置　　b) 立焊位置　　c) 横焊位置　　d) 仰焊位置

图 5-7　焊接位置及姿势示意图

5. 接头形式

在焊接前，应根据焊接部位的形状、尺寸、受力的不同，选择合适的接头类型。常见的接头形式有对接、搭接、T 形接和角接等，如图 5-8 所示。

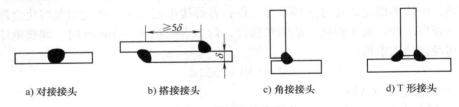

a) 对接接头　　b) 搭接接头　　c) 角接接头　　d) T 形接头

图 5-8　常见的接头形式

6. 坡口形式

焊接较厚工件时为确保焊件能焊透，必须开一定形状的坡口。焊件厚度小于 6mm 时，只需在接头处留一定的间隙，就能保证焊透。但是在焊接较厚的工件时，就需要在焊接前，将焊件接头处加工成一定的形状，以确保焊透。通常采用最多的接头形式是对接接头，如图 5-9 所示。这种接头常见的坡口形式有 I 形坡口、带钝边 V 形坡口、带钝边 X 形坡口。当板厚达到 20~60mm 时，为减少焊接量并减小变形，通常开 U 形坡口、双 U 形坡口，且为防止焊接时烧穿，坡口处均应留一定的钝边。

7. 焊缝质量分析

焊缝的形状与焊接参数的选择有直接关系，因此可根据焊缝形状来判断焊接参数是否合适。焊接参数对焊缝形状的影响如图 5-10 所示。影响对接焊缝几何形状的参数有焊缝宽度、余高、熔深，如图 5-11 所示。

（1）焊缝宽度　焊缝表面与母材的交界处称为焊趾。单道焊缝横截面中，两焊趾间的距离称为焊缝宽度。

（2）余高　余高指超出焊缝表面焊趾连线上面的那部分焊缝金属的高度。焊缝的余高使焊缝的横截面增加，承载能力提高，但却使焊趾处产生应力集中。通常要求余高不能低于

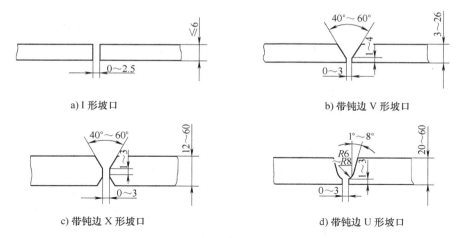

a) I 形坡口　　　　　　　　b) 带钝边 V 形坡口

c) 带钝边 X 形坡口　　　　　　d) 带钝边 U 形坡口

图 5-9　对接接头的坡口形式

母材，其高度随母材厚度增加而加大，但最大不得超过 3mm。

（3）熔深　在焊接接头横截面上，母材熔化的深度称为熔深。一定的熔深保证了焊缝和母材的结合强度。当填充金属材料（焊条或焊丝）一定时，熔深的大小决定了焊缝的化学成分。不同的焊接方法要求不同的熔深，例如堆焊时，为了保持堆焊层的硬度，减少母材对焊缝的稀释作用，在保证熔透的前提下，应要求较小的熔深。

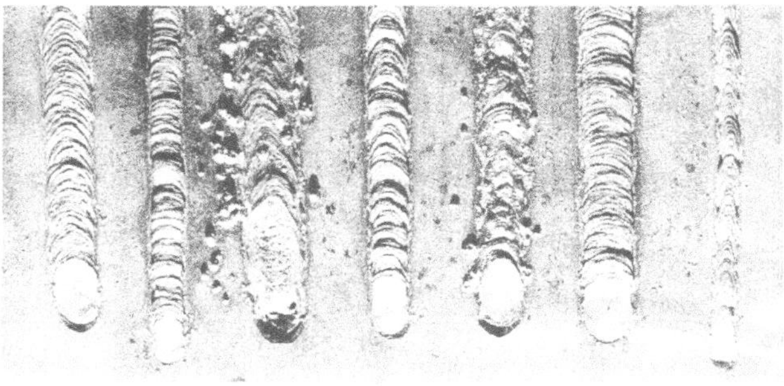

图 5-10　焊接参数对焊缝形状的影响

a）焊接电流、电压和焊接速度合适的情况　b）焊接电流太小
c）焊接电流太大　d）电弧长度太短　e）电弧长度太长
f）焊接速度太慢　g）焊接速度太快

8. 焊条电弧焊基本操作

焊条电弧焊的操作是在面罩下进行观察和操作的。由于视野不清，工作条件较差，因此为了保证焊接质量，要求操作者应具有较为熟练的操作技术，并在操作过程中保持注意力高度集中。初学者在练习时应注意电流要合适，焊条要对正，电弧要短，焊接速度不要太快，力求均匀。焊接前，应把工件接头两侧 20mm 范围内的表面清理干净（消除铁锈、油污、水分），并使焊芯的端部金属外露，以便进行短路引弧。

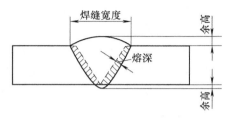

图 5-11　焊缝几何尺寸

（1）引弧

引弧方法。引弧方法可分为敲击法和划擦法两种，如图 5-12 所示。其中划擦法比较容易掌握，适宜于初学者进行引弧操作。

1）划擦法。先将焊条对准焊件，再将焊条像划火柴似的在焊件表面轻轻划擦，引燃电弧，然后迅速将焊条提起 2~4mm，并使之稳定燃烧。

2）敲击法。将焊条末端对准焊件，然后手腕下弯，使焊条轻微碰一下焊件，再迅速将焊条提起 2~4mm，引燃电弧后手腕放平，使电弧保持稳定燃烧。这种引弧方法不会使焊件表面划伤，又不受焊件表面大小、形状的限制，因而在生产中经常采用。但操作不易掌握，需提高熟练程度。

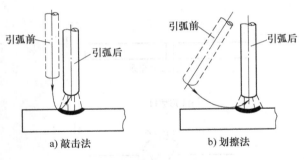

图 5-12　引弧方法

要注意引弧处应无油污、铁锈，以免产生气孔和夹渣，而且焊条在与焊件接触后提升速度要适当，太快难以引弧，太慢则粘在一起造成短路。

（2）运条　运条操作是焊接过程中的关键环节，该操作直接影响焊缝的外观成形和质量。

电弧引燃后，一般情况下焊条有 3 个基本运动：朝熔池方向逐渐送进、沿焊接方向逐渐移动、横向摆动。平焊焊条角度和运条基本动作如图 5-13 所示。

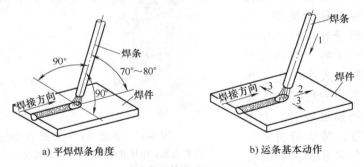

图 5-13　平焊焊条角度和运条基本动作

1）焊条朝熔池方向逐渐送进（图 5-13b 中 1）。一方面可以向熔池添加金属，另一方面在焊条熔化后继续保持一定的电弧长度。为保证焊接质量，焊条送进的速度应与焊条熔化的速度相同，否则，会断弧或粘在焊件上。

2）焊条沿焊接方向移动（图 5-13b 中 2）。随着焊条的不断熔化，熔池不断冷却，最终逐渐形成一条焊缝。若焊条移动速度太慢，则焊缝表面会过高、过宽、外形不整齐，焊接薄板时还会发生烧穿现象；若焊条的移动速度太快，则焊条与焊件熔化不均匀，焊缝变窄，更为严重的情况则会发生未焊透现象。

3）焊条的横向摆动（图 5-13b 中 3）。为了对焊件输入足够的热量便于排气、排渣，并获得一定宽度的焊缝，焊条摆动的范围需要根据焊件的厚度、坡口形式、焊缝层次和焊条直径等来决定。对薄板来说一般无须摆动。

常用运条方法如图 5-14 所示。

（3）焊缝收尾　焊缝收尾时为防止出现弧坑，焊条应停止向前移动，而采用划圈收尾法或反复断弧法自下而上地慢慢拉断电弧，以保证焊缝尾部成形良好。

1）划圈收尾法。焊条移至焊缝的终点时，利用手腕的动作做圆圈运动，直到填满弧坑再拉断电弧。该方法适用于厚板焊接，用于薄板焊接会有烧穿危险。

2）反复断弧法。焊条移至焊道终点时，在弧坑处反复熄弧、引弧数次，直到填满弧坑为止。该方法适用于薄板及大电流焊接，但不适用于碱性焊条，否则会产生气孔。

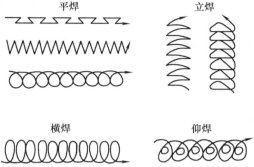

图 5-14　常用运条方法

9. 平板对接焊操作过程

焊接厚度为 4mm 的 Q235 钢板，选用直径为 3.2mm 的 E4303 焊条。

（1）焊前清理　清除焊件坡口表面及坡口两侧 20~30mm 内的铁锈、油污和水分。

（2）对接　将待焊钢板对齐。

（3）定位焊　在焊件两端焊上约 10mm 的焊缝，以使两焊件的相对位置固定，若焊件较长，则每隔 200~300mm 焊上 10mm。焊后将焊渣清理干净。

（4）焊接　选择合适的焊接参数进行焊接。

（5）焊后清理　清除焊件表面的焊渣及飞溅。

（6）焊后检查　目视检查焊缝外形及尺寸是否符合要求，有无焊接缺陷。

5.2.3　焊接变形及缺陷

在焊接生产过程中，由于设计、工艺、操作中的各种因素的影响，往往会产生各种焊接缺陷。焊接缺陷不仅会影响焊缝的美观，还有可能减小焊缝的有效承载面积，引起应力集中，缩短使用寿命，甚至造成脆断危及安全，直接影响焊接结构使用的可靠性。

1. 焊接变形

（1）焊接变形的基本形式　常见的焊接变形有收缩变形、角变形、弯曲变形、扭曲变形和波浪变形 5 种形式，如图 5-15 所示。

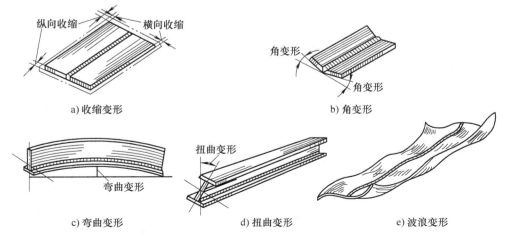

a) 收缩变形　　　　b) 角变形

c) 弯曲变形　　　d) 扭曲变形　　　e) 波浪变形

图 5-15　焊接变形的基本形式

收缩变形是由于焊缝金属沿纵向和横向的焊后收缩而引起的；角变形是由于焊缝截面上下不对称，焊后沿横向上下收缩不均匀而引起的；弯曲变形是由于焊缝布置不对称，焊缝较集中的一侧纵向收缩较大而引起的；扭曲变形常常是由于焊接顺序安排不合理而引起的；波浪变形则是由于薄板焊接后焊缝收缩时，产生较大的收缩应力，使焊件丧失稳定性而引起的。

（2）减少焊接应力与变形的措施　除了设计时应考虑（尽可能减少结构上的焊缝数量和焊缝的填充金属、合理安排焊缝、合理划分焊接结构装配顺序、尽量避免焊缝过于集中、尽量避免构件几何不连续性、焊缝位置应远离加工位置和工作受力部位）之外，可采取一定的工艺措施，主要有预留变形量、反变形法、刚性固定法、锤击焊缝法、加热"减应区"法等。重要的是，选择合理的焊接顺序，尽量使焊缝自由收缩。焊前预热和焊后缓冷也很有效。

2. 焊接缺陷

金属熔焊焊缝的缺陷分为裂纹、孔穴、固体夹杂、未熔合、未焊透、形状缺陷和其他缺陷等几种。常见焊接缺陷见表5-3。

表5-3　常见焊接缺陷

缺陷名称	示意图	特征	产生原因
气孔		焊接时，熔池中的过饱和 H、N 以及冶金反应产生的 CO，在熔池凝固时未能逸出，在焊缝中形成的空穴	焊接材料不清洁；弧长太长，保护效果差；焊接规范不恰当，冷速太快；焊前清理不当
裂纹		热裂纹：沿晶开裂，具有氧化色泽，多在焊缝上，焊后立即开裂 冷裂纹：穿晶开裂，具有金属光泽，多在热影响区，有延时性，可发生在焊后任何时刻	热裂纹：母材硫、磷含量高；焊缝冷速太快，焊接应力大；焊接材料选择不当 冷裂纹：母材淬硬倾向大；焊缝含氢量高；焊接残余应力较大
夹渣		焊后残留在焊缝中的非金属夹杂物	焊缝间的焊渣未清理干净；焊接电流太小、焊接速度太快；操作不当
咬边		在焊缝和母材的交界处产生的沟槽和凹陷	焊条角度和摆动不正确；焊接电流太大、电弧过长
焊瘤		焊接时，熔化金属流淌到焊缝区之外的母材上所形成的金属瘤	焊接电流太大、电弧过长、焊接速度太慢；焊接位置和运条不当
未焊透		焊接接头的根部未完全熔透	焊接电流太小、焊接速度太快；坡口角度太小、间隙过窄、钝边太厚
烧穿		焊接时，熔化金属下坠形成塌陷，从坡口背面流出，形成穿孔	焊接电流过大，焊接速度太低，装配间隙过大或钝边太薄

5.2.4 焊接检验

对焊接接头进行必要的检验是保证焊接质量的重要措施。因此，工件焊完后应根据产品技术要求对焊缝进行相应的检验，凡不符合技术要求所允许的缺陷，需及时进行返修。焊接质量的检验可分为非破坏性检验和破坏性检验两大类。非破坏性检验包括焊接接头的外观检查、密封性试验和无损探伤。破坏性检验包括断面检查、力学性能试验、金相组织检验和化学成分分析及耐蚀试验等。

1. 外观检查

外观检查是对焊接接头直接观察或用低倍放大镜检查焊缝外形尺寸和表面缺陷的检验方法。在检查前应先清除表面焊渣和氧化皮，必要时可进行酸洗。

通过外观检查，可发现焊缝外形是否平整及表面缺陷，如咬边、焊瘤、表面裂纹、气孔、夹渣及烧穿等。焊缝的外形尺寸还可采用坡口检测器或样板进行测量，可以判断焊接规范和工艺的合理性，并可估计焊缝内部可能产生的缺陷。

2. 无损探伤

无损探伤是针对隐藏在焊缝内部的夹渣、气孔、裂纹等缺陷进行的检验。除渗透探伤外还包括荧光探伤、磁粉探伤、射线探伤和超声波探伤等检验手段。目前使用最普遍的是采用 X 射线检验，还有超声波探伤和磁粉探伤。

X 射线检验是利用 X 射线对焊缝照相，由于焊缝内部缺陷对射线吸收能力不同，使射线通过时的衰减强度不同，可根据底片影像来判断内部缺陷的位置、类型、大小形状和分布情况，再根据产品技术要求评定焊缝是否合格。X 射线检验对母材厚度在 200mm 以下的工件检查裂纹、未焊透、气孔和夹渣等缺陷。

超声波探伤原理示意图如图 5-16 所示。超声波束由探头发出，传到金属中，当超声波束传到金属与空气界面时，它就折射而通过焊缝。如果焊缝中有缺陷，超声波束就反射到探头而被接收，这时荧光屏上就出现了反射波。根据这些反射波与正常波比较、鉴别，就可以确定缺陷的大小及位置。超声波探伤比 X 射线检验简便得多，因而应用广泛，主要用于厚壁焊件的检验，检查裂纹的灵敏度较高。但超声波探伤往往只能凭操作经验做出判断，直观性差，

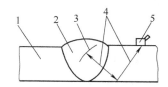

图 5-16 超声波探伤原理示意图
1—工件 2—焊缝 3—缺陷
4—超声波束 5—探头

而且对缺陷尺寸的判断不够准确，靠近表面层的缺陷不易被发现，因此不能留下检验根据。

对于离焊缝表面不深的内部缺陷和表面极微小的裂纹，还可采用磁粉探伤。

3. 密封性试验

对于要求密封性的受压容器，须进行水压试验和（或）气压试验，以检查焊缝的密封性和承压能力。其方法是向容器内注入 1.5~2 倍工作压力的清水或等于工作压力的气体（多数用空气），停留一定的时间，然后观察容器内的压力下降情况，并在外部观察有无渗漏现象，根据这些可评定焊缝是否合格。注意在升压前要排尽里面的空气，试验水温要高于周围空气的温度，以防止外表凝结露水。

4. 焊接试板的力学性能试验

无损探伤可以发现焊缝内在的缺陷，但不能说明焊缝热影响区处金属的力学性能如何。

为评定各种钢材、焊接材料的焊接接头和焊缝的力学性能需做拉伸、冲击、弯曲等试验。这些试验由试验板完成。所用试验板最好与圆筒纵缝一起焊成，以保证施工条件一致，然后将试板进行力学性能试验。实际生产中，一般只对新钢种的焊接接头进行这方面的试验。

5.3 气焊与气割

5.3.1 基本知识

气焊是利用可燃气体和助燃气体燃烧所产生的高温火焰熔化母材及填充金属进行焊接的方法。通常气焊使用乙炔（C_2H_2）作为可燃气体，氧气作为助燃气体，火焰温度可以达到3100～3300℃。

如图 5-17 所示，火焰一方面把工件接头的表层金属熔化，同时把金属焊丝熔化填入接头的空隙中，形成金属熔池。随焊炬的前移，熔池金属随即凝固成为焊缝，使焊件的两部分牢固地连接成为一体。

1. 气焊特点及应用

与焊条电弧焊相比较，气焊温度低，火焰热量比较分散，加热速度慢，生产率低，焊接变形较为严重。但是，气焊的火焰温度较低且容易控制，这对精细工件例如薄板和管件的焊接是有利的。随着焊接技术的发展，气焊的应

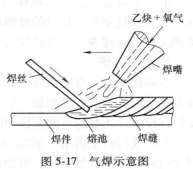

图 5-17　气焊示意图

用范围在缩小，但是由于气焊设备不用电源、移动灵活、操作简单并便于某些工件焊前预热，所以气焊在钢材下料、烘烤、成形校正、钢制零件的局部热处理等方面，甚至利用气体火焰进行金属表面喷涂处理等工艺方面，还是其他方法不能取代的。气焊一般用于厚度在3mm 以下的低碳钢薄板、管件的焊接，铸铁、不锈钢及铜、铝合金等的焊接以及野外作业、室外维修等场合。

2. 气焊设备

气焊设备包括乙炔瓶、回火保险器、氧气瓶、减压器和焊炬，它们通过软管连接组成气焊系统。气焊系统如图 5-18 所示。

（1）氧气瓶　氧气瓶是运送和贮存高压氧气的容器，其容积为 40L，工作压力为15MPa。按照规定，氧气瓶外表漆成天蓝色，并用黑漆标明"氧气"字样。保管和使用时应防止沾染油污；放置时必须平稳可靠，不应与其他气瓶混在一起；在放置过程中禁止

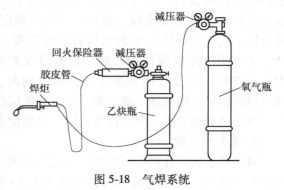

图 5-18　气焊系统

曝晒、火烤及敲打，以防爆炸。使用氧气时，不得将瓶内氧气全部用完，最少应留 100～200kPa，以便在再装氧气时吹除灰尘和避免混进其他气体。

（2）乙炔瓶　乙炔瓶是贮存和运送乙炔的容器，国内常用的乙炔瓶公称容积为 40L，工作压力为 1.5MPa。其外形与氧气瓶相似，外表漆成白色，并用红漆写上"乙炔""火不可

近"等字样。在瓶体内装有浸满丙酮的多孔性填料,可使乙炔稳定而又安全地贮存在瓶内。使用乙炔瓶时,除应遵守氧气瓶使用要求外,还应该注意:瓶体的温度不能超过 40℃;搬运、装卸、存放和使用时都应竖立放稳,严禁在地面上卧放并直接使用,一旦要使用已经卧放的乙炔瓶,必须先直立后静止 20min,再连接乙炔减压器后使用;不能遭受剧烈的振动等。

（3）减压器　减压器是将高压气体降为低压气体的调节装置。对不同性质的气体,必须选用符合各自要求的专用减压器,如图 5-19 所示。

气焊时所需的工作压力比较低,如乙炔压力最高不超过 0.15MPa,氧气压力一般为 0.2~0.4MPa。因此,必须将气瓶内输出的气体压力降压后才能使用。减压器的作用是降低气体压力,并使输送给焊炬的气体压力稳定不变,以保证火焰能够稳定燃烧。减压器在专用气瓶上应安装牢固。各种气体专用的减压器禁止换用或替用。

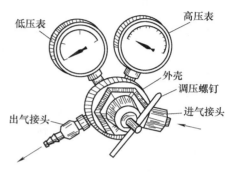

图 5-19　减压器

（4）回火保险器　正常气焊时,火焰在焊炬的焊嘴外面燃烧,但当气体供应不足、焊嘴阻塞、焊嘴太热或焊嘴离焊件太近时,火焰燃烧的速度大于气体喷射的速度,火焰就会沿乙炔管路往回燃烧,这种火焰进入喷嘴内逆向燃烧的现象称为回火。如果回火蔓延到乙炔瓶,就可能引起爆炸事故。回火保险器的作用就是截留回火气体,保证乙炔瓶的安全。

（5）焊炬　焊炬的作用是将乙炔和氧气按一定比例均匀混合,由焊嘴喷出,点火燃烧,产生气体火焰。常用的氧乙炔射吸式焊炬如图 5-20 所示。每种型号的焊炬均配备 3~5 个大小不同的焊嘴,以便焊接不同厚度的焊件时使用。

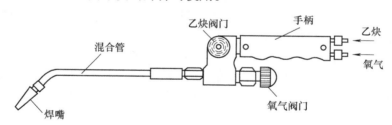

图 5-20　氧乙炔射吸式焊炬

3. 气焊材料

气焊所用的材料包括焊丝和焊剂两种。

（1）焊丝　气焊所用的焊丝是没有药皮的金属丝,其成分与工件基本相同,原则上要求焊缝与工件达到相等的强度。焊接低碳钢时常用的焊丝牌号有 H08 和 H08A 等。焊丝的直径一般为 2~4mm。

（2）气焊熔剂　又称气剂或焊粉,其作用是去除焊接过程中形成的氧化物,增加液态金属的润湿性,保护熔池金属。

气焊低碳钢时,由于气体火焰能充分保护焊接区,只要表面接头干净,一般不需要使用气体焊剂。但在气焊铸铁、不锈钢、耐热钢和非铁金属材料时,熔池中容易产生高熔点的稳定氧化物，如 Cr_2O_3、SiO_2 和 Al_2O_3 等，使焊缝中夹渣，故在焊接时，使用适当的焊剂，可与这类氧化物结合成低熔点的熔渣，以利浮出熔池。国内定型的气焊熔剂牌号有 CJ101、CJ201、CJ301 和 CJ401 等 4 种。其中，CJ101 为不锈钢和耐热钢气焊熔剂，CJ201 为铸铁气焊熔剂，CJ301 为铜及铜合金气焊熔剂，CJ410 为铝及铝合金气焊熔剂。

5.3.2　气焊的基本操作

为保证焊缝质量，焊前应清除焊丝及焊件接头处表面的铁锈、水分和油污。

氧气工作压力为 0.2~0.3MPa，乙炔工作压力为 0.02~0.03MPa。

基本操作步骤如下：

1. 点火、调节火焰

（1）点火　点火时，先微开氧气阀门，再打开乙炔阀门，随后点燃火焰。

（2）调节火焰　点火时得到的火焰是碳化焰。调节氧气、乙炔气体的不同混合比例可得到中性焰、氧化焰和碳化焰 3 种性质不同的火焰，如图 5-21 所示。然后，逐渐开大氧气阀门，将碳化焰调整成中性焰。同时，按需要把火焰大小也调整合适。

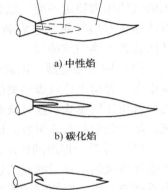

图 5-21　气焊火焰

1）中性焰。氧与乙炔充分燃烧，没有氧与乙炔过剩，体积比为（1.1~1.2）:1，内焰具有一定还原性。最高温度为 3050~3150℃。有外焰、内焰、焰心。焊接时应使熔池及焊丝处于焰心前 2~4mm，主要用于焊接低碳钢、低合金钢、高铬钢、不锈钢、纯铜、锡青铜、铝及其合金等。

2）氧化焰。氧过剩的火焰，燃烧剧烈，体积比大于 1.2:1，火焰具有氧化性，焊钢件时焊缝容易产生气孔和变脆。火焰长度最短，只有外焰和焰心，最高温度为 3100~3300℃，主要用于焊接黄铜、锰黄铜、镀锌薄钢板等。

3）碳化焰。乙炔过剩，火焰中有游离状态碳及过多的氢，焊接时会增加焊缝含氢量，焊低碳钢有渗碳现象。碳多时还会冒黑烟，火焰长度是 3 种火焰中最长的。最高温度为 2700~3000℃，主要用于高碳钢、高速钢、硬质合金、铝、青铜及铸铁等的焊接或焊补。

2. 气焊焊接

气焊时，一般用左手拿焊丝，右手拿焊炬，两手的动作要协调，沿焊缝向左或向右焊接。焊薄板时采用左焊法，即焊接方向自右向左焊接，厚板焊接时采用右焊法。焊嘴轴线的投影应与焊缝重合，同时要注意掌握好焊嘴与焊件的夹角 α。焊件越厚 α 越大。在焊接开始时，为了较快地加热焊件和迅速形成熔池，α 应大些。正常焊接时，一般保持 α 在 30°~50° 范围内。焊丝和焊件夹角为 110℃ 左右。当焊接结束时，α 应适当减小，以便更好地填满熔池和避免焊穿。焊炬向前移动的速度应能保证焊件熔化并保持熔池具有一定的体积。焊件熔化形成熔池后，再将焊丝适量地填入熔池内熔化。在操作过程中，还要注意避免产生回火现象。焊接时，焊炬和焊丝前移速度应协调均匀。焊接时焊炬应做适当的横向摆动，不仅可保持一定的焊缝宽度，同时对金属熔池有一种搅拌作用，有利于熔池中有害杂质的排出。

3. 灭火

应先关乙炔阀门，后关氧气阀门。

气焊工艺规范如下：气焊的接头形式和焊接空间位置等工艺问题的考虑，与焊条电弧焊基本相同。气焊的焊接规范则主要是确定焊丝的直径、焊嘴的大小以及焊嘴对工件的倾斜角度。

1. 焊丝的直径

根据工件的厚度确定焊丝直径。焊接厚度在 3mm 以下的工件时，所用的焊丝直径与工件的厚度基本相同。焊接较厚的工件时，焊丝直径应小于工件厚度。焊丝直径一般不超过 6mm。

2. 焊嘴的大小

焊炬端部的焊嘴是氧气、乙炔混合气体的喷口。每把焊炬备有一套口径不同的焊嘴，焊接厚的工件应选用较大口径的焊嘴。焊接钢材用的焊嘴见表 5-4。

表 5-4　焊接钢材用的焊嘴

焊嘴号	1	2	3	4	5
工件厚度/mm	<1.5	1~3	2~4	4~7	7~11

5.3.3　气割

氧气切割简称气割，是一种切割金属的常用方法，如图 5-22 所示。气割时，先把工件切割处的金属预热到它的燃点，然后以高压纯氧气流猛吹。这时金属就发生剧烈氧化燃烧，所产生的热量把金属氧化物熔化成液体。同时，氧气流又把氧化物的熔液吹走，工件就被切出整齐的缺口。只要把割炬向前移动，就能把工件连续切开。

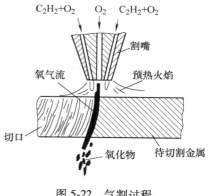

图 5-22　气割过程

1. 气割基本知识

金属的性质必须满足下列 3 个基本条件，才能进行气割。

1）金属的燃点应低于其自身的熔点，这是保证金属气割的基本条件，否则金属在切割前熔化，就不能形成窄而整齐的切口。

2）金属氧化物的熔点应低于金属自身的熔点，只有这样，燃烧形成的氧化物才能熔化并被吹走，使下层金属可以切割。

3）金属氧化物燃烧放出的热量应大于通过热传导散出的热量。金属导热性低可以减少热量向周围金属传导，以保证下层金属的预热。

纯铁、低碳钢、中碳钢和普通低合金钢都能满足上述条件，具有良好的气割性能，而高碳钢、铸铁、不锈钢，以及铜、铝等非铁金属材料不能同时满足气割的 3 个条件，所以难以进行气割。

2. 气割操作

气割所用的割炬如图 5-23 所示。工作时，先点燃预热火焰，火焰大小可根据钢板的厚度适当调整。使工件的切割边缘加热到金属的燃烧点（呈亮红色），然后开启切割氧气阀门进行切割。气割必须从工件的边缘开始，听到"噗、噗"声时，说明已经割穿。如果要在工件的中部挖割内腔，则应在开始气割处先钻一个大于 $\phi 5mm$ 的孔，以便气割时排出氧化物，并使氧气流能吹到工件的整个厚度上。批量生产时，气割工作也可以在气割机上进行。割炬能沿着一定的导轨自动做直线、圆弧和各种曲线运动，准确地切割出所要求的工件形状。

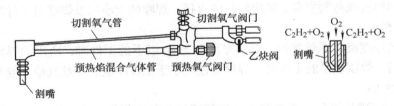

图 5-23　气割所用的割炬

手工气割的基本操作步骤如下：

1）气割前应根据被割工件的厚度选择合适的割炬、割嘴与氧气压力。

2）割件应水平放置并垫高，离地面至少 100mm。

3）切割时，割嘴轴线与工件保持垂直；割嘴端部与割件表面保持 6～10mm 距离，距离过小，氧化物飞溅易堵塞割嘴，引起回火；距离过大，会使预热焰火力和切割氧的吹力减弱。

4）切割时应保持合适的切割速度。

3. 气割特点及应用

气割具有灵活方便、适应性强、设备简单、操作方便、生产率高、切口质量较好等特点。气割主要用于低碳钢和低合金钢等材料，如钢板下料和焊接坡口及铸钢件的浇冒口等的切割。一般割炬切割工件厚度为 5～300mm。

4. 生产举例

气割法兰时，通常在钢板上先气割内圆，再气割外圆。

气割时，首先在钢板上割个孔，再对钢板预热，此时割嘴垂直于钢板，达到气割温度时，将割嘴稍作倾斜，开启切割氧吹出氧化铁渣。继续气割，可逐渐将割嘴转向垂直位置，并不断加大切割氧气流，使熔渣向割嘴倾斜的方向溅出。当熔渣的火花不再上飞时，说明钢板已切透。此时割嘴可以与钢板垂直，沿内圆线进行气割。

为提高切割速度和改善切口质量，可采用简易划规割圆器。

5.4　焊接安全操作技术规程

5.4.1　焊条电弧焊安全操作技术规程

由于焊条电弧焊使用的能源是电，同时电弧在燃烧过程中产生高温和弧光，焊条在燃烧过程中会产生一些有害的尘埃，因此焊条电弧焊对人身的安全和健康是有危害的，包括电击伤害、焊接电弧光辐射、电弧灼伤、热体（金属熔液飞溅及焊条头或红热的焊件）烫伤、粉尘污染等。

焊条电弧焊安全操作技术规程如下：

1）焊接操作人员应熟知焊机特性，掌握一般电气知识，遵守焊接安全规程，还应熟悉灭火技术，触电急救及人工呼吸方法，并经专门培训后才能进行操作。

2）工作前应检查焊机电源线、引出线及各接线点是否良好；焊机二次线路及外壳必须良好接地；焊条的夹钳绝缘必须良好。

3）保证焊接场地通风优良和干燥。

4）下雨天不准露天电焊，在潮湿地带工作时，应站在铺有绝缘物品的地方并穿好绝缘鞋。

5）焊机从电力网上接线或拆线，以及接地等工作均应由电工进行。

6）推开关时，要一次推足，然后开启焊机；停止时，先要关焊机，才能断开开关。

7）在金属容器内、金属结构上以及其他狭小工作场所焊接时，触电危险最大，必须采取专门的防护措施。

8）移动焊机位置，须先停机断电；焊接中突然停电，应立即关好焊机。

9）在人多的地方焊接时，应安设遮栏挡住弧光。无遮挡时应提醒周围人员不要直视弧光。

10）换焊条时应戴好手套，身体不要靠在铁板或其他导电物件上。敲焊渣时应戴上防护眼镜。

11）焊接非铁金属材料件时，应加强通风排毒，必要时使用过滤式防毒面具。

12）不可将焊钳和电缆绕过身体，将焊钳放在工作台上，否则会造成短路，烧损焊机。

13）工作完毕关闭焊机，再切断电源。发生任何异常情况应断开电源开关。离开工作场地前，必须检查并扑灭残留火星。

5.4.2 气焊与气割安全操作技术规程

1）严格遵守焊接安全操作规程和有关橡胶软管、氧气瓶、乙炔瓶的安全使用规则和焊（割）具安全操作规程。

2）工作前或停工时间较长再工作时，必须检查所有设备。乙炔瓶、氧气瓶及橡胶软管的接头，阀门紧固件应紧固牢靠，不准有松动、破损和漏气现象，氧气瓶及其附件、橡胶软管、工具不能沾染油脂。

3）检查设备、附件及管路漏气，只准用肥皂试验。试验时，周围不准有明火，不准抽烟。严禁用火试验漏气。

4）氧气瓶、乙炔瓶与明火间的距离应在 10m 以上。如条件限制，也不准低于 5m，并应采取隔离措施。

5）禁止用易产生火花的工具去开启氧气或乙炔气阀门。

6）设备管道冻结时，严禁用火烤或用工具敲击冻块。氧气阀或管道用 40℃ 的温水化开；回火保险器及管道可用热沙、蒸汽加热解冻。

7）焊接场地应备有相应的消防器材，露天作业应防止阳光直射在氧气瓶或乙炔瓶上。

8）工作完毕或离开工作现场，及时关闭气源，整理现场，把氧气瓶和乙炔瓶放在指定地点，及时卸压。

9）压力容器及压力表、安全阀，应按规定定期送交校验和试验。检查、调整压力器件及安全附件，应消除余气后才能进行。

10）不得在氧气瓶和乙炔瓶附近使用明火。

11）注意已焊工件尚有较高温度，应防止烫伤。

5.4.3 其他焊接与切割方法安全操作技术规程

1. 二氧化碳气体保护焊安全操作技术规程

1）熟知二氧化碳气体保护焊操作技术。工作前，穿戴好劳动防护用品，检查焊接电源、控制系统的接地线是否可靠。将设备进行空载试运转，确认其电路、气路等是否畅通。设备正常时，方可进行二氧化碳气体保护焊作业。

2）工作时，在电弧附近不准裸露身体某些部位。不要在电弧附近吸烟、进食，以免有害烟尘吸入体内。

3）二氧化碳气体保护焊工作场地应保持空气流通。在容器内部进行焊接时，应戴静电防尘口罩或专门的面罩，以减少吸入有害烟气。容器外设专人监护、配合。

4）特别注意二氧化碳气体预热器的安全使用：工作前，应提前 15min 给二氧化碳气体预热器送电。工作结束时，一定要先将二氧化碳气体预热器的电源切断。

5）设备发生故障时，应停电检修。检修由维修工作人员进行，操作者配合，并向其提供故障情况。

6）开启二氧化碳气瓶阀门时，操作者应站在阀口的侧面。

7）工作时，注意防止焊丝头甩出伤人。大电流焊接时应在焊把前加设防护挡板，以免飞溅灼伤手脚。二氧化碳气瓶不能接近电源，注意防止爆炸。

8）对电气设备必须采取防触电措施。

9）工作结束，要切断电源，关闭气瓶阀门，扑灭残余的火星后再离开作业现场。

2. 电阻焊安全操作技术规程

1）工作前应仔细、全面检查，使冷却水系统、气路系统及电气系统处于正常的状态，并调整焊接参数使之符合工艺要求。

2）穿戴好个人防护用品，如工作帽、工作服、绝缘靴及手套等，并调整绝缘胶垫或木站台装置。

3）操作者应站在绝缘木站台上操作，焊机开动前，必须先开冷却水阀，以防焊机烧坏。

4）操作时应戴上防护眼镜，操作者的眼睛应避开火花飞溅的方向，以防灼伤眼睛。

5）在使用设备时，不要用手触摸电极球面，以免灼伤。

6）上、下工件要拿稳，双手应与电极保持一定的距离，手指不能置于两待焊件之间。工件堆放应稳妥、整齐，并留出通道。

7）工作完后，应关闭电源、水源、气源。

8）作业区附近不准有易燃、易爆物品，工作场所应通风良好，保持安全、清洁的环境。粉尘严重的封闭作业件，应有除尘装置。

扩展内容及复习思考题

第6章　金属切削加工基础

【目的与要求】

1. 了解金属切削加工的概念和分类。
2. 熟悉切削运动的概念，掌握主要机械加工方式的主运动和进给运动。
3. 掌握切削用量三要素的概念、表示方法和单位。
4. 掌握机械零件加工质量的内涵和主要技术指标。
5. 熟悉典型切削加工常用刀具、夹具、量具的种类和使用方法。

6.1　概述

金属切削加工是利用刀具和工件做相对运动，从毛坯（铸件、锻件或型材坯料等）上切去多余的金属，以获得尺寸精度、形状精度、位置精度和表面粗糙度等符合图样要求的机械零件。

金属切削加工分为钳工加工（简称钳工）和机械加工（简称机工）两部分。

钳工一般是通过工人手持工具进行操作的。钳工加工方式多种多样，使用的工具简单、方便灵活，是装配和修理工作中不可缺少的加工方法。随着生产的发展，钳工机械化的内容也逐渐丰富起来了。

机工主要是通过工人操作机床来完成切削加工的。其主要加工方式有车削、钻削、铣削、刨削、磨削等（图6-1），所使用的机床相应为车床、钻床、铣床、刨床、磨床等。

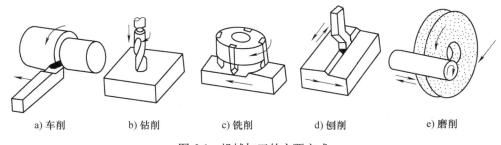

　　a) 车削　　　　b) 钻削　　　　c) 铣削　　　　d) 刨削　　　　e) 磨削

图 6-1　机械加工的主要方式

6.2　切削运动和切削要素

6.2.1　机械加工的切削运动

要进行切削加工，刀具与工件之间必须具有一定的相对运动，以获得所需要工件表面的形状，这种相对运动称为切削运动。机械加工的切削运动由机床提供，分为主运动和进给运动。

1. 主运动

在切削过程中，主运动是提供切削可能性的运动。也就是说，没有这个运动，就无法切削。它的特点是在切削过程中速度最高、消耗机床动力最多。

2. 进给运动

在切削过程中，进给运动是提供连续切削可能性的运动。也就是说，没有这个运动，就不能连续切削。

切削加工中主运动只有一个，进给运动则可能是一个或几个。

下面对主要机械加工方式的主运动和进给运动进行分析：

1）车削：车削在车床上进行，工件的旋转运动为主运动，车刀相对工件的移动为进给运动。

2）钻削：钻削在钻床上进行，钻头的旋转运动为主运动，钻头的轴向移动为进给运动。

3）铣削：铣削在铣床上进行，铣刀的旋转运动为主运动，工件的移动为进给运动。

4）刨削：刨削在刨床上进行，刨刀的直线往复运动为主运动，工件的间歇移动为进给运动。

5）磨削：磨削在磨床上进行，砂轮旋转运动为主运动，进给运动随采用的磨床不同、加工方法不同而改变，如在万能外圆磨床上采用纵磨法磨削外圆，进给运动为工件的旋转运动（圆周进给运动）、工件随工作台的直线往复运动（纵向进给运动）和砂轮沿工件径向上的横向移动（横向进给运动），可见进给运动有 3 个。

6.2.2　机械加工的切削要素

切削要素包括切削用量三要素和切削层参数。

在切削加工过程中，工件上通常存在 3 个不断变化的表面：待加工表面、过渡表面（加工表面）、已加工表面。

待加工表面是工件上待切除的表面。

过渡表面（也称加工表面）是工件上由切削刃形成的那部分表面，它在下一切削行程，刀具或工件的下一转里被切除，或者由下一条切削刃切除。

已加工表面是工件上经刀具切削后形成的表面。

1. 切削用量三要素

在切削加工过程中，反映主运动和进给运动的快慢，刀具切入工件深浅的各个量就叫切削用量。它包括切削速度、进给量和背吃刀量 3 个参数，通常把这 3 个参数称为切削用量三要素。

车削、铣削和刨削的切削用量三要素如图 6-2 所示。

（1）切削速度（简称切速）　切削刃选定点相对于工件的主运动的瞬时速度，用符号 v_c 表示，单位为 m/min。

当主运动为旋转运动（如车削、钻削、铣削、磨削）时，切削速度为其最大线速度，

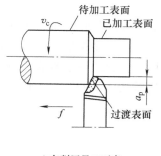
a) 车削用量三要素

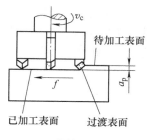
b) 铣削用量三要素

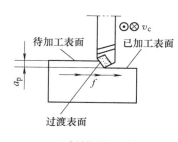
c) 刨削用量三要素

图 6-2　切削用量三要素

计算公式为

$$v_c = \frac{\pi D n}{1000}$$

式中　D——工件待加工表面的直径或刀具（如钻头、铣刀、砂轮）的直径（mm）；

　　　　n——工件或刀具（如钻头、铣刀、砂轮）的转速（r/min）。

当主运动为往复直线运动（如刨削）时，切削速度为其平均速度，计算公式为

$$v_c = \frac{2 L n_r}{1000}$$

式中　L——刀具或工件往复直线运动的行程长度（mm）；

　　　　n_r——刀具或工件单位时间内的往复运动次数（次/min）。

（2）进给量　刀具在进给运动方向上相对工件的位移量，可用刀具或工件每转或每行程的位移量来表述和度量，用符号 f 表示，单位为 mm/r（行程）。

车削时，进给量为工件每转一转，车刀沿进给运动方向的位移量。刨削时，进给量为刨刀每往复一次，工件或刨刀沿进给运动方向的位移量。铣削时，进给量有以下两种表示方法：

1）每齿进给量：铣刀每转中每齿相对于工件在进给运动方向上的位移量，用符号 f_z 表示，单位为 mm/z。

2）每转进给量：铣刀每转一转，工件与铣刀在进给运动方向上的相对位移量。

（3）背吃刀量（又称切削深度）　为待加工表面与已加工表面之间的垂直距离，用符号 a_p 表示，单位为 mm。

车削外圆时背吃刀量的计算公式为

$$a_p = \frac{D - d}{2}$$

式中　D——工件待加工表面的直径（mm）；

　　　　d——工件已加工表面的直径（mm）。

2. 切削层参数

在切削过程中，刀具的切削刃在一次走刀中从工件待加工表面切下的金属层，称为切削层。切削层参数是指切削层的截面尺寸，包括切削厚度、切削宽度和切削面积，它决定了刀

具切削部分所承受的负荷和切屑的尺寸大小。

现以外圆车刀为例来说明切削层参数的定义。如图 6-3 所示，车外圆时，车刀主切削刃上任意一点相对于工件的运动轨迹是一条螺旋线，整个主切削刃切出一个螺旋面。工件每转一周，车刀沿工件轴线移动一个进给量 f 的距离，主切削刃及其对应的工件过渡表面也在连续移动中由位置Ⅰ移至相邻位置Ⅱ，因而Ⅰ、Ⅱ之间的一层金属被切下。曲线刃工作时的切削厚度和切削宽度如图 6-4 所示。

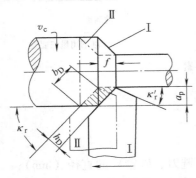

图 6-3　切削层参数

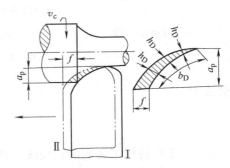

图 6-4　曲线刃工作时的 h_D 与 b_D

（1）切削厚度 h_D　在主切削刃选定点的基面内，垂直于过渡表面度量的切削层尺寸，称为切削厚度。

（2）切削宽度 b_D　在主切削刃选定点的基面内，沿过渡表面度量的切削层尺寸，称为切削宽度。

（3）切削面积 A_D　在主切削刃选定点的基面内的切削层截面面积，称为切削面积。

6.3　机械零件的加工质量

机械零件的加工质量包括零件的加工精度和表面质量两方面。机械零件的加工质量直接影响产品的使用性能、使用寿命、外观质量和经济性。

6.3.1　零件的加工精度

加工精度是指零件加工后的实际几何参数（尺寸、形状和表面间的相互位置等）与理想几何参数相符合的程度。符合程度越高，加工精度就越高。它们之间的差别称为加工误差。零件的几何参数加工得绝对准确是不可能的，也是没有必要的，只要满足使用性能就可以了。为了保证零件顺利地进行装配并满足机器使用要求，就必须把零件的实际几何参数变化限制在一定的误差范围之内，其最大允许变动量称为公差。零件的加工精度包括尺寸精度、形状精度、方向精度、位置精度和跳动公差。几何公差项目及符号见表 6-1。

1. 尺寸精度

尺寸精度是指零件要素（点、线、面）的实际尺寸接近理论尺寸的准确程度。尺寸精度用尺寸标准公差等级或尺寸公差来控制，尺寸精度越高，标准公差等级越小。国家标准规定了 20 个标准公差等级，即 IT01、IT0、IT1～IT18，等级依次降低，公差依次增大。

表 6-1　几何公差项目及符号

公差类型	几何特征	符号	有无基准	公差类型	几何特征	符号	有无基准
形状公差	直线度	一	无	位置公差	位置度	⊕	有或无
	平面度	▱	无		同心度（用于中心点）	◎	有
	圆度	○	无		同轴度（用于轴线）	◎	有
	圆柱度	⌭	无		对称度	═	有
	线轮廓度	⌒	无				
	面轮廓度	⌓	无		线轮廓度	⌒	有
方向公差	平行度	//	有		面轮廓度	⌓	有
	垂直度	⊥	有				
	倾斜度	∠	有	跳动公差	圆跳动	↗	有
	线轮廓度	⌒	有				
	面轮廓度	⌓	有		全跳动	⌰	有

2. 形状精度

形状精度是指零件上的被测要素（线、面）的实际形状相对于理论形状的准确程度。形状精度用形状公差来控制，形状公差包括直线度、平面度、圆度、圆柱度、线轮廓度、面轮廓度。

3. 方向精度

方向精度用方向公差控制，包括平行度、垂直度、倾斜度、线轮廓度、面轮廓度。

4. 位置精度

位置精度是指零件上的被测要素（点、线、面）的实际位置相对于理论位置的准确程度。位置精度用位置公差来控制，位置公差包括位置度、同心度、同轴度、对称度、线轮廓度、面轮廓度。

5. 跳动公差

跳动公差包括圆跳动和全跳动。

6.3.2　零件的表面质量

零件的表面质量包括加工表面的几何形状特征和表面层金属的力学性能、物理性能和化学性能等。加工表面的几何形状特征又包括表面粗糙度、表面波纹度、纹理方向和表面缺陷等。实际生产中最常用的是表面粗糙度。

在机械加工过程中，由于刀具或砂轮切削后遗留的刀痕、切削过程中切屑分离时的塑性变形，以及机床的振动等原因，会使被加工零件的表面产生微小的峰谷。这些微小峰谷的高低程度和间距状况称为表面粗糙度，它是一种微观几何形状误差。

国家标准规定了表面粗糙度的多种评定参数，生产中最常用的是轮廓算术平均偏差 Ra。

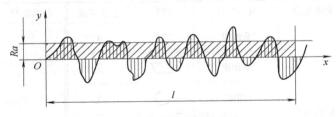

图 6-5　轮廓算术平均偏差

如图 6-5 所示，在取样长度 l 内，被测轮廓上各点至轮廓中线偏距绝对值的算术平均值，称为轮廓算术平均偏差 Ra（单位为 μm）。即

$$Ra = \frac{1}{l} \int_0^l |y(x)| \, \mathrm{d}x \approx \frac{1}{n} \sum_{i=1}^n |y_i|$$

一般来说，零件的精度要求越高，表面粗糙度值要求越小，配合表面的粗糙度值比非配合表面的要求小，有相对运动的表面的粗糙度值比无相对运动表面的要求小，接触压力大的运动表面的粗糙度值比接触压力小的运动表面的要求小。而对于一些装饰性的表面，则表面粗糙度值要求很小，但精度要求却不高。与尺寸公差一样，表面粗糙度值越小，零件表面的加工就越困难，加工成本越高。

表 6-2 为表面粗糙度值允许值及其对应的表面特征。

表 6-2　表面粗糙度值允许值及其对应的表面特征

表面加工要求	表面特征	$Ra/\mu m$	旧国标光洁度级别代号
粗加工	明显可见刀纹	50	▽1
	可见刀纹	25	▽2
	微见刀纹	12.5	▽3
半精加工	可见加工痕迹	6.3	▽4
	微见加工痕迹	3.2	▽5
	不见加工痕迹	1.6	▽6
精加工	可辨加工痕迹方向	0.8	▽7
	微辨加工痕迹方向	0.4	▽8
	不辨加工痕迹方向	0.2	▽9
精密加工（或光整加工）	暗光泽面	0.1	▽10
	亮光泽面	0.05	▽11
	镜状光泽面	0.025	▽12
	雾状光泽面	0.012	▽13
	镜面	<0.012	▽14

6.4　机械加工工艺装备

零件的机械加工工艺过程是按照一定的顺序，根据零件表面性质及加工技术要求，分成若干工序在不同的机床上完成的。要完成任何一道工序，除了需要机床这一主要设备外，还必须有一些工具，如卡盘、车刀、卡尺和钻夹头等，这些工具统称工艺装备。工艺装备可分为 4 类：刀具、夹具、量具和辅具。其中辅具是用于装夹刀具的装置（如铣床刀杆、钻床钻夹头等）。工艺装备是机械加工中不可缺少的生产手段，是生产组织准备阶段的主要工作。

6.4.1　刀具

刀具是切削加工中影响生产率、加工质量和成本最活跃的因素。刀具的性能取决于刀具切削部分的材料和刀具的几何形状。

1. 刀具切削部分的材料

（1）刀具的工况　金属材料的切削加工主要依靠刀具直接完成。刀具在切削加工中不但要承受很大的切削力，还要承受摩擦力、压力、冲击和振动。此外，在切屑和工件的强烈摩擦下，工作温度很高。因此，刀具切削部分的材料必须具备良好的性能。

（2）刀具切削部分材料必备的性能

1）高硬度。刀具材料的硬度必须高于工件材料的硬度，常温下加工一般金属材料所用的刀具，其硬度应在 60HRC 以上。

2）高耐磨性。刀具必须能够抵抗剧烈摩擦所引起的磨损，以维持切削刃锋利和刀具形状，保证一定的切削时间。通常刀具材料的硬度越高，耐磨性越高，但刀具材料的耐磨性不仅取决于硬度，还与其化学成分、强度等有关。

3）高耐热性。刀具在高温下保持正常切削性能的能力，又称热硬性。刀具的耐热性越好，允许的切削速度越高。

4）足够的强度和韧性，以承受切削力、振动及冲击，减少刀具变形、崩刃和脆性断裂。

5）良好的工艺性，以便于刀具的制造和刃磨。必须具有可切削加工性能、锻造性能、焊接性能、热处理性能等。

（3）常用刀具材料　刀具材料不但要具有良好的性能，还要来源丰富，价格便宜。目前，常用的金属刀具材料有优质碳素工具钢、合金工具钢、高速钢、硬质合金等；常用的非金属刀具材料有陶瓷、金刚石、立方氮化硼等。常用刀具材料的性能及应用见表 6-3。

表 6-3　常用刀具材料的性能及应用

种　类	常用牌号	硬度 HRC（HRA）	抗弯强度 σ_{bb} /10^3MPa	热硬性 /℃	工艺性能	用　途
优质碳素工具钢	T8A～T10A T12A、T13A	60～64 （81～83）	2.5～2.8	200	可冷热加工成形，易刃磨	用于制造手动工具，如锉刀、锯条等
合金工具钢	9SiCr CrWMn	60～65 （81～84）	2.5～2.8	250～300	可冷热加工成形，易刃磨，热变形小	用于低速成形刀具，如丝锥、板牙、铰刀等
高速钢	W18Cr4V、 W6Mo5Cr4V2	62～67 （82～87）	2.5～4.5	550～600	可冷热加工成形，易成形，易刃磨，热变形小	用于中速及形状复杂的刀具，如钻头、铣刀、齿轮刀具、拉刀、铰刀等

（续）

种　类	常用牌号	硬度 HRC（HRA）	抗弯强度 σ_{bb} /10^3MPa	热硬性 /℃	工艺性能	用　途
硬质合金	K30、K20、K01、P30、P10、P01	74～82（89～94）	0.9～2.5	800～1000	粉末冶金成形，可多片使用，性脆、易崩刃	用于高速及较硬材料切削的刀具，如车刀、刨刀、铣刀等
陶瓷	SG4、AT6	1200℃时还能保持80HRA		1200	硬度高于硬质合金，脆性略大于硬质合金	精加工优于硬质合金，用于加工硬材料，如淬火钢等
立方氮化硼（CBN）	FD、LBN-Y	7300～9000HV		1300～1500	硬度和切削性能高于陶瓷，性脆	用于加工很硬的材料，如淬火钢等
金刚石（人造金刚石、天然金刚石）		高达10000HV		600	硬度高于立方氮化硼，性脆	用于非铁金属材料的精密加工，不宜加工铁类金属

此外还有涂层刀具，是在韧性较好的硬质合金或高速钢基体上，采用气相沉积的方法涂上耐磨的 TiC、TiN 等金属薄层。涂层刀具较好地解决了强度、韧性与硬度、耐磨性之间的矛盾，具有良好的综合性能。

2. 刀具的几何形状

切削刀具虽然种类很多，但它们切削部分的结构要素和几何角度都有着共同的特征。各种多齿刀具或复杂刀具，就单个刀齿而言相当于车刀的刀头。因此，掌握了车刀，其他刀具就不难掌握和理解了。车刀的组成、切削角度及其作用详见第 7 章。

6.4.2　机床夹具

机床夹具是在切削加工中，用以准确地确定工件位置，并将其迅速、牢固地夹紧的工艺装备。

1. 夹具的分类

夹具的种类很多，分类方法也不相同。

（1）按机床夹具的使用范围分类

1）通用夹具：通用夹具是指已经标准化的，在一定范围内可用于加工不同工件的夹具。例如，车床上的自定心卡盘和单动卡盘，铣床上的机用虎钳、分度头和回转工作台等均属于通用夹具。通用夹具主要适用于单件小批量生产中。

2）专用夹具：专用夹具是指针对某一工件的某一工序而专门设计的夹具。专用夹具只适用于产品固定且批量较大的生产中。

3）可调整夹具和成组夹具：这类夹具的特点是夹具的部分元件可以更换，部分装置可以调整，以适应不同零件的加工。用于相似零件成组加工的夹具，通常称为成组夹具，与可调整夹具相比，加工对象的针对性明确。

4）组合夹具：这类夹具由一套标准化的夹具元件，根据零件的加工要求拼装而成。夹具用完以后，元件可以拆卸重复使用。组合夹具特别适合于新产品试制和小批量生产。

5）随行夹具：这是一种在自动线或柔性制造系统中使用的夹具。工件安装在随行夹具上，除完成对工件的定位和夹紧外，还载着工件由输送装置送往各机床，并在各机床上被定位和夹紧。

（2）按加工类型和所使用的机床分类 可分为车床夹具、铣床夹具、钻床夹具、镗床夹具、磨床夹具和数控机床夹具等。

（3）按夹具夹紧动力源分类 可分为手动夹具、气动夹具、液动夹具、电磁夹具和真空夹具等。

2. 夹具的组成

夹具的种类虽然很多，但从夹具的结构和作用分析，夹具都由几种基本元件组合而成。

（1）定位元件及定位装置 定位元件和定位装置与工件的定位基准相接触，以确定工件在夹具中的正确位置，如机用虎钳的固定钳口。

（2）夹紧装置 夹紧装置用于保持工件在夹具中的既定位置，使它在重力、惯性力及切削力等作用下不产生移位。夹紧装置通常是一种机构，包括夹紧元件（如夹爪、压板）、增力及传动装置（如杠杆、螺纹传动副、斜楔、凸轮）以及动力装置（如气缸、液压缸）等。

（3）引导元件 引导元件是指确定夹具与机床或刀具相对位置的元件，如对刀块、钻头导向套。

（4）夹具体 夹具体是指用于连接夹具各元件及装置，使之成为一个整体的基础件。

（5）其他元件 如定位键、操作件以及根据夹具特殊功用所需的一些装置，如分度装置、顶出装置。

6.4.3 量具

量具是用来测量零件线性尺寸、角度以及检测零件几何误差的工具。为保证被加工零件的各项技术参数符合设计要求，在加工前后和加工过程中，都必须用量具进行检测。选择使用量具时，应当适合于被测零件的形状、测量范围，适合于被检测量的性质。通常选择的量具的读数准确度应小于被检测公差的 0.15 倍。

1. 测量工具的分类

（1）变值量具 变值量具是指可用来测量在一定范围内任意数值的量具。这种量具一般是通用量具或量仪，有刻度。按其构造可分为：游标量具（如游标卡尺）、测微量具（如外径千分尺）、机械杠杆量具（如杠杆千分尺）、光学杠杆量仪（如光学计）、光学量仪（如干涉仪）、气动量仪、电动量仪等。

（2）定值量具 定值量具是指具体代表测量单位的倍数值或分数值的量具，如没有刻度的基准米尺、量块及直角尺。

（3）量规 量规是指没有刻度，不确定被量零件的具体测量数值，只用来限制零件的尺寸、形状和位置的量具。

（4）检验夹具和自动检验机 检验夹具和自动检验机是量具和其他定位等元件的组合体，主要用来使检验工作方便和提高生产率，在大量生产中用得很多。

2. 测量方法的分类

按照测量工具的调整与读数，可分为绝对量法（如用游标卡尺测量长度）与相对量法（如用光学计将被测长度与量块进行比较）；按照获得结果过程的不同，可分为直接量法

（如用游标万能角度尺测量角度）和间接量法（如用正弦规测量角度）；按照零件被测参数的多少，可分为单项量法（如用三针法测量螺纹中径）与综合量法（如用螺纹极限量规检验螺纹）；按照测量装置与被测表面接触与否，可分为接触量法（如用游标卡尺测量长度）与不接触量法（如用投影仪检验零件形状）。

3. 常用的通用量具

量具的种类很多，这里仅介绍最常用的几种量具及其测量方法。

（1）游标卡尺　游标卡尺是带有测量卡爪并用游标读数的量尺。其特点为结构简单、使用方便，测量精度较高，应用范围广，可以直接测出零件的内径、外径、宽度、长度和深度。

游标卡尺按分度值可分为 0.10mm、0.05mm、0.02mm 三个量级，按尺寸测量范围有 0~125mm、0~150mm、0~200mm、0~300mm 等多种规格，使用时根据零件精度要求及零件尺寸大小进行选择。图 6-6 所示的游标卡尺的分度值为 0.02mm，测量尺寸范围为 0~200mm。它由尺身和游标两部分组成。尺身上每小格为 1mm，当两卡爪贴和（尺身与游标的零线重合）时，游标上的 50 格正好等于尺身上的 49mm。游标上每格长度为 49mm÷50 = 0.98mm。尺身与游标每格相差 0.02mm。

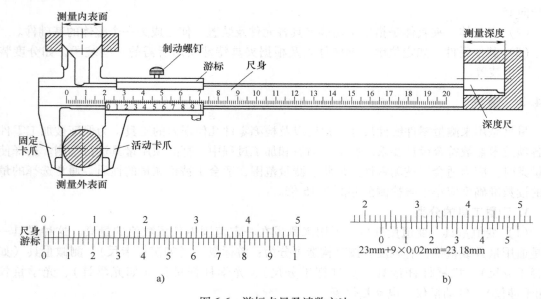

图 6-6　游标卡尺及读数方法

测量读数时，先由游标以左的尺身上读出最大的整毫米数，然后在游标上读出零线到与尺身刻度线对齐的刻度线之间的格数，将格数与 0.02 相乘得到小数，将尺身上读出的整数与游标上得到的小数相加就得到测量的尺寸。

游标卡尺使用注意事项：

1）检查零线。使用前应先擦净卡尺，合拢卡爪，检查尺身与游标的零线是否对齐。如对不齐，应送计量部门检修。

2）放正卡尺。测量内外圆时，卡尺应垂直于工件轴线，两卡爪应处于直径处。

3）用力适当。当卡爪与工件被测量面接触时，用力不能过大，否则会使卡爪变形，加速卡爪的磨损，使测量精度下降。

4）读数时视线要对准所读刻线并垂直尺面，否则读数不准。

5）防止松动。未读出读数之前游标卡尺离开工件表面，必须先将止动螺钉拧紧。

6）不得用游标卡尺测量毛坯表面和正在运动的工件。

图 6-7 所示是专门用于测量深度和高度的游标卡尺。游标高度卡尺除用来测量高度外，也可用于精密划线。

（2）千分尺 千分尺是一种精密量具。生产中常用的外径千分尺的分度值为 0.01mm。它的精度比游标卡尺高，并且比较灵敏。外径千分尺的种类很多，按照用途可分为外径千分尺、内径千分尺和深度千分尺几种，以外径千分尺应用最广。

外径千分尺按其测量范围有 0 ~ 25mm、25 ~ 50mm、50 ~ 75mm 等各种规格。图 6-8 所示为测量范围为 0 ~ 25mm 的外径千分尺。尺架的左端有测砧，右端的固定套管在轴线方向刻有一条中线（基准线），上下两排刻线互相错开

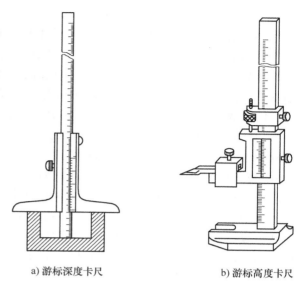

a) 游标深度卡尺   b) 游标高度卡尺

图 6-7 游标深度卡尺和游标高度卡尺

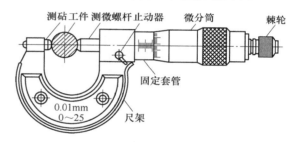

图 6-8 外径千分尺

0.5mm，形成主尺。微分筒左端圆周上均布 50 条刻线，形成副尺。微分筒和螺杆连在一起，当微分筒转过一周，带动测量螺杆沿轴向移动 0.5mm。因此，微分筒转过一格，测微螺杆轴线移动的距离为 0.5mm/50＝0.01mm。当外径千分尺的测微螺杆与测砧接触时，微分筒的边缘与固定套管轴向刻度的零线重合，同时圆周上的零线应与中线对准。

外径千分尺的读数方法：

1）读出距离微分筒边缘最近的轴向刻线数（应为 0.5mm 的整数倍）。

2）读出与轴向刻度中线重合的微分筒周向刻度数值（刻度倍数×0.01mm）。

3）将两部分读数相加即为测量尺寸（图 6-9）。

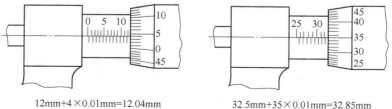

12mm+4×0.01mm=12.04mm   32.5mm+35×0.01mm=32.85mm

图 6-9 外径千分尺的读数方法

使用外径千分尺时的注意事项：

1）应先校对零点。即将测砧与测微螺杆擦拭干净，使它们相接触，看微分筒圆周刻度零线与中线是否对正，若不对正，则将外径千分尺送计量部门检修。

2）测量时，左手握住尺弓，用右手旋转微分筒，但测微螺杆快接近工件时，必须使用右端棘轮（此时严禁使用微分筒，以防用力过度测量不准或破坏外径千分尺）以较慢的速度与工件接触。当棘轮发出"嘎嘎"的打滑声时，表示压力合适，应停止旋转。

3）从外径千分尺上读取尺寸，可在工件未取下前进行，读完后松开外径千分尺，也可先将外径千分尺锁紧，取下工件后再读数。

4）被测尺寸的方向必须与螺杆方向一致。

5）不得用外径千分尺测量毛坯表面和运动中的工件。

（3）直角尺　直角尺的两边成准确直角，是用来检查工件垂直度的非标尺量尺。使用时将其一边与工件的基准面贴合，然后使其另一边与工件的另一表面接触。根据光隙可以判断误差状况，也可用塞尺测量其缝隙大小（图6-10）。直角尺也可以用来保证划线垂直度。

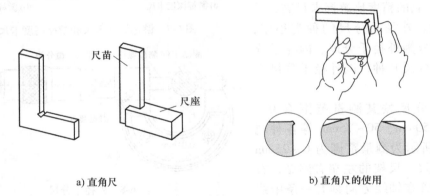

a）直角尺　　　　　　　　　　　b）直角尺的使用

图6-10　直角尺及其使用

（4）量规　塞规与卡规是用于成批大量生产的一种定尺寸专用量具，统称量规（图6-11）。

塞规是用来测量孔径或槽宽的。它的两段分别被称为"过规"与"不过规"。过规的长度较长，直径等于工件的下极限尺寸（最小孔径或最小槽宽）。不过规的长度较短，直径等于工件的上极限尺寸（最大孔径或最大槽宽）。用塞规检验工件时，当过规能进入孔（或槽）时，说明孔径（或槽宽）大于下极限尺寸；当不过规不能进入孔（或槽）时，说明孔径（或槽宽）小于上极限尺寸。只有当过规进得去，而不过规进不去时，才说明工件的实际要素在公差范围之内，是合格的；否则，工件尺寸不合格。

卡规是用来检验轴外径或厚度的。和塞规相似，卡规也有过规和不过规两端，使用的方法也和塞规相同。与塞规不同的是：卡规的过规尺寸等于工件的上极限尺寸，而不过规的尺寸则等于下极限尺寸。

需要指出的是，量规检验工件时，只能检验工件是否合格，但不能测出工件的具体尺寸。但量规在使用时省去了读数的麻烦，操作极为方便、效率高。

（5）百分表　百分表的分度值为0.01mm，是一种精度较高的比较测量工具。它只能读

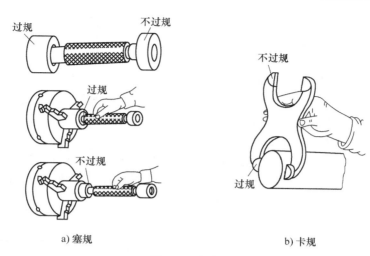

a) 塞规

b) 卡规

图 6-11 量规

出相对的数值，不能读出绝对数值，主要用来检验零件的形状误差和位置误差，也用于工件装夹时的精密找正。

百分表的结构如图 6-12 所示，当测量头向上或向下移动 1mm 时，通过测量杆上的齿条和几个齿轮带动大指针转一周，小指针转一格。刻度盘在圆周上有 100 等分的刻度线，其每格的读数值为 0.01mm；小指针每格读数值为 1mm。测量时小指针所示读数变化值之和即为尺寸变化量。小指针处的刻度范围就是百分表的测量范围。刻度盘可以转动，供测量时调整大指针对零位标尺之用。

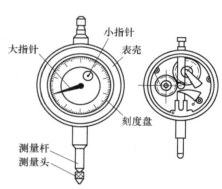

图 6-12 百分表

百分表使用时应装在专用的百分表架上，如图 6-13 所示。百分表使用注意事项如下：

1) 使用前，应检查测量杆的灵活性。具体做法是：轻轻推动测量杆，看其能否在套筒内灵活移动。每次松开手后，指针应回到原来的刻度位置。

2) 测量时，百分表的测量杆要与被测表面垂直，否则将使测量杆移动不灵活，测量结果不准确。

3) 百分表用完后，应擦拭干净，放入盒内，并使测量杆处于自由状态，防止表内弹簧过早失效。

(6) 游标万能角度尺 游标万能角度尺是用来测量零件内、外角度的量具，它的结构如图 6-14 所示。

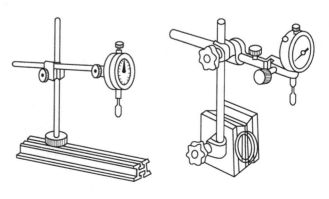

图 6-13 百分表架

游标万能角度尺的读数机构是根据游标原理制成的。主尺刻度线每格为 1°。游标尺是取主尺的 29° 等分为 30 格。因此，游标尺每格为 29°/30，即主尺 1 格与游标尺 1 格的差值为（30°−29°）/30 = 1°/30 = 2′，也就是游标万能角度尺分度值为 2′。它的读数方法与游标卡尺完全相同。

测量时应先校对零位，游标万能角度尺的零位是当直角尺与直尺均装上且直角尺的底边及基尺均与直角尺无间隙接触时，主尺与游标尺的 "0" 线对准。调整好零位后，通过改变基尺、直角尺、直尺的相互位置可测量 0°~320° 范围内的任意角度。

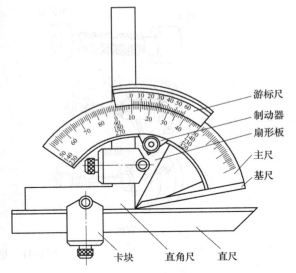

图 6-14　游标万能角度尺

用游标万能角度尺测量工件时，应根据所测角度范围组合量尺，如图 6-15 所示。

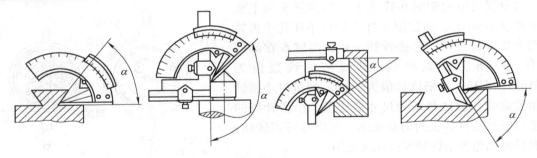

图 6-15　游标万能角度尺应用实例

4. 量具的检定与质量溯源

量具作为测量零件的工具，需要定期检定。定期检定由计量人员使用计量器具进行，经检定不合格的量具，需要修理的要修理，必须报废的要填写报废单并收回统一管理。计量器具也需要定期检定，除本计量部门自身能检定的以外，其检定一般由上级计量部门进行。低一级计量部门的计量器具由高一级计量部门的计量器具检定，依此类推，这样才能够保证测量质量和量值传递的准确，这就是质量溯源。

复习思考题

第7章 车　　削

【目的与要求】

1. 了解典型卧式车床型号的含义及常用车刀的种类和材料。
2. 熟悉卧式车床的组成、运动、传动系统和用途。
3. 熟悉常用车刀的组成和结构、车刀的主要角度及其作用。
4. 掌握车外圆、车端面、钻孔和车孔的方法；了解车槽、车断和锥面、成形面、螺纹的车削方法。
5. 掌握车削安全操作技术规程。
6. 掌握卧式车床的操作技能，能按零件的加工要求正确使用车刀、夹具、量具，独立完成简单零件的车削加工。

7.1　概述

车削是指在车床上利用工件的旋转运动和刀具的移动来改变毛坯形状和尺寸，将其加工成所需零件的一种加工方法。其中，工件的旋转运动为主运动，车刀相对工件的移动为进给运动。

车削主要用于加工零件上的回转表面，如内外圆柱面、内外圆锥面、内外螺纹、回转型成形面、回转型沟槽、滚花以及端面等（图 7-1）。车削可以完成上述表面的粗加工、半精加工和精加工，所用刀具主要是车刀，还可以用钻头、铰刀、丝锥、滚花刀等。车削加工的尺寸公差等级可达 IT7 ~ IT8，表面粗糙度值可达 $Ra1.6\mu m$。车削不仅可以加工金属材料，还可以加工木材、塑料、橡胶、尼龙等非金属材料。

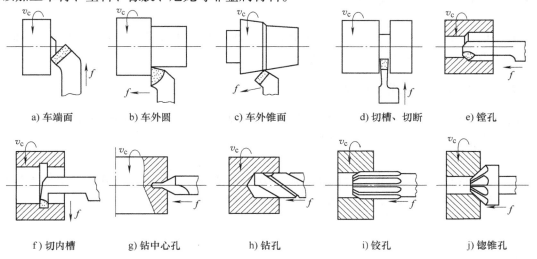

a) 车端面　　b) 车外圆　　c) 车外锥面　　d) 切槽、切断　　e) 镗孔

f) 切内槽　　g) 钻中心孔　　h) 钻孔　　i) 铰孔　　j) 锪锥孔

图 7-1　车床的加工范围

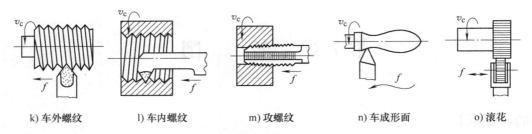

k) 车外螺纹　　　l) 车内螺纹　　　m) 攻螺纹　　　n) 车成形面　　　o) 滚花

图 7-1　车床的加工范围（续）

车床的种类很多，主要有卧式车床、立式车床、转塔车床、自动及半自动车床、仪表车床、仿形车床、数控车床等。车床适合加工轴类、套类、盘类等回转类零件（图 7-2）。在机械制造工业中，车床是应用很广泛的金属切削机床之一，其中大部分为卧式车床。

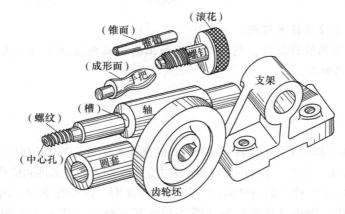

图 7-2　车床加工的零件举例

7.2　卧式车床及其基本操作

工程训练中常用的卧式车床有 CA6140、CA6136、CDL6136 等几种型号，下面以 CA6140 型卧式车床为例来学习和认识车床。

7.2.1　CA6140 型卧式车床的型号

按照 GB/T 15375—2008《金属切削机床型号编制方法》规定，机床型号由汉语拼音字母和阿拉伯数字按一定的规律组合而成。其含义为：

C——类代号：车床类。

A——结构特性代号：在同类机床中起区分机床结构、性能不同的作用。表示 CA6140 型卧式车床与 C6140 型卧式车床主参数值相同而结构、性能不同。

6——组代号：落地及卧式车床组。

1——系代号：卧式车床系。

40——主参数代号：表示在床身上工件最大回转直径为 400mm。

7.2.2 CA6140 型卧式车床的组成

CA6140 型卧式车床主要组成部分有主轴箱、交换齿轮箱、进给箱、光杠、丝杠、溜板箱、刀架、尾座、床身等，如图 7-3 所示。其用途分述如下：

1. 主轴箱

主轴箱内部装有主轴和变速传动机构，用于支承主轴并将动力经变速传动机构传给主轴。变换箱外手柄的位置，改变箱内齿轮的啮合关系，可使主轴得到不同的转速。主轴通过卡盘带动工件旋转，以实现主运动。

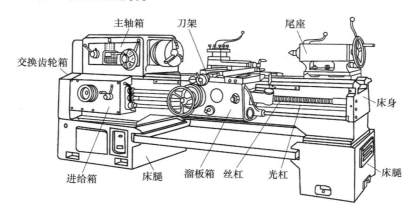

图 7-3　CA6140 型卧式车床

主轴是空心轴，以便装夹细长棒料和用顶杠卸下顶尖。主轴右端的外锥面用以安装卡盘、花盘等夹具，内锥孔用以安装顶尖。

2. 交换齿轮箱

交换齿轮箱用于将主轴的旋转运动传给进给箱。调换箱内的齿轮，并与进给箱配合，可以车削各种不同螺距的螺纹。

3. 进给箱

进给箱内部装有进给运动的齿轮变速机构，用于将主轴经交换齿轮机构传来的旋转运动传给光杠或丝杠。变换箱外手柄的位置，改变箱内齿轮的啮合关系，可使光杠或丝杠得到各种不同的转速，从而使刀具获得不同的进给量或螺距。

4. 光杠

用于将进给箱的运动传给溜板箱，通过溜板箱带动刀架上的刀具做直线进给运动。

5. 丝杠

丝杠通过开合螺母带动溜板箱，使主轴的旋转运动与刀架上的刀具的移动有严格的比例关系，用于车削各种螺纹。

6. 溜板箱

溜板箱是车床进给运动的操纵箱，上面与刀架相连。它可以将光杠传来的旋转运动，转变为刀架的纵向或横向直线运动，也可以将丝杠传来的旋转运动通过"开合螺母"转变为车螺纹时刀架的纵向直线运动，还可以实现刀架的快速移动。

7. 刀架

刀架用以装夹刀具，可带动刀具做纵向、横向或斜向直线进给运动，如图 7-4 所示。刀架由床鞍、横刀架、转盘、小刀架和方刀架组成。

（1）床鞍 床鞍又称大拖板，它与溜板箱连接，可带动刀架沿床身导轨做纵向移动。

（2）横刀架 横刀架又称中拖板，它可带动小刀架沿床鞍上面的导轨做横向移动。

（3）转盘 转盘与横刀架用螺栓紧固，松开螺母，便可在水平面内扳转任意角度。

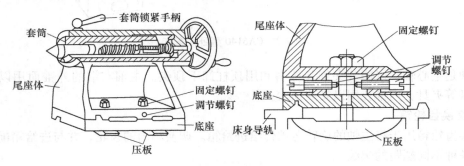

图 7-4　刀架的组成

（4）小刀架 小刀架又称小拖板，可沿转盘上面的导轨做短距离移动。将转盘扳转一定角度后，小滑板带动车刀可做相应的斜向移动，以便加工锥面。

（5）方刀架 用于装夹和转换刀具，最多可同时装夹 4 把车刀。

8. 尾座

尾座安装在床身导轨上并可调节纵向位置，在尾座套筒内装夹顶尖可支承工件，也可以装夹钻头、铰刀等刀具进行孔的加工，如图 7-5 所示。

图 7-5　尾座

9. 床身

床身是车床的基础零件，用以支撑和连接各主要部件并保证各部件之间有正确的相对位置。床身上面有内、外两组平行的导轨（三角导轨和平面导轨），外侧的导轨用以床鞍的运动导向和定位，内侧的导轨用以尾座的运动导向和定位。床身背部装有电器箱。床身的左右两端分别支撑在左右床腿上，左床腿内安放电动机和装润滑油，右床腿内装切削液，如图 7-6 所示。

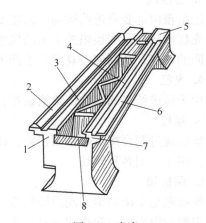

图 7-6　床身

1、7—床壁　2、4—三角导轨　3、6—平面导轨
5—床身端　8—横肋条

7.2.3　CA6140 型卧式车床的操作系统

在使用车床前，必须了解各个操纵手柄（图7-7）及其用途（表 7-1），以免损坏机床。

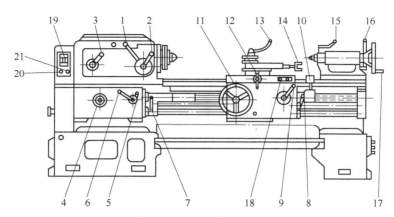

图 7-7　CA6140 型卧式车床的操作手柄

表 7-1　CA6140 型卧式车床操作手柄的名称及用途

图 7-7 中编号	名称及用途	图 7-7 中编号	名称及用途
1、2	主轴变速手柄	13	方刀架转位、固定手柄
3	加大螺距及左、右螺纹变换手柄	14	上刀架移动手柄
4	螺距及进给量调整手柄	15	床尾顶尖套筒固定手柄
5、6	丝杠、光杠变换手柄	16	床尾快速紧固手柄
7、8	主轴正反转操纵手柄	17	床尾顶尖套筒移动手轮
9	开合螺母操纵手柄	18	主电动机控制按钮
10	刀架纵向、横向自动进给手柄及快速移动按钮	19	电源总开关
11	床鞍纵向移动手轮	20	冷却泵开关
12	下刀架横向移动手柄	21	电源开关锁

操纵机床时应当注意下列事项：

1）主轴箱手柄只许在停机时扳动。

2）进给箱手柄只许在低速或停机时扳动。

3）起动前检查各手柄位置是否正确。

4）装卸工件或离开机床时必须停止电动机转动。

7.2.4　CA6140 型卧式车床的传动系统

CA6140 型卧式车床的传动系统由主运动传动链、进给运动传动链和快速空行程传动链组成，如图 7-8 所示。

1. 主运动传动链

主运动传动链的两末端件是主电动机和主轴，主要功用是把动力源的运动及动力传给机床的主轴，使主轴带动工件旋转，实现主运动，并使主轴变速和换向。运动由电动机（7.5kW，1450r/min）经 V 带轮传动副（ϕ30mm/ϕ230mm）传至主轴箱中的轴 I。在轴 I 上装有双向多片式摩擦离合器 M_1，其作用是使主轴 VI 实现正转、反转或停止。当压紧离合器 M_1 左部的摩擦片时，轴 I 的运动经离合器 M_1 及齿轮副 56/38 或 51/43 传给轴 II，此时

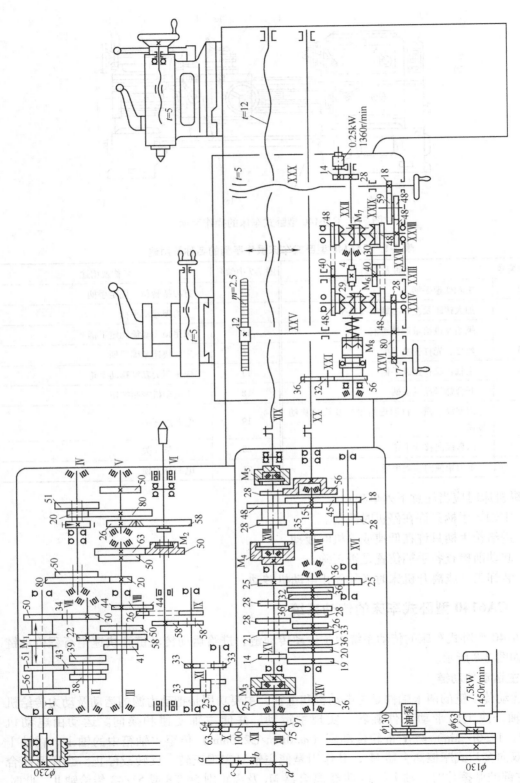

图 7-8　CA6140 型卧式车床的传动系统图

主轴Ⅵ正转。当 M_1 向右端压紧时，轴Ⅰ的运动经离合器 M_1 及齿轮副 50/34 和 34/30 传至轴Ⅱ。由于此时Ⅰ、Ⅱ轴之间多了一个介轮 Z_{34}，所以轴Ⅱ的转向与经 M_1 左部传动时相反，即主轴Ⅵ反转。当离合器 M_1 处于中间位置时，左、右摩擦片都没有被压紧，空套在Ⅰ轴上的齿轮 Z_{56}、Z_{51} 和 Z_{50} 均不转动，此时主轴Ⅵ停止。

轴Ⅱ的运动可分别通过轴Ⅱ和轴Ⅲ间三对齿轮副 39/41、30/50 或 22/58 传至轴Ⅲ，故轴Ⅲ正转共有 2×3=6 种转速。

运动由轴Ⅲ传给主轴Ⅵ有两种传动路线：

（1）高速传动路线 将主轴Ⅵ上的滑移齿轮 Z_{50} 移至左端位置，与轴Ⅲ上的齿轮 Z_{63} 啮合，运动由这一齿轮副 63/50 直接传至主轴Ⅵ，使主轴获得 6 级高级转速（450～1400r/min）。

（2）低速传动路线 主轴Ⅵ上的齿轮 Z_{50} 移到右边位置，使齿式离合器 M_2 啮合，于是轴Ⅲ的运动经齿轮副 50/50 或 20/80 传至轴Ⅳ，又经齿轮副 20/80 或 51/50 传给轴Ⅴ，再经齿轮副 26/58 和齿式离合器 M_2 传至主轴Ⅵ，可得到 2×3×2×2=24 级理论上的低转速（10～500r/min）。

2. 进给运动传动链

进给运动传动链是使刀架实现纵向或横向运动的传动链。进给运动的动力源也是主电动机。在进给运动传动链中，有两条不同性质的传动路线：一条路线经丝杠ⅩⅢ-Ⅸ带动溜板箱，使刀架纵向移动，这是车削螺纹的传动链，是内联系传动链；另一条路线经光杠Ⅹ-Ⅹ和溜板箱，使刀架做纵向或横向机动进给，这是外联系传动链。由于刀架的进给量及螺纹的导程均是以主轴每转一转时刀架的移动量来表示的，所以分析进给传动链时，把主轴和刀架作为该链两末端件。

运动从主轴Ⅵ开始，经轴Ⅸ与轴Ⅹ间的换向机构、轴Ⅹ与轴ⅩⅢ间的交换齿轮，传入进给箱。从进给箱传出的运动，或者经过丝杠ⅩⅢ-Ⅸ带动溜板箱纵向移动，进行螺纹加工；或者经光杠Ⅹ-Ⅹ和溜板箱内的一系列传动机构，带动刀架做纵向或横向的机动进给运动。

CA6140 型卧式车床可车削常用的米制、寸制、模数制及径节制 4 种标准螺纹，还可以车削加大螺距、非标准螺距和较精密的螺纹，既可车削右螺纹，又可车削左螺纹。

3. 快速空行程传动链

为了减轻工人劳动强度和缩短辅助时间，刀架可以实现纵向和横向机动快速移动。按下快速移动按钮，装在溜板箱内的快速电动机（0.25kW，1360r/min）经齿轮副 14/28 使轴ⅩⅫ高速转动，再经蜗杆副 4/29，传至溜板箱内的传动机构，使刀架实现纵向或横向的快速移动。快移方向仍由溜板箱中的双向离合器 M_6 和 M_7 控制。刀架快移时，不必脱开进给传动链。为了避免光杠和快速电动机同时传至轴ⅩⅫ，在齿轮 Z_{56} 与轴ⅩⅫ之间装有超越离合器。

7.2.5 CA6140 型卧式车床的主要技术性能

床身上最大工件回转直径：400mm。

刀架上最大工件回转直径：210mm。

最大工件长度：750mm、1000mm、1500mm、2000mm。

主轴转速：正转 24 级，10～1400r/min；反转 12 级，14～1580r/min。

进给量：纵向 64 种，0.028~6.33mm/r；横向 64 种，0.014~3.16mm/r。

车削螺纹范围：米制 44 种，寸制 20 种，模数制 39 种，径节制 37 种。

主电动机：7.5kW，1450r/min。

7.3 车刀及其装夹

在金属切削加工中，车刀是最常用的刀具之一，同时也是研究刨刀、铣刀、钻头等切削刀具的基础。车刀用在各种车床上，可加工外圆、内孔、端面、螺纹，也用于车槽或切断等。现在以常用的外圆车刀为例来学习车刀的组成和切削角度。

7.3.1 车刀的组成

车刀由刀头（或刀片）和刀体两部分组成，刀头为切削部分，刀体为固定夹持部分，如图 7-9 所示。刀头一般由三面两刃一尖组成。

1. 三面

（1）前刀面　刀具上切屑流过的表面。

（2）主后面　切削时与工件过渡表面相对的表面。

（3）副后面　切削时与工件已加工表面相对的表面。

2. 两刃

（1）主切削刃　前刀面与主后刀面相交形成的切削刃，担负主要切削任务。

（2）副切削刃　前刀面与副后刀面相交形成的切削刃，担负少量切削任务，起一定修光作用。

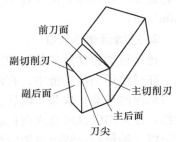

图 7-9　外圆车刀的组成

3. 一尖

主切削刃和副切削刃连接处的一段切削刃叫刀尖，可以是小的直线段或圆弧。刀尖又称过渡刃。

7.3.2 车刀的切削角度及其作用

1. 正交平面参考系

刀具要从工件上切下金属，就必须使它具备一定的切削角度，也正是由于这些角度才决定了刀具切削部分各表面的空间位置。确定刀具角度的参考系有两大类：一类称为静止参考系（也称标注角度参考系），用于确定刀具设计、制造、刃磨和测量时的切削角度，用它定义的角度称为标注角度；另一类称为工作参考系，用于确定刀具切削加工时的切削角度，用它定义的角度称为工作角度。

刀具静止参考系有 3 种：正交平面参考系，法平面参考系，背平面和假定工作平面参考系。我国过去多采用正交平面参考系，近年来参照国际标准 ISO 的规定，逐渐兼用正交平面参考系和法平面参考系。背平面和假定工作平面参考系则常见于美国和日本的文献中。

正交平面参考系由基面 p_r、主切削平面 p_s 和正交平面 p_o 3 个参考平面组成，如图 7-10 所示。

基面 p_r：通过主切削刃选定点的平面，它平行或垂直于刀具在制造、刃磨及测量时适合于装夹或定位的一个平面或轴线，一般来说其方位垂直于假定的主运动方向。对于普通车刀，其基面平行于刀具底面（定位基准平面）。

主切削平面 p_s：通过主切削刃选定点与主切削刃相切并垂直于基面的平面。

正交平面 p_o：通过主切削刃选定点并同时垂直于基面和主切削平面的平面。

2. 车刀的主要标注角度及其作用

车刀切削部分的主要标注角度有前角 γ_o、后角 α_o、主偏角 κ_r、副偏角 κ'_r 和刃倾角 λ_s，如图 7-11 所示。

（1）前角 γ_o　在正交平面中，前刀面与基面之间的夹角为前角。前角可分为正前角、零度前角和负前角，如图 7-12 所示。

1）作用：影响切削刃的锋利程度和强度。增大前角可使刃口锋利，切削力减小，切削温度降低，但过大的前角会使刃口强度降低，容易造成刃口损坏。

2）选择原则：前角的大小与刀具材料、被加工材料、工作条件有关。刀具材料脆性大、强度低时前角应选取较小值；工件材料强度和硬度低时前角可选取较大值；在重切削和有冲击的工作条件时前角只能选取较小值，有时甚至取负值。一般在保证刀具刃口强度的条件下前角尽量选取较大值。用硬质合金刀具加工碳钢时前角一般为 $10° \sim 15°$；用硬质合金刀具加工铸铁时前角一般为 $5° \sim 8°$。

（2）后角 α_o　在正交平面中，主后刀面与主切削平面之间的夹角为主后角。

1）作用：减少切削时主后面与工件之间的摩擦，它和前角一样也影响切削刃的锋利程度和强度。

2）选择原则：与前角相似，后角一般为 $3° \sim 8°$。

（3）主偏角 κ_r　在基面上，主切削刃的投影与进给方向之间的夹角为主偏角。

1）作用：主要影响切削宽度和切削厚度的比例，并影响刀具强度。如图 7-13a、b 所示，在相同的进给量和背吃刀量下切削时，减小主偏角可以使切削宽度增大、刀尖角增大、刀具强度高、散热性能好，故刀具寿命高，但会增大背向力，引起振动和加工变形。

2）选择原则：加工粗大、刚性好的工件时，应选取较小的主偏角；加工细长、刚性较差的工件时，应选取较大的主偏角。车刀常用的主偏角有 $45°$、$60°$、$75°$、$90°$ 等几种。

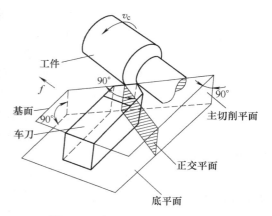

图 7-10　车刀的正交平面参考系

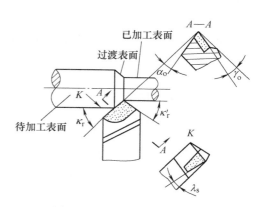

图 7-11　车刀的主要标注角度

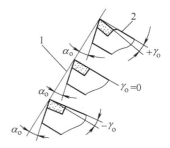

图 7-12　前角的正与负
1—主切削平面　2—基面

（4）副偏角 κ'_r　在基面上，副切削刃的投影与进给反方向之间的夹角为副偏角。

1）作用：减小副切削刃与已加工表面之间的摩擦，并能改善已加工表面的表面粗糙度和刀具强度。如图7-13c所示，在背吃刀量、进给量和主偏角相同的情况下，减少副偏角可以使残留面积减小，表面粗糙度值降低，并使刀尖角增大、刀具强度提高。

2）选择原则：通常在不产生摩擦和振动的条件下，应选取较小的数值。副偏角一般为5°~15°，粗加工时取大值，精加工时取小值。

（5）刃倾角 λ_s　在主切削平面中，主切削刃与基面之间的夹角为刃倾角。与前角相似，刃倾角也有正、负和零值之分。

1）作用：主要影响切屑的流动方向，对刀头强度也有一定影响。如图7-13d所示，当刃倾角为负，即刀尖处在主切削刃的最低点时，切屑流向已加工表面；当刃倾角为零，即主削刃水平时，切屑流向与主削刃垂直；当刃倾角为正，即刀尖处在主切削刃的最高点时，切屑流向待加工表面。

2）选择原则：刃倾角一般选取 $\lambda_s = -4° ~ 4°$。粗加工常取负值，以增加刀头强度；精加工常取正值，以防止切屑流向已加工表面而划伤工件。

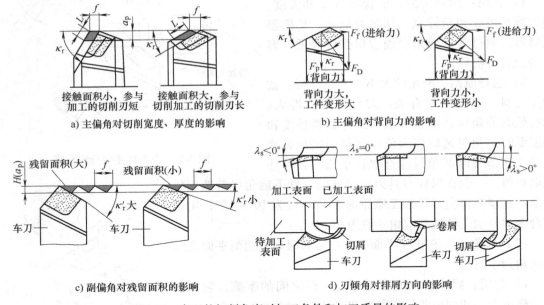

a）主偏角对切削宽度、厚度的影响　　　　b）主偏角对背向力的影响

c）副偏角对残留面积的影响　　　　d）刃倾角对排屑方向的影响

图7-13　车刀的切削角度对加工条件和加工质量的影响

7.3.3　车刀的刀具材料

刀具材料通常是指刀具切削部分的材料，目前最常用的车刀刀具材料是硬质合金和高速钢。

1. 硬质合金

硬质合金是用钨（W）和钛（Ti）的碳化物粉末加钴（Co）作为粘结剂，高压压制后再高温烧结而成的。

硬质合金能耐高温，即使在1000℃左右仍能保持良好的切削性能，耐磨性也很好，常温下硬度很高，而且具有一定的使用强度。其缺点是韧性较差、性脆、怕冲击。但这一缺陷，可通过刃磨合理的刀具角度来弥补。所以，硬质合金是目前最广泛应用的一种车刀材料。

切削工具用硬质合金牌号按使用领域的不同分成 P、M、K、N、S、H 六类。

（1）K 类硬质合金 由碳化钨（WC）和钴（Co）组成。这类硬质合金的韧性较好，因此适合于加工短切屑材料（如铸铁等）或冲击性较大的工件。

常用的 K 类硬质合金有 K40、K20、K01 等牌号。牌号后面的数字表示按使用领域细分的分组号，K20 适合于粗加工，K10 适合于半精加工，K01 适合于精加工。

（2）P 类硬质合金 由碳化钨、钴和碳化钛（TiC）组成。这类硬质合金的耐磨性较好，能承受较高的切削温度，所以适合于加工长切屑材料（如钢类）或其他韧性较大的长切屑材料。因为它性脆，不耐冲击，所以不宜加工短切屑材料（如铸铁等）。

常用的 P 类硬质合金有 P40、P20 和 P01 等几种牌号。P30 适合于粗加工，P15 适合于半精加工和精加工，P05 适合于精加工。

2. 高速钢

高速钢（又称锋钢、白钢）是以钨、钼、铬、钒为主要合金元素的高合金工具钢。

高速钢具有较高的硬度（62~67HRC）、耐磨性和耐热性（550~600℃）。虽然高速钢的硬度、耐热性及允许的切削速度远不及硬质合金，但它的抗弯强度、冲击韧度比硬质合金高，抗弯强度为一般硬质合金的 2~3 倍。高速钢可以加工从非铁金属到高温合金材料。

同时高速钢具有制造工艺简单、容易磨成锋利的切削刃、能锻造和热处理等优点，所以常用来制造形状复杂的刀具，如钻头、拉刀、铣刀、齿轮刀具及成形刀具等。

常用的高速钢牌号有 W18Cr4V 和 W6Mo5Cr4V2 等。

7.3.4 车刀的分类

1. 按结构形式分类

通常可分为整体式车刀、焊接式车刀、机械夹固式车刀，如图 7-14 所示。

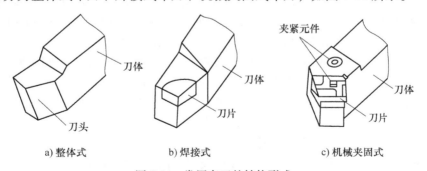

a) 整体式　　　　b) 焊接式　　　　c) 机械夹固式

图 7-14 常用车刀的结构形式

（1）整体式车刀 车刀的切削部分与夹持部分是用同一种材料制成的，根据不同用途刃磨成所需要的形状和几何角度，可多次刃磨。常用的有整体式高速钢车刀。

（2）焊接式车刀 车刀的切削部分与夹持部分材料完全不同，切削部分多以刀片形式焊接在刀体上。这类车刀可节省贵重的刀具材料，结构简单、紧凑，抗振性能好，制造方便，刀体可反复使用。常用的有焊接式硬质合金车刀，这种车刀是用黄铜、纯铜或其他钎料将一定形状的硬质合金刀片钎焊到普通结构钢刀体上而制成的。

（3）机械夹固式车刀　它是将刀片用机械夹固的方式装夹在刀体上的一种车刀，刀体和刀片均为标准件，刀体可重复使用。

机械夹固式车刀又分为机夹车刀和可转位车刀。机夹车刀的刀片只有一个切削刃，用钝后必须刃磨，而且可多次刃磨。可转位车刀与普通机夹车刀的不同点在于刀片为多边形，每一边都可做切削刃，用钝后只需将刀片转位，即可使新的切削刃投入工作。常用的有机械夹固式硬质合金车刀。

2. 按用途分类

通常可分为切断刀、90°左偏刀、90°右偏刀、弯头车刀、直头车刀、成形车刀、宽刃精车刀、外螺纹车刀、端面车刀、内螺纹车刀、内切槽车刀、内孔镗刀，如图 7-15 所示。

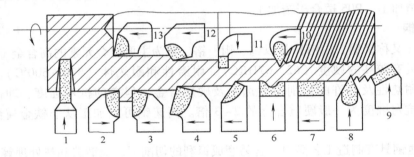

图 7-15　常用车刀的名称及用途

1—切断刀　2—90°左偏刀　3—90°右偏刀　4—弯头车刀　5—直头车刀
6—成形车刀　7—宽刃精车刀　8—外螺纹车刀　9—端面车刀　10—内螺纹车刀
11—内切槽车刀　12—内孔镗刀（通孔用）　13—内孔镗刀（不通孔用）

（1）切断刀　它专门用于在回转形工件外表面上切槽或切断工件。

（2）90°左偏刀　用于从左向右车削刚性不足的轴类工件的外圆、台阶和端面。

（3）90°右偏刀　用于从右向左车削刚性不足的轴类工件的外圆、台阶和端面。

（4）弯头车刀　用于纵向车削外圆，横向车削端面以及内外倒角。

（5）直头车刀　它主要用来车削圆柱形或圆锥形工件的外表面以及外圆倒角。

（6）成形车刀　成形车刀又称为样板刀，它是加工内、外回转体成形表面的专用刀具，它的切削刃形状是根据工件的廓形设计的。成形车刀一般在成批、大量生产时使用。

（7）宽刃精车刀　主要用于圆柱形工件外表面的精加工。

（8）外螺纹车刀　主要用于车削外螺纹。

（9）端面车刀　主要用于横向车削端面以及内外倒角，也可用于纵向车削外圆。

（10）内螺纹车刀　主要用于车削内螺纹。

（11）内切槽车刀　它专门用于在回转形工件内表面上切槽。

（12）内孔镗刀（通孔用）　用于镗削工件的通孔。

（13）内孔镗刀（不通孔用）　用于镗削工件的不通孔和台阶孔。

7.3.5　车刀的装夹

车刀使用时必须正确装夹，卧式车床上车刀的装夹如图 7-16 所示，其基本要求如下：

1）车刀刀尖应与车床的主轴轴线等高。一般采用装夹在车床尾座上的后顶尖高度作为找正刀尖高度的基准，通过调整刀体下面的垫片数量来校准高度。还可采用试车工件端面，若端面中心无残留台，则装夹合适，反之应调整刀尖高度。垫片安放要平整，数量不宜过多，一般不超过 3 片。

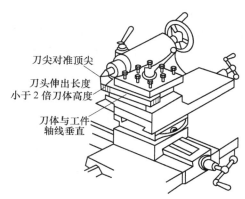

图 7-16　车刀的装夹

2）车刀刀体应与车床主轴的轴线垂直。

3）车刀刀头应尽可能伸出短些，一般伸出长度不超过刀体厚度的 2 倍。若伸出过长、刀体刚性减弱，切削时易产生振动。

4）车刀位置找正后，应拧紧刀架紧固螺钉，一般用两个螺钉并交替逐个拧紧。

5）装夹好工件和车刀后，进行加工极限位置的检查，以免产生干涉或碰撞，然后锁紧刀架。

7.4　车床的夹具

车床适合加工工件上的回转表面，由于工件的形状、大小和数量不同，必须采用不同的装夹方法。装夹工件必须保证工件待加工表面的回转中心线与车床主轴的中心线重合。车床常用的夹具有自定心卡盘、单动卡盘、花盘、心轴、顶尖、中心架、跟刀架等。

7.4.1　自定心卡盘

自定心卡盘是车床上最常用的通用夹具，其结构如图 7-17 所示。

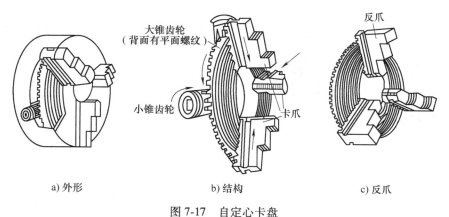

a) 外形　　　　　　b) 结构　　　　　　c) 反爪

图 7-17　自定心卡盘

自定心卡盘的 3 个小锥齿轮与大锥齿轮相啮合，大锥齿轮背面的平面螺纹又与 3 个卡爪背面的平面螺纹相啮合。当用卡盘扳手转动任何一个小锥齿轮时，大锥齿轮都将随之转动，从而带动 3 个卡爪在卡盘体的径向槽内同时做向心或离心运动，以夹紧或松开工件。由于 3 个卡爪同时移动，所以夹持工件时可自动定心，方便迅速，但定心的精度不高，为 $0.05 \sim 0.15$mm。

自定心卡盘主要用来装夹截面为圆形、正六边形的中小型轴类、盘套类零件。若零件直径较大，用正爪不便装夹时，还可换上反爪进行装夹，如图 7-18 所示。

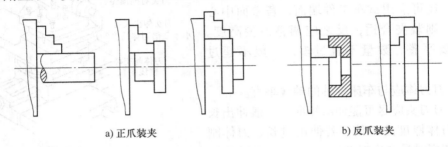

a) 正爪装夹　　　　　　　　　　　　　b) 反爪装夹

图 7-18　自定心卡盘应用实例

7.4.2　单动卡盘

单动卡盘如图 7-19 所示。由于单动卡盘的 4 个卡爪通过各自的调整螺杆带动，独立做向心或离心运动，所以单动卡盘不能自动定心，在装夹工件时必须仔细地进行找正，如图 7-20 所示。一般用划线盘找正，如找正精度要求很高，须用百分表找正，精度可达 0.01mm。

单动卡盘不仅可以装夹截面为圆形的工件，还可以装夹截面为方形、长方形、椭圆形或其他不规则形状的工件。在圆盘上车偏心孔也常用单动卡盘。

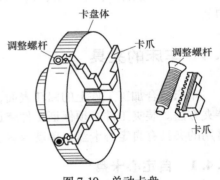

图 7-19　单动卡盘

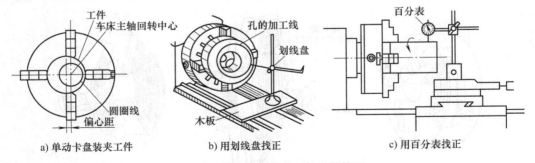

a) 单动卡盘装夹工件　　　　b) 用划线盘找正　　　　c) 用百分表找正

图 7-20　单动卡盘装夹工件时的找正

单动卡盘较自定心卡盘的夹紧力大，若把 4 个卡爪各自掉头装夹，起到反爪的作用，即可装夹较大的工件。

7.4.3 花盘

花盘是一个直径较大的铸铁圆盘，安装在车床主轴上，其端面有许多 T 形长槽，用来穿放压紧螺栓。花盘端面应平整，装在主轴上时应保证端面与主轴轴线垂直。花盘本身不能单独使用，要根据工件形状和加工要求与压板或弯板配合使用，如图 7-21 所示。用花盘装夹工件必须仔细找正，为减小质量偏心引起的振动，应加平衡块进行平衡。

花盘主要用来装夹大而扁或形状不规则的工件。

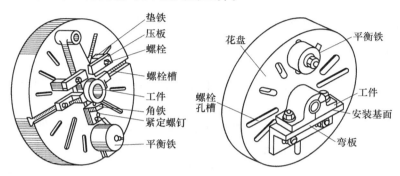

图 7-21 花盘

7.5 车削的基本工作

7.5.1 车削操作要点

1. 刻度盘的使用

在车削工件时要准确、迅速地掌握背吃刀量及工件尺寸，必须熟练地使用横刀架和小刀架的刻度盘。

横刀架的刻度盘紧固在丝杠轴头上，横刀架和丝杠的螺母紧固在一起。当横刀架的手柄带动刻度盘转一周时，丝杠也转一周，这时螺母带动中滑板移动一个丝杠螺距，所以横刀架移动的距离可根据刻度盘上的格数来计算。

$$刻度盘每转一格横刀架移动的距离 = \frac{丝杠螺距}{刻度盘格数}$$

CA6140 型卧式车床中滑板丝杠螺距为 5mm，横刀架刻度盘等分为 100 格，所以刻度盘每转一格横刀架移动的距离为 5mm÷100 = 0.05mm，即刻度盘每转一格，横刀架带动车刀移动 0.05mm。由于工件是旋转的，所以工件径向被切下的部分是车刀移动距离（背吃刀量）的两倍。

加工外圆时，车刀向工件中心移动为进刀，远离中心为退刀；而加工内孔时，则正好相反。

由于丝杠和螺母有间隙，进刀时如果转动手轮超程则需要退刀，必须向相反方向退回半周左右消除丝杠螺母间隙，再转至所需位置。

小刀架刻度盘的原理及其使用与横刀架的相同，它主要用于控制工件长度方向的尺寸。

2. 车削的分类

根据零件加工精度和表面粗糙度的要求不同，车削可分为粗车、半精车和精车。

（1）粗车　粗车的目的是尽快地从工件上切去大部分加工余量，使工件接近最后的形状和尺寸，以提高生产率。粗车要给半精车和精车留有适当的加工余量，其加工精度和表面粗糙度要求较低，粗车后尺寸公差等级一般为 IT11~IT14，表面粗糙度值一般为 Ra 12.5~6.3μm。粗车应优先选用较大的背吃刀量 a_p，其次应尽可能选用较大的进给量 f，切削速度多采用中等或中等偏低的速度。

粗车的切削用量推荐值如下：

背吃刀量 a_p：取 2~4mm。

进给量 f：取 0.15~0.4mm/r。

切削速度 v_c：用硬质合金车刀车削钢件时可取 50~70m/min，车削铸铁时可取 40~60m/min。

粗车铸件时，因工件表面有硬皮，如果背吃刀量很小，刀尖容易被硬皮碰坏或磨损，因此第一刀的背吃刀量应大于硬皮厚度。

（2）半精车　半精车的目的是加工较高精度的表面时，作为精车或磨削前的预加工。其背吃刀量 a_p 和进给量 f 均较粗车时小。尺寸公差等级为 IT9~IT10，表面粗糙度值为 Ra6.3~3.2μm。

（3）精车　精车的目的是保证零件获得所要求的加工精度和表面粗糙度值。尺寸公差等级可达 IT7~IT8，表面粗糙度值可达 Ra1.6μm。精车应选用较小的背吃刀量 a_p 和进给量 f，切削速度应根据情况选用高速（$v_c \geqslant 100$m/min）或低速（$v_c < 5$m/min）。

精车的切削用量推荐值如下：

背吃刀量 a_p：取 0.1~0.5mm（高速精车）或 0.05~0.10mm（低速精车）。

进给量 f：取 0.05~0.2mm/r。

切削速度 v_c：用硬质合金车刀车削钢件时可取 100~120m/min（高速精车）或 3~5m/min（低速精车），车削铸铁时可取 60~70m/min。

3. 试切的方法与步骤

因为刻度盘和丝杠的导程都存在误差，在半精车或精车时，单靠用刻度盘来调整背吃刀量往往不能保证所要求的尺寸公差，需要用试切的方法来准确控制尺寸公差，达到尺寸精度的要求，如图 7-22 所示。下面以车外圆为例说明试切的方法与步骤：

1）开机对零点，即确定刀具与工件的接触点，作为背吃刀量（切削深度）的起点。对零点时必须开机，这样不仅可以找到刀具与工件的最高处接触点，而且也不易损坏车刀。

2）沿进给反方向退出车刀。

3）横向进刀。

4）走刀切削。

5）如需再切削，可使车刀沿进给反方向移出，再加背吃刀量进行切削。如不再切削，则应先将车刀沿进刀反方向退出，脱离工件，再沿进给反方向退出车刀。

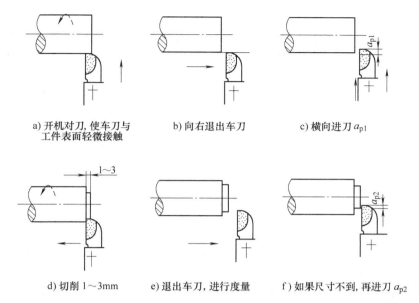

a) 开机对刀,使车刀与工件表面轻微接触   b) 向右退出车刀   c) 横向进刀 a_{p1}

d) 切削 1～3mm   e) 退出车刀,进行度量   f) 如果尺寸不到,再进刀 a_{p2}

图 7-22 车外圆的试切方法与步骤

7.5.2 各种表面的车削加工

1. 车端面

轴、套、盘类工件的端面经常用来做轴向定位、测量的基准,车削加工时,一般都先将端面车出。端面的车削方法及所用车刀如图 7-23 所示。

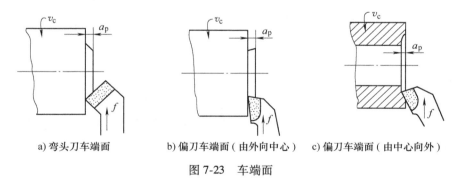

a) 弯头刀车端面   b) 偏刀车端面(由外向中心)   c) 偏刀车端面(由中心向外)

图 7-23 车端面

车端面时应注意以下几点:

1)车刀的刀尖应对准工件的回转中心,否则会在端面中心留下凸台。

2)车端面应选用比较高的转速,因为工件中心处的线速度较低,端面表面质量不易保证。

3)车直径较大的端面时,应将床鞍锁紧在床身上,以防由床鞍让刀引起的端面外凸或内凹。此时用小滑板调整背吃刀量。

4)精度要求高的工件端面,应分粗、精加工。

2. 车外圆和车台阶

将工件车成圆柱形表面的方法称为车外圆。车外圆是车削加工中最基本的操作方法，常见的几种外圆车刀车外圆的形式如图 7-24 所示。

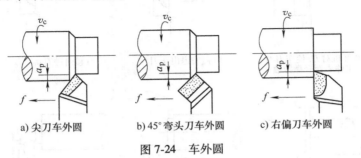

a) 尖刀车外圆　　　　b) 45°弯头刀车外圆　　　　c) 右偏刀车外圆

图 7-24　车外圆

车台阶实际上是车外圆和车端面的组合，其加工方法和车外圆没有什么显著区别，只需兼顾外圆的尺寸和台阶的位置。

高度小于 5mm 的低台阶，可根据台阶的形式选用合适的车刀一次车出。高度大于 5mm 的高台阶，应分层进行切削，最后一刀应横向退出，以平整台阶端面，如图 7-25 所示。

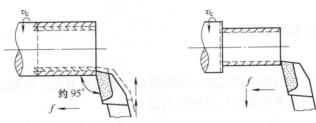

a) 偏刀主切削刃和工件轴线约成　　　b) 在末次纵向进给后，车刀
　　95°角，分多次纵向进给车削　　　　　横向退出，车出 90°台阶

图 7-25　车高台阶

3. 孔加工

车床上孔的加工方法有钻中心孔、扩孔、铰孔、镗孔和钻孔。

（1）钻中心孔　中心孔是工件在顶尖上装夹时的定位基准，常用的中心孔有 A、B 两种类型，如图 7-26 所示。

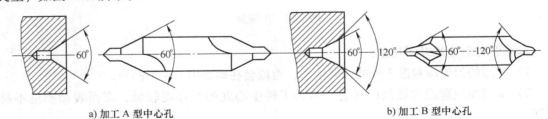

a) 加工 A 型中心孔　　　　　　　　b) 加工 B 型中心孔

图 7-26　中心孔与中心钻

A 型中心孔由 60°锥孔和里端的小圆柱孔构成。60°锥孔与顶尖的 60°锥面相配合，小圆柱孔用以保证锥孔与顶尖锥面配合贴切，并可贮存少量润滑油。

B 型中心孔的外端比 A 型多一个 120°的锥面，以保证 60°锥孔的外圆不被碰坏，也便于在顶尖上精车轴的端面。

因中心孔直径小，钻孔时应选择较高的转速，并缓慢进给，待钻到尺寸后让中心钻稍做停留，以降低中心孔的表面粗糙度值，如图 7-27 所示。

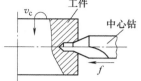

图 7-27 钻中心孔

（2）钻孔 用钻头在实心材料上加工孔称为钻孔，其加工公差等级为 IT11~IT12，表面粗糙度值为 $Ra12.5~25\mu m$，属于内孔粗加工。在车床上钻孔如图 7-28 所示，钻头装在尾座套筒内，工件旋转为主运动，摇动尾座手柄使钻头纵向移动为进给运动。为便于钻头定心，防止钻偏，钻孔前应先将工件端面车平，最好用中心钻钻出中心孔或车出小坑作为钻头的定位孔。钻比较深的孔时须经常退出钻头以便排出切屑。在钢件上钻孔时应加注切削液，以降低切削温度，延长钻头的使用寿命。

（3）扩孔 用扩孔钻对已有孔（铸出、锻出或钻出的孔）进行扩大加工称为扩孔，如图 7-29 所示。扩孔的加工公差等级为 IT9~IT10，表面粗糙度值为 $Ra3.2~6.3\mu m$。

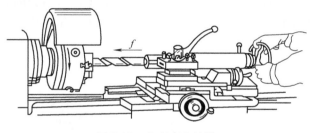

图 7-28 在车床上钻孔

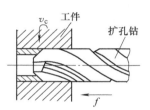

图 7-29 在车床上扩孔

扩孔可作为铰孔或磨孔前的预加工，它是孔的半精加工。当孔的精度要求不太高时，扩孔也可作为孔加工的最后工序。

（4）铰孔 用铰刀对钻孔、扩孔进行精加工称为铰孔，如图 7-30 所示。铰孔的加工公差等级为 IT7~IT8，表面粗糙度值为 $Ra0.8~1.6\mu m$。

（5）镗孔 用镗刀车内孔称为镗孔。镗孔是用镗刀对已铸出、锻出或钻出的孔做进一步加工，以达到扩大孔径、提高精度、减小表面粗糙度值和纠正原有孔轴线偏斜的目的。镗孔可分为粗镗、半精镗和精镗。精镗的加工公差等级为 IT7~IT8，表面粗糙度值为 $Ra0.8~1.6\mu m$。

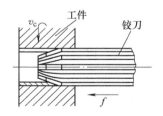

图 7-30 在车床上铰孔

镗刀分为两种，一种是通孔用镗刀，其主偏角小于 90°，用于镗削通孔；一种是不通孔用镗刀，其主偏角大于 90°，用于镗削不通孔和台阶孔。镗孔及所用的镗刀如图 7-31 所示。

镗刀杆应尽可能粗些。安装镗刀时，刀杆中心线应大致平行于工件轴线，伸出刀架的长度应尽可能短，刀尖要略高于孔中心线，以减小振动，避免扎刀和镗刀下部碰伤孔壁。

4. 车圆锥面

将工件车成圆锥形表面的方法称为车圆锥面。车圆锥面的方法常用的有 4 种：宽刀法、小滑板转位法、靠模法和尾座偏移法。

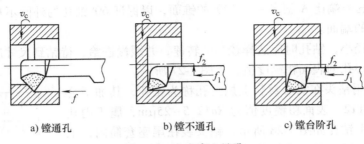

a) 镗通孔　　　　　　b) 镗不通孔　　　　　　c) 镗台阶孔

图 7-31　在车床上镗孔

（1）宽刀法　宽刀法车圆锥面（图 7-32）就是利用切削刃直接车出锥面。使用该方法加工锥面，要求切削刃平直，与工件回转中心线成半圆锥角 α，长度略长于圆锥素线长度。这种方法方便、迅速，能加工任意角度的内、外圆锥面，但加工的圆锥面不能太长，适用于小批量生产。车床上倒角实际就是宽刀法车圆锥面。

（2）小刀架转位法　小刀架转位法车圆锥面（图 7-33）是指将小滑板绕转盘旋转半圆锥角 α，加工时转动小刀架手柄，使车刀沿着圆锥面的素线移动，从而加工出所需的圆锥面。这种方法调整方便、操作简单，但只能手动进给，主要用于单件、小批量生产中加工精度较低和长度较短的内外圆锥面。

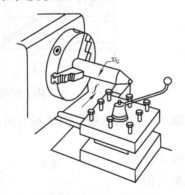

图 7-32　宽刀法车圆锥面

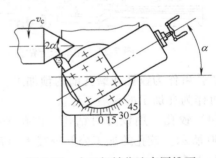

图 7-33　小刀架转位法车圆锥面

（3）靠模法　靠模法车圆锥面（图 7-34）是指利用靠模装置控制车刀进给方向，车出所需要的圆锥面。一般靠模装置的底座固定在床身的后面，底座上装有锥度靠模板，靠模板可以绕定位销钉旋转至与工件轴线成半圆锥角 α 的角度。滑块可沿着靠模板自由地滑动，由于滑块通过连接板与中滑板圆连接在一起，中滑板上的丝杠与螺母脱开，从而滑块可带动中滑板自由地滑动。这样，当床鞍做纵向自动进给时，滑块就沿着靠模板滑动，从而使车刀的运动平行于靠模板，车出所需的圆锥面。为便于调整背吃刀量，将小刀架

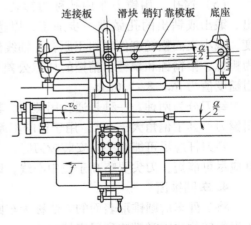

图 7-34　靠模法车圆锥面

转过 90°，用小刀架上的丝杠调节车刀横向位置来调整所需的背吃刀量。

靠模法加工进给平稳，工件的表面质量好，生产效率高，主要用于成批和大量生产中加工较长的内外圆锥面。

（4）尾座偏移法　尾座偏移法车圆锥面（图 7-35）是指将工件安装在前后顶尖之间，将装有后顶尖的尾座体相对尾座底座在水平面内横向移动一个距离 S，使工件轴线与主轴轴线的夹角等于半圆锥角 α，车刀沿导轨做纵向进给，即可车出所需要的圆锥面。与前面 3 种通过改变刀具以获取圆锥面的加工方法不同，尾座偏移法是通过改变工件的角度来获取圆锥面的。

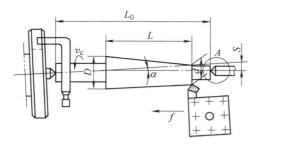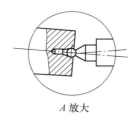

图 7-35　尾座偏移法车圆锥面

尾座的偏移量：
$$S = L\sin\alpha$$
当 α 很小时，则有：
$$S = L\tan\alpha = L(D - d)/2l$$

为使顶尖在中心孔中接触良好并受力均匀，应采用球形顶尖，如图 7-35 中放大部分所示。

尾座偏移法用于单件或成批量生产中加工轴类零件上较长的外圆锥面，采用该方法车刀可自动进给。

表 7-2 将圆锥面的 4 种加工方法进行了对比，实际生产中应综合考虑，选择恰当的加工方法。

表 7-2　车圆锥面的方法比较

	宽刀法	小滑板转位法	靠模法	尾座偏移法
圆锥面长度 L	$L \leqslant 20$	$L \leqslant 100$	任意	可长
半圆锥角 α	任意	任意	任意	$\alpha \leqslant 8°$
能否加工内圆锥面	能	能	能	不能
表面质量	一般	差	好	一般
生产类型	小批量	单件	大批量	成批量
成本	低	低	高	低

5. 切槽与切断

（1）切槽　在工件上车削沟槽的方法称为切槽（又称车槽）。在车床上能加工的槽有外槽、内槽和端面槽等，如图 7-36 所示。

车削宽度小于 5mm 的窄槽时，可用主切削刃与槽等宽的切槽刀一次车出；车削宽槽时，先沿纵向分段粗车，再精车出槽宽及槽深，如图 7-37 所示。

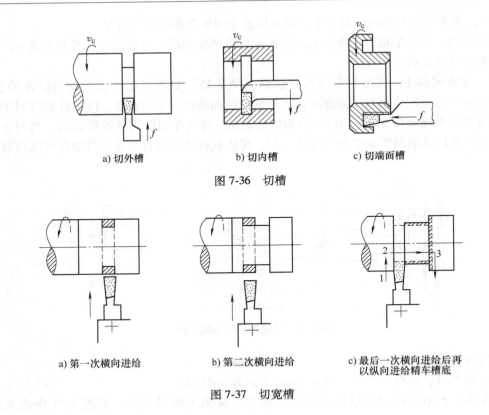

a) 切外槽   b) 切内槽   c) 切端面槽

图 7-36　切槽

a) 第一次横向进给   b) 第二次横向进给   c) 最后一次横向进给后再
　　　　　　　　　　　　　　　　　　　　　　　　　　　　以纵向进给精车槽底

图 7-37　切宽槽

（2）切断　把坯料或工件从夹持端上分离下来的切削方法称为切断，在车床上主要用于圆棒料、管料的下料或把加工完的工件从坯料上分离下来。

切断的过程与切槽相似，只是刀具要切到工件的回转中心，并且切断刀的刀头较切槽刀的刀头更窄长一些。如图 7-38 所示，切断短工件时一般采用卡盘装夹，而对悬伸较长的工件要用顶尖顶住或用中心架支撑，以增加工件的刚度。

切断时应注意以下几点：

1）切断时刀尖必须与工件中心等高，否则切断处会留有凸台，也容易损坏刀具，如图 7-39 所示。

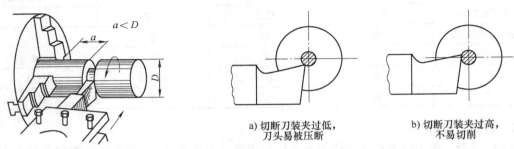

a) 切断刀装夹过低，   b) 切断刀装夹过高，
　　刀头易被压断　　　　　　　　不易切削

图 7-38　在自定心卡盘上切断   图 7-39　切断刀刀尖应与工件中心等高

2）切断处应靠近卡盘，以增加工件刚度，减小切削时的振动。

3）切断刀伸出不宜过长，以增强刀具刚度。

4）减小刀架各滑动部分的间隙，提高刀架刚度，减少切削过程中的变形与振动。

5）切断时切削速度要低，采用缓慢均匀的手动进给，以防进给量太大造成刀头折断。

6. 车螺纹

将工件表面车削成螺纹的方法称为车螺纹。螺纹的种类很多，分类见表 7-3。

表 7-3　螺纹的分类

分类特征	牙　型	线　数	用　途	制　式	旋　向
类别	三角形螺纹 梯形螺纹 矩形螺纹	单线螺纹 多线螺纹	联接螺纹 传动螺纹	米制螺纹 寸制螺纹	左旋螺纹 右旋螺纹

在众多的螺纹中（图 7-40），应用最广的是米制三角形螺纹，称为普通螺纹。

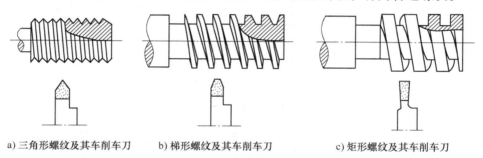

a) 三角形螺纹及其车削车刀　　　b) 梯形螺纹及其车削车刀　　　c) 矩形螺纹及其车削车刀

图 7-40　常见的螺纹

（1）螺纹的车削　加工螺纹的过程就是保证螺纹三要素的过程，螺纹三要素是指牙型角 α、螺距 P 和中径 d_2。

1）牙型角的保证。牙型角由车刀来保证。首先螺纹车刀的刃磨要正确，使刀尖角等于牙型角；其次螺纹车刀的装夹要正确，刀尖要与工件旋转中心等高，刀尖角的等分线与工件轴线垂直。为保证螺纹车刀的刃磨和装夹的正确性，要使用对刀样板（图 7-41）。

2）螺距的保证。螺距通过调整机床来保证。图 7-42 所示为车螺纹时的进给传动系统。车螺纹时，工件每转一转，车刀必须准确而均匀地沿进给运动方向移动一个螺距或一个导程（单线螺纹为螺距，多线螺纹为导程）。为了获得上述关系，车螺纹时应使用丝杠传动。因为丝杠的传动精度较高，且传动链比较简单，减少了进给传动误差和传动累积误差。

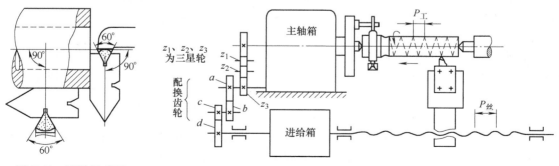

图 7-41　用样板对刀　　　　　　　　图 7-42　车螺纹的传动示意图

标准螺距可根据车床进给箱上的标牌指示直接调整进给箱手柄获得,非标准螺距通过更换交换齿轮并调整进给箱手柄才能获得。与车外圆相比,车螺纹的进给量大,为保证退刀时间,防止刀架或溜板箱与主轴箱相撞,应选择较低的主轴转速。

3) 中径的保证。螺纹的中径通过控制多次进刀的总背吃刀量来保证。总背吃刀量一般根据螺纹牙型高度来确定(普通螺纹牙高 $h=0.54P$),由刻度盘来控制。

(2) 车削螺纹的操作步骤

图 7-43 所示为车削单线右旋外螺纹的一般操作步骤,此方法适用于车削各种螺距的螺纹。

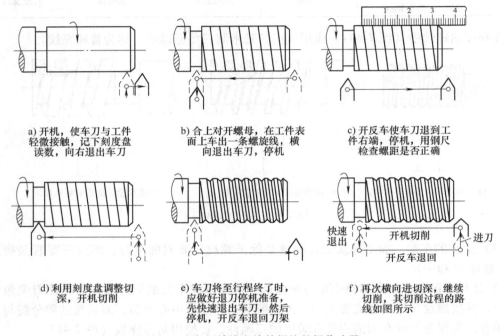

a) 开机,使车刀与工件
轻微接触,记下刻度盘
读数,向右退出车刀

b) 合上对开螺母,在工件表
面上车出一条螺旋线,横
向退出车刀,停机

c) 开反车使车刀退到工
件右端,停机,用钢尺
检查螺距是否正确

d) 利用刻度盘调整切
深,开机切削

e) 车刀将至行程终了时,
应做好退刀停机准备,
先快速退出车刀,然后
停机,开反车退回刀架

f) 再次横向进切深,继续
切削,其切削过程的路
线如图所示

图 7-43　车削单线右旋外螺纹的操作步骤

车削多线螺纹时,每条螺旋槽的车削方法与车单线螺纹完全相同,只是每车完一条螺旋槽后需分线。最简单的分线方法是转动小滑板手柄,使车刀刀尖沿工件轴向前移一个工件螺距值 P,如图 7-44 所示,然后按车单线螺纹的操作步骤即可车出第二条螺旋槽。

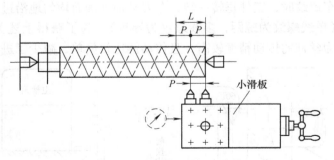

图 7-44　用移动小滑板法分线

(3) 普通螺纹的测量　普通螺纹用螺纹量规测量。螺纹量规分环规(测外螺纹)和塞规(测内螺纹)两种,如图 7-45 所示。通规或通端能旋进,而止规或止端不能旋进的螺纹为合格螺纹。

车螺纹时,每次背吃刀量要小,总背吃刀量由刻度盘来控制,并用螺纹量规进行综合检验。当螺纹精度要求不高或单件加工且没有合适量规时，也可用与其配合的零件进行检验。

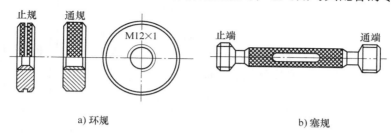

a) 环规   b) 塞规

图 7-45　螺纹量规

（4）车削螺纹时的注意事项

1）车削螺纹时，每次走刀的背吃刀量要小，通常取 0.1mm 左右，每次走刀后应牢记刻度盘上的刻度，作为下次进刀时的基数。

2）车削螺纹时，如果车床丝杠的螺距 $P_{\underline{44}}$ 是工件螺距 $P_{\underline{\perp}}$ 的整数倍，即使在不切削时脱开对开螺母，再次切削时及时合上，也不会造成"乱扣"现象。所以在车削螺纹时，首先确定车床丝杠的螺距 $P_{\underline{44}}$ 是不是工件螺距 $P_{\underline{\perp}}$ 的整数倍，如果不是整数倍，必须采用正反车法，使车床丝杠和对开螺母始终啮合，而不能脱开，否则会造成"乱扣"现象；如果是整数倍，纵向退刀时，可脱开对开螺母，用手摇回床鞍，这样退刀比较迅速，操作也比较安全。

3）为了便于退刀，工件上应预先加工出退刀槽。

7. 车成形面

在车床上可以车削各种素线为曲线的回转体表面，如手柄、手轮、圆球的表面等，这些带有曲线轮廓的表面叫成形面。在车床上加工成形面的方法通常有 3 种：双手控制法（纵横进给法）、成形刀法和靠模法。

（1）双手控制法　车削时双手同时摇动横刀架和小刀架的手柄，把纵向和横向的进给运动合成为一个运动，使刀尖的运动轨迹与所需成形面的曲线相符，如图 7-46 所示。车削过程中需要多次用样板检验并进行修正，如图 7-47 所示。一般在车削后要用锉刀仔细修整，最后再用砂布抛光。此方法无须专用设备和工具，对操作者技术要求较高，由于其加工精度和生产率低，多用于单件、小批量生产。

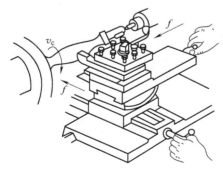

图 7-46　双手控制法车成形面

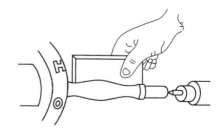

图 7-47　用样板检测成形面

（2）成形刀法　成形刀法采用切削刃形状与工件素线形状相吻合的成形车刀来加工成形面。车削时车刀只做横向进给，即可车出所需的回转成形面，如图7-48所示。此方法生产率较高，但车刀切削刃刃磨困难，加工时容易产生振动，仅适用于加工批量大、轴向尺寸较小、刚度好的成形面。

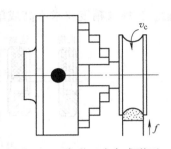

图7-48　成形刀法车成形面

（3）靠模法　靠模安装在床身后面，靠模上有一曲线沟槽，其形状与工件素线相同，连接板一端固定在中滑板上，另一端与曲线沟槽中的滚柱连接，当床鞍纵向移动时，滚柱即沿靠模的曲线沟槽移动，从而带动中滑板和车刀作曲线走刀而车出成形面，如图7-49所示。

车削前应将车床中滑板上的丝杠与螺母脱开，从而滚柱可带动中滑板自由地滑动。为便于调整背吃刀量，将小滑板转过90°，用小滑板上的丝杠调节车刀横向位置来调整所需的背吃刀量。

此方法生产率高，零件加工质量稳定，互换性好，但制造靠模增加了成本，故适用于成批及大量生产。用靠模法车圆锥面时只需将靠模做成直槽并扳转所需角度即可。

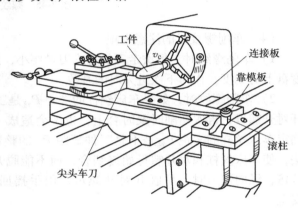

图7-49　靠模法车成形面

8. 滚花

用滚花刀滚压工件表面，使之产生塑性变形而形成花纹的过程称为滚花，如图7-50所示。滚花刀网齿的表面硬度很高（一般为60~65HRC），呈直纹或网纹状，有单轮、双轮及多轮等几种滚花刀（图7-51）。带有花纹的零件表面便于用手握持，而且外形美观，如外径千分尺的活动套筒、塞规杆、回转顶尖的外壳等。

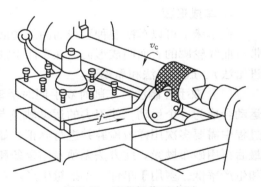

图7-50　滚花操作示意图

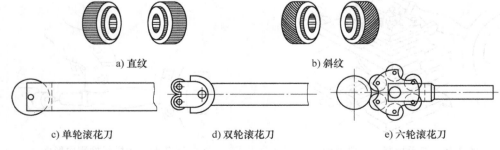

a) 直纹　　　　　　　　　　b) 斜纹

c) 单轮滚花刀　　　d) 双轮滚花刀　　　e) 六轮滚花刀

图7-51　常用滚花刀和网纹的种类

花纹有直纹和网纹两种。滚花时滚花刀的表面与工件要平行接触，开始吃刀时必须用较大的压力，待吃刀到一定深度后，再进行纵向自动进给。滚花时工件的转速要低，并充分加注切削液。

7.6 车削安全操作技术规程

1）保持车床和周围区域的清洁、整齐。

2）在开机前，应检查润滑油面标高，卡盘旋转方向。更换磨损和损坏的螺母、螺钉，装好所有防护罩。给所有润滑点注油。保证送进机构处在中间空挡位置。

3）检查所有刀具和工具。不得使用有裂纹或损坏的刀具、工具和没有木柄的锉刀或刮刀。应使用尺寸适宜的扳手、量具。夹紧工件后，必须及时拿下卡盘扳手。

4）在使用机床前，必须了解操纵手柄的用途、机床的性能，否则不得开动机床。

5）先学会停机，再开动机床。先开机后走刀，先停走刀后停机。主轴箱和变速箱手柄只许在停机时扳动，进给箱手柄只许在停机或低速时扳动。

6）时刻注意刀架部分的行程极限，纵向移动防止碰撞卡盘和尾座；横向移动方刀架时，向前不超过主轴中心线，向后横溜板不超过导轨面。

7）主轴的制动是由正反车手柄操纵制动机构来实现的，当手柄扳到停止位置时，机构就使主轴受到制动。不能用手柄瞬时改变方向的操作来代替制动。

8）在工作完毕，机床停稳前，不得打开防护罩，不得关掉机床总电源。三靠后：横刀架逆时针旋转靠后，床鞍、尾座靠到床尾。

9）装卸工件或附件时，应采用有安全工作载荷的吊重装置，并在使用前检查吊重装置，确保没有过度磨损或损坏，应注意工件上的毛刺和锐利刃口。不得用手提举过重工件和机床附件，不得在切削液中洗手。

10）事故无论大小，一律立即报告。

扩展内容及复习思考题

第8章 铣 削

【目的与要求】

1. 了解铣削加工的基本知识。
2. 了解铣床的组成、运动和用途；了解铣削加工中常用的工件装夹方法。
3. 熟悉常用铣刀的种类和材料及其加工范围。
4. 熟悉常用铣刀和附件的结构、用途。
5. 掌握铣削加工的安全操作技术规程。
6. 掌握铣削加工的操作技能，并能对简单的工件进行初步的工艺分析。

8.1 铣削概述

铣削加工是利用铣刀对工件进行切削加工，通常在铣床上进行。它是机械制造中常用的一种切削加工方法之一，仅次于车削加工。

铣削的主运动是铣刀的旋转运动；进给运动是工件做直线（或曲线）移动。其加工范围有：铣削平面、铣削台阶面、铣削沟槽、铣削角度面、铣削成形面及切断等。图 8-1 所示

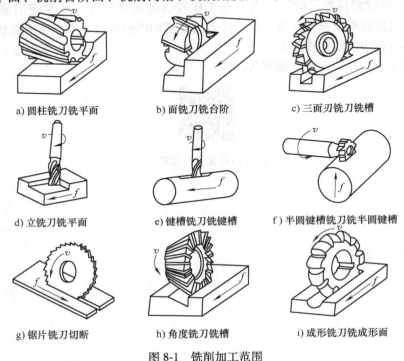

a) 圆柱铣刀铣平面　　　b) 面铣刀铣台阶　　　c) 三面刃铣刀铣槽

d) 立铣刀铣平面　　　e) 键槽铣刀铣键槽　　　f) 半圆键槽铣刀铣半圆键槽

g) 锯片铣刀切断　　　h) 角度铣刀铣槽　　　i) 成形铣刀铣成形面

图 8-1　铣削加工范围

为铣削加工范围。使用附件和工具还可以铣削齿轮、花键、螺旋槽、凸轮和离合器等复杂零件，也可以进行孔加工。铣削加工的公差等级一般可达 IT8～IT10，表面粗糙度值可达 $Ra1.6～6.3\mu m$。铣削加工有以下特点：铣刀是一种多齿刀具，铣削时，由几个刀齿同时参加切削，铣削有较高的生产率；铣刀上的每个刀齿是间歇地参加工作的，因而使得刀齿的冷却条件好，刀具寿命高。

8.2 铣床及其附件

铣床的种类很多，最常见的是卧式（万能）铣床和立式铣床。两者区别在于前者主轴水平设置，后者竖直设置。

8.2.1 卧式万能铣床

X6125 型卧式万能升降台铣床的主要组成部分和作用如图 8-2 所示。

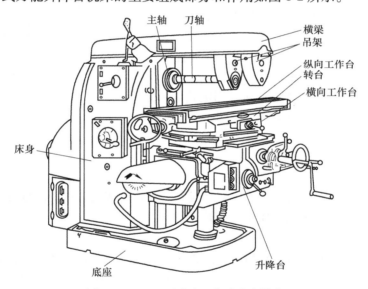

图 8-2 X6125 型卧式万能升降台铣床

（1）床身 床身支撑并连接各部件，其顶面水平导轨支撑横梁，前侧导轨用于升降台的移动。床身内装有主轴和主运动变速系统及润滑系统。

（2）横梁 它可在床身顶部导轨前后移动，吊架安装其上，用来支承铣刀杆。

（3）主轴 主轴是空心的，前端有锥孔，用以安装铣刀杆和刀具。

（4）转台 转台位于纵向工作台和横向工作台之间，下面用螺钉与横向工作台相连，松开螺钉可使转台带动纵向工作台在水平面内回转一定角度（左右最大可转过 45°）。

（5）纵向工作台 纵向工作台由纵向丝杠带动在转台的导轨上做纵向移动，以带动台面上的工件做纵向进给。台面上的 T 形槽用于安装夹具或工件。

（6）横向工作台 横向工作台位于升降台上面的水平导轨上，可带动纵向工作台一起做横向进给。

（7）升降台　升降台可沿床身导轨做垂直移动，调整工作台至铣刀的距离。

这种铣床可将横梁移至床身后面，在主轴端部装上立铣头，能进行立铣加工。

8.2.2　摇臂万能铣床

图 8-3 所示为 X6325T 型摇臂万能铣床，其上部有一个立铣头，其作用是安装主轴和铣刀。它既可以完成立铣加工，又可完成卧铣加工。其主要组成部分和作用如下：

（1）传动箱　是为主轴提供不同转速的部分。

（2）立铣头　是安装主轴的部分。

（3）主轴　是装夹刀具的部分。

（4）工作台　是装夹工件和附件的部分。

（5）进给箱　是为工作台机动进给提供不同速度的部分。

（6）升降台　升降台可沿床身导轨做垂直移动，调整工作台至铣刀的距离。

（7）床身　机床的基础件，连接、固定其他部分。

（8）插头　完成插削工作。

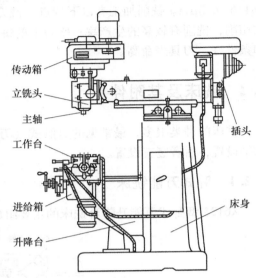

图 8-3　X6325T 型摇臂万能铣床

8.2.3　附件

1. 万能铣头

在卧式铣床上装上万能铣头，不仅能完成各种立式铣床的工作，而且可以根据铣削的需要，把铣头主轴扳成任意角度，如图 8-4 所示。

2. 机用虎钳

铣床所用机用虎钳的钳口本身精度及其相对于底座底面的位置精度均较高。底座下面还有定位键，以便安装时以工作台上的 T 形槽定位。机用虎钳是用来装夹工件的，如图 8-5 所示。

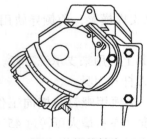

图 8-4　万能铣头

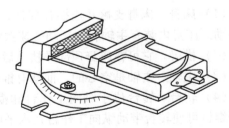

图 8-5　机用虎钳

3. 万能分度头

万能分度头是铣床的主要附件之一，它利用底座下面的导向键与工作台中间的 T 形槽相配合，并用螺栓将其底座紧固在工作台上。分度头主轴前端可安装卡盘装夹工件，也可安装顶尖与尾座顶尖一起支撑工件，如图 8-6 所示。

4. 回转工作台

回转工作台除了能带动它上面的工件一同旋转外，还可完成分度工作。用它可以加工工件上的圆弧形周边、圆弧形槽、多边形工件和有分度要求的槽或孔等，如图 8-7 所示。

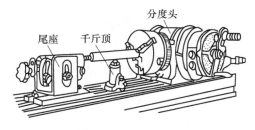

图 8-6　万能分度头

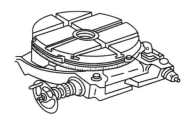

图 8-7　回转工作台

8.3　铣刀及其装夹

8.3.1　铣刀的种类

铣刀是一种多齿刀具，其刀齿分布在圆柱铣刀的外圆柱表面或面铣刀的端面上。铣刀的种类很多，按其装夹方法可分为带柄铣刀和带孔铣刀两大类。

1. 带柄铣刀

带柄铣刀有直柄和锥柄之分。一般直径小于 20mm 的较小铣刀做成直柄，直径较大的铣刀多做成锥柄。这种铣刀多用于立式铣床，如图 8-8 所示。

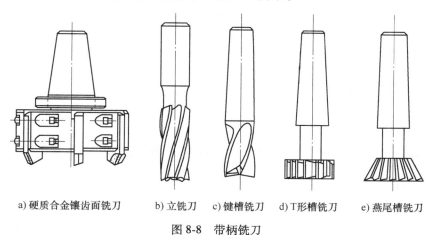

a) 硬质合金镶齿面铣刀　　b) 立铣刀　　c) 键槽铣刀　　d) T形槽铣刀　　e) 燕尾槽铣刀

图 8-8　带柄铣刀

（1）硬质合金镶齿面铣刀　用于加工较大的平面。刀齿主要分布在刀体端面上，还有部分分布在刀体周边，一般是刀齿上装有硬质合金刀片，可以进行高速铣削，以提高效率。

（2）立铣刀　多用于加工沟槽、小平面、台阶面等。立铣刀有直柄和锥柄之分。

（3）键槽铣刀　用于加工键槽。

（4）T形槽铣刀　用于加工T形槽。

（5）燕尾槽铣刀　用于加工燕尾槽。

2. 带孔铣刀

带孔铣刀适用于卧式铣床加工，能加工各种表面，应用范围较广。用于各种表面加工的带孔铣刀如图 8-9 所示。

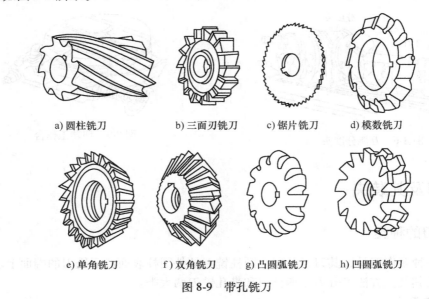

a) 圆柱铣刀　　b) 三面刃铣刀　　c) 锯片铣刀　　d) 模数铣刀

e) 单角铣刀　　f) 双角铣刀　　g) 凸圆弧铣刀　　h) 凹圆弧铣刀

图 8-9　带孔铣刀

（1）圆柱铣刀　其刀齿分布在圆柱表面上，通常分直齿和斜齿两种，用于加工中小平面。

（2）三面刃铣刀　用于加工直槽、小平面、小台阶面。

（3）锯片铣刀　用于加工窄缝和切断。

（4）模数铣刀　用于在铣床上加工齿轮。

（5）角度铣刀　用于加工角度槽和斜面。

（6）圆弧铣刀　用于加工与切削刃形状相对应的成形面。

8.3.2　铣刀常用材料

铣刀材料通常指铣刀切削部分的材料，常用的有高速钢和硬质合金两大类。

8.3.3　铣刀的装夹

1. 带柄铣刀的装夹

（1）直柄铣刀的装夹　直柄铣刀常用弹簧夹头装夹，如图 8-10a 所示。装夹时，收紧螺母，使弹簧套做径向收缩而将铣刀的柱柄夹紧。

（2）锥柄铣刀的装夹　当铣刀锥柄尺寸与主轴端部锥孔相同时，可直接装入锥孔，并用拉杆拉紧，否则要用过渡锥套进行装夹，如图 8-10b 所示。

2. 带孔铣刀的装夹

如图 8-11 所示，带柄铣刀要采用铣刀杆装夹，先将铣刀杆锥体一端插入主轴锥孔，用

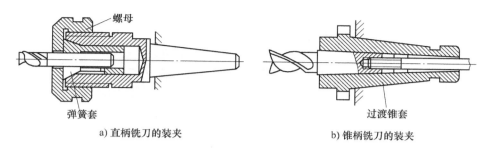

a) 直柄铣刀的装夹   b) 锥柄铣刀的装夹

图 8-10   带柄铣刀的装夹

拉杆拉紧，再通过套筒调整铣刀的合适位置，刀杆另一端用吊架支承。

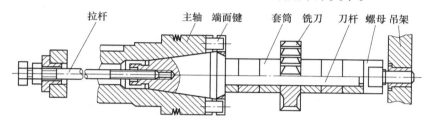

图 8-11   带孔铣刀的装夹

8.4   工件的装夹

在铣床上装夹工件，一是定位、二是夹紧，主要目的是保证工件的加工精度。

定位：使工件在装夹过程中能占有正确的位置。

夹紧：使工件在加工过程中能承受切削力并保证正确位置。

工件在铣床上的装夹方法归纳起来有 3 类：

1. 用通用夹具装夹工件

用机用虎钳装夹工件，如图 8-12 所示；铣削加工各种需要分度的工件，用分度头装夹，如图 8-13 所示；当铣削一些有弧形表面的工件时，可通过回转工作台装夹，如图 8-14 所示。

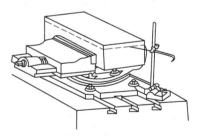

图 8-12   用机用虎钳装夹工件

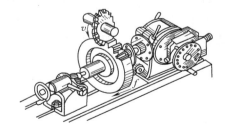

图 8-13   用分度头装夹工件

2. 用压板装夹

对于较大或形状特殊的工件，可用压板、螺栓直接装夹在铣床的工作台上，如图 8-15 所示。

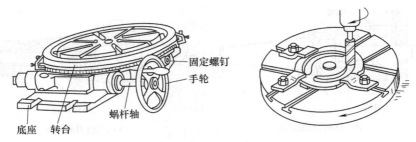

图 8-14　用回转工作台装夹工件

3. 专用夹具装夹

利用各种简易和专用夹具装夹工件，如图 8-16 所示，可提高生产效率和加工精度。

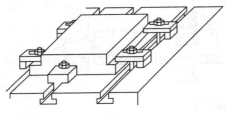

图 8-15　用压板装夹工件

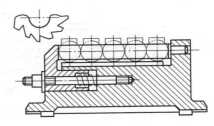

图 8-16　用夹具装夹工件

8.5　铣削典型表面

在铣床上利用各种附件和使用不同的铣刀，可以铣削平面、沟槽、成形面、螺旋槽、钻孔和镗孔等。

8.5.1　铣水平面和垂直面

1. 铣削水平面和垂直面的各种方法

在铣床上用圆柱铣刀、立铣刀和面铣刀都可进行水平面加工。用面铣刀和立铣刀可进行垂直平面的加工。用面铣刀加工平面如图 8-17 所示，因其刀杆刚性好，同时参加切削的刀齿较多，切削较平稳，加上切削刃有修光作用，所以切削效率高，刀具耐用，工件表面粗糙度值较低。端铣平面是平面加工的最主要方法。

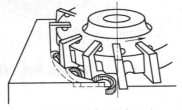

a) 在立式铣床上铣水平面

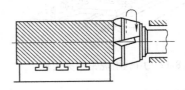

b) 在卧式铣床上铣垂直面

图 8-17　用面铣刀铣平面

2. 顺铣和逆铣

铣平面时有顺铣和逆铣两种方式。在铣刀与工件已加工面的切点处，铣刀切削刃的旋转运动方向与工件进给方向相同的铣削称为顺铣，反之称为逆铣，如图 8-18 所示。

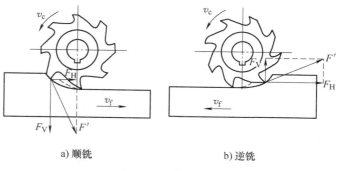

a) 顺铣   b) 逆铣

图 8-18 顺铣和逆铣

顺铣时，刀齿切入的切削深度由大变小，易切入工件；工件受铣刀向下压分力 F_V，不易振动，切削平稳，加工表面质量好，刀具寿命高，有利于高速切削。但这时的水平分力 F_H 方向与进给方向相同，当工作台丝杠与螺母有间隙时，此力会引起工作台不断窜动，使切削不平稳，甚至打刀。所以，只有消除了丝杠与螺母间隙才能采用顺铣，另外还要求工件表面无硬皮，方可采用这种方法。

逆铣时，刀齿切入切削深度是由零逐渐变到最大，由于刀齿切削刃有一定的钝圆，所以刀齿要滑行一段距离才能切入工件。切削刃与工件摩擦严重，工件已加工表面粗糙度值增大，且刀具易磨损。但其切削力始终使工作台丝杠与螺母保持紧密接触，工作台不会窜动，也不会打刀。因铣床纵向工作台丝杠与螺母间隙不易消除，所以在一般生产中多用逆铣进行铣削。

8.5.2 铣斜面

铣斜面时可用以下几种方法：

（1）把工件倾斜所需角度　此方法是装夹工件时将倾斜面转到水平位置，然后按铣平面的方法来加工此斜面，如图 8-19 所示。

（2）把铣刀倾斜所需角度　这种方法是在立式铣床或有万能立式铣头的卧式铣床进行，使用面铣刀或立铣刀，刀杆转过相应角度。加工时工作台须带动工件做横向进给，如图 8-20 所示。

（3）用角度铣刀铣斜面　可在卧式铣床上用与工件角度相符的角度铣刀直接铣斜面，如图 8-21 所示。

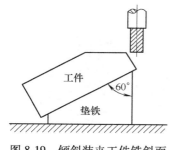

图 8-19　倾斜装夹工件铣斜面

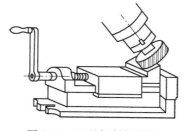

图 8-20　刀具倾斜铣斜面

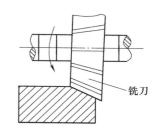

图 8-21　用角度铣刀铣斜面

8.5.3 铣沟槽

在铣床上可铣各种沟槽。

1. 铣直角沟槽

直角沟槽有敞开式、半封闭式和封闭式 3 种，可用三面刃铣刀、立铣刀和键槽铣刀进行加工。在轴上铣封闭式键槽，一般用键槽铣刀加工，如图 8-22a 所示。因键槽铣刀一次轴向进给不能太大，切削时要注意逐层切下，如图 8-22b 所示。

2. 铣 T 形槽及燕尾槽

铣 T 形槽或燕尾槽应分两步进行，先用立铣刀或三面刃铣刀铣出

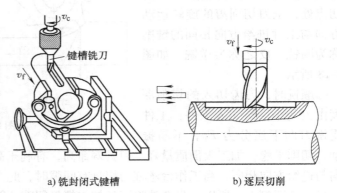

a) 铣封闭式键槽 b) 逐层切削

图 8-22 在立式铣床上铣封闭键槽

直槽，然后在立式铣床上用 T 形槽铣刀或燕尾槽铣刀最终加工成形，如图 8-23 所示。

a) 先铣出直槽 b) 铣 T 形槽 c) 铣燕尾槽

图 8-23 铣 T 形槽及燕尾槽

8.5.4 铣成形面

铣成形面常在卧式铣床上用与工件成形面形状相吻合的成形铣刀来加工，如图 8-24 所示。铣削圆弧面是把工件装在回转工作台上进行的，如图 8-14 所示。一些曲面的加工，也可用靠模在铣床上加工，如图 8-25 所示。

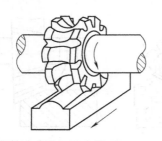

图 8-24 用成形铣刀铣成形面

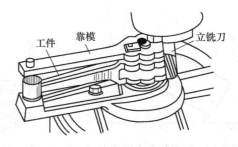

图 8-25 用靠模铣曲面

8.5.5　铣削用量

1. 铣削层用量

（1）铣削层深度 t　待加工表面到已加工表面的垂直距离称为铣削层深度。

（2）铣削层宽度 B　铣刀在一次进给铣削中所切掉工件的表层在垂直于进给方向上的宽度称为铣削层宽度。

2. 铣削用量

在铣削过程中选用的铣削宽度 a_e、铣削深度 a_p，铣削速度 v 和进给量 f 称为铣削四用量。

（1）侧吃刀量（铣削宽度）a_e　在垂直于铣刀轴线方向测得的切削层尺寸。

（2）背吃刀量（铣削深度）a_p　平行于铣刀轴线方向测得的铣削层尺寸。

铣削时选用铣刀不同，铣削用量的表示也不同，如图 8-26 所示，但侧吃刀量（铣削宽度）a_e 表示铣削弧深，因为任何铣刀铣削时的弧深都垂直于铣刀的轴线。

（3）铣削速度 v　铣削时主运动的线速度即主切削刃上径向最外切削点在 1min 内所走过的路程。铣削速度与铣刀直径、铣刀的转速有关，它们的关系为

$$v = \pi dn / 1000 \qquad\qquad (\text{m/min})$$

式中　d——铣刀的直径（mm）；

n——铣刀的转速（r/min）。

（4）进给量 f　工件在铣刀每转动 1min 沿进给方向移动的距离。

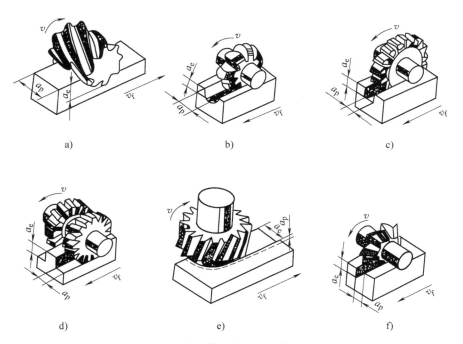

图 8-26　常用铣刀铣削时的铣削用量

8.6 铣削安全操作技术规程

1）开机前检查刀具、工件、夹具装夹是否牢固可靠，应清除机床上工具和其他物品，以免在机床开动时发生意外事故。

2）开机前检查所有手柄、开关、控制按钮是否处于正确位置。

3）加工工件前先手动或试运行检查运行长度和位置是否正确，工件与机床各部、刀具等处是否有碰撞的地方，特别是使用快速调整时更应注意。

4）机床运转时不得装卸工件、调整机床、刀具、测量工件和擅离工作岗位。

5）铣刀不得使用反转。

6）工件在工作台上要轻放、轻起；吊起前应将夹紧螺钉全部松开。

7）工作结束后，应关闭电动机和切断电源，将所有手柄和控制旋钮都扳到空挡位置，然后清理切屑，打扫场地，并将机床擦拭干净，加好润滑油。

8）操作人员必须穿工作服、佩戴防护眼镜和帽子及必要的防护用品，以防发生人身事故。

扩展内容及复习思考题

第9章 刨削和镗削

【目的与要求】

1. 了解刨削和镗削加工的基本知识；了解刨床、镗床的组成、运动和用途。
2. 掌握常用的工件装夹方法；掌握刀具、量具和工具的正确选用。
3. 掌握刨削零件水平面和垂直面的加工方法，并能对简单的刨削加工工件进行初步的工艺分析。
4. 熟悉常用刨刀的种类和用途。
5. 掌握刨削、镗削加工的安全操作技术规程。

1. 刨削

刨削加工是在刨床上利用刨刀进行的切削加工，主要用来加工平面（水平面、垂直面、斜面）、各种沟槽（直角沟槽、T形槽、V形槽、燕尾槽）及成形表面等。刨床上能加工的典型零件如图 9-1 所示。

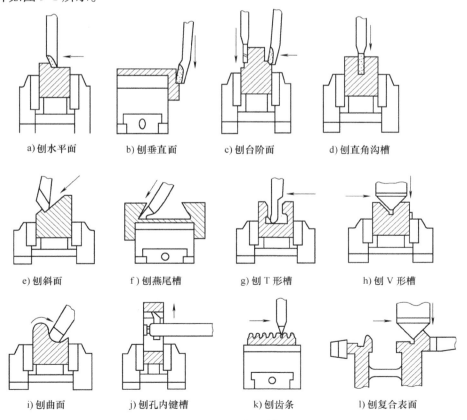

a) 刨水平面　　b) 刨垂直面　　c) 刨台阶面　　d) 刨直角沟槽

e) 刨斜面　　f) 刨燕尾槽　　g) 刨 T 形槽　　h) 刨 V 形槽

i) 刨曲面　　j) 刨孔内键槽　　k) 刨齿条　　l) 刨复合表面

图 9-1　刨削的零件

刨削加工的精度一般为 IT10～IT8，表面粗糙度值一般为 $Ra6.3～1.6\mu m$。

2. 镗削

在各种零件上，常有不同类型和尺寸的孔需要加工，对于直径较大的孔、内成形表面或孔内的环形凹槽等，多采用镗削的方法加工。在车床上可较方便地对旋转体零件上的孔进行镗削，在钻床和铣床上可对外形较复杂，又不便于在车床上装夹的零件上的孔进行镗削加工。但是，在上述机床上镗孔的位置精度较低，而且多用于批量较小的场合。当生产批量较大，而且孔位置精度要求较高时，大多需要采用镗孔夹具（镗模）在镗床上加工。

镗床主要用镗刀加工各种形状复杂和大型工件上精密的、相互平行和垂直的孔系。其特点是孔的尺寸精度和位置精度较高，加工的尺寸公差等级可达 IT7，表面粗糙度值可达 $Ra1.6～0.8\mu m$。按结构和用途的不同，镗床可分为卧式镗床、坐标镗床、金刚镗床及其他类型镗床等。

扩展内容及复习思考题

第 10 章 磨 削

【目的与要求】

1. 了解磨削加工的基本知识；了解磨床的组成和用途。
2. 掌握常用的磨削加工方法。
3. 熟悉磨削加工的工艺范围及砂轮的特性。
4. 掌握磨削加工的安全操作技术规程。
5. 能对简单的磨削加工工件进行初步的工艺分析。

在磨床上用高速旋转的砂轮对工件进行切削加工称为磨削。磨削加工是零件精加工的主要方法之一。

1. 磨削加工的工艺范围

磨削主要用于零件的内、外圆柱面，内、外圆锥面，平面、成形面、螺纹、齿轮等的精加工。图 10-1 所示为常见的几种磨削加工表面类型。

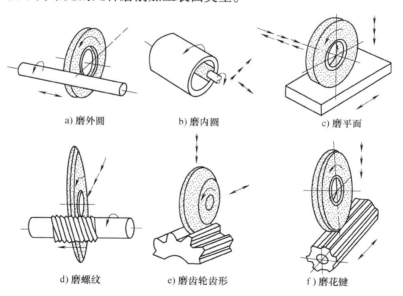

a) 磨外圆　　　　　b) 磨内圆　　　　　c) 磨平面

d) 磨螺纹　　　　e) 磨齿轮齿形　　　　f) 磨花键

图 10-1　常见磨削加工表面类型

2. 磨削加工的工艺特点

磨削用的砂轮是由许多细小的极硬的磨粒用黏结剂黏结而成。每个磨粒相当于一把小铣刀，当砂轮高速旋转时，磨粒就将工件表面的金属不断地切除，所以磨削的实质相当于多切削刃的高速铣削。磨削加工和切削加工相比有以下特点：

（1）磨削加工适应的材料范围广　砂轮是由磨料和黏结剂黏结而成的特殊的多刃刀具。

磨粒是一种高硬度的非金属晶体，不但可以加工一般金属材料，而且可以加工其他切削方法不能加工的各种硬材料，如淬硬钢、硬质合金、超硬材料。

（2）磨削速度大　砂轮圆周速度可达 2000~3000m/min，一般为 35m/s 左右，目前高速磨削砂轮线速度已达到 60~250m/s。

（3）加工精度高　磨削时切削厚度极薄，每一磨粒切削厚度可小到数微米，故可获得高的加工表面精度和低的表面粗糙度值。磨削加工尺寸公差等级一般可达到 IT5~IT7，表面粗糙度值可达到 $Ra0.2~0.8\mu m$。

扩展内容及复习思考题

第11章 钳 工

【目的与要求】

1. 了解钳工工作在机械制造及机械维修中的作用。

2. 熟悉钳工工具、量具的种类和材料；掌握钳工的主要设备、工具及量具的基本性能和使用方法。

3. 掌握划线、锉削、锯削、钻孔、攻螺纹的操作；了解套螺纹、扩孔、铰孔、锪孔、刮削操作；了解简单部件装配的基本知识。

4. 掌握钳工工作的安全操作技术规程。

5. 初步掌握简单零件钳工工艺的分析方法。

11.1 概述

在现代化的工业生产中，无论是机床、汽车还是农业机械、化工设备等，都是由机械制造厂生产的。从制造简单的制品，到制造机器零件、装配和维修机器，钳工是不可缺少的重要工种。

钳工是以手工操作为主，主要在台虎钳和工作台上，对工件进行加工，对机器进行装配和修理的工种。

11.1.1 钳工的特点及应用

钳工所用的工具、设备比较简单，操作方便，加工方式灵活多样，因此钳工工作不完全受场地限制，根据现场情况，带上适用的工具，就可以进行工作，尤其是修理性的工作，操作灵活性体现得更明显。但是钳工是以手工操作为主的工种，所以其劳动强度大，效率低，对工人的技术水平要求较高。

钳工的工作范围很广。例如，各种机械设备的制造，首先把毛坯（铸造、锻造、焊接的毛坯及各种轧制成的型材毛坯）经过切削加工和热处理等步骤制成零件，然后通过钳工把这些零件按机械的各项技术要求进行组装、部件装配和总装配成一台完整的设备。这种装配工作正是钳工的主要任务之一。另外，有些零件在加工前，要由钳工来划线，各种工、夹、量具以及各种专用设备等的制造也要通过钳工才能完成；各种机械设备在使用过程中出现损坏、产生故障或因长期使用而失去精度等，也要通过钳工进行维护和修理；为了提高劳动生产率和产品质量，不断改进工具和工艺，逐步实现半机械化和机械化，也是钳工的重要任务。因此，钳工可分为普通钳工、划线钳工、工模具钳工、装配钳工和机修钳工等。

钳工的基本操作技能包括划线、锯削、锉削、钻孔、扩孔、铰孔、攻螺纹、套螺纹、刮削、装配、调试、维修等。不论哪种钳工，都必须熟练掌握钳工的这些基本操作技能。

11.1.2 钳工常用的设备

钳工常用的设备有台虎钳、钳台（钳桌）、砂轮机、钻床等。

1. 台虎钳

台虎钳装在钳台上，用来夹持工件，有固定式和回转式两种（图 11-1）。回转式台虎钳可转动一定角度，使用方便。台虎钳是由固定钳身、活动钳身和夹紧丝杠、手柄等组成的。钳身上（固定的和活动的）有钢质淬硬的网状钳口，能使工件夹紧后不易产生滑动。台虎钳的规格以钳口的宽度表示，有 100mm、125mm、150mm 等几种。

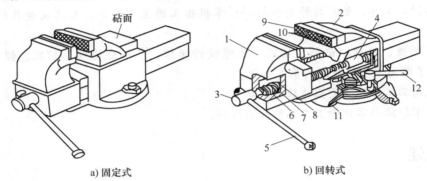

a) 固定式　　　　　　　　　　b) 回转式

图 11-1　台虎钳

1—活动钳身　2—固定钳身　3—丝杠　4—螺母　5、12—手柄　6—弹簧　7—挡圈　8—销
9—钢质钳口　10—螺钉　11—转座

使用台虎钳时，应注意下列事项：

1）台虎钳在钳台上安装时，必须使固定钳身的钳口处于钳台边缘之外，以保证夹持长条形工件时，工件的下端不受钳台边缘的阻碍，并且安装要牢固。

2）台虎钳必须牢固地固定在钳台上，两个夹紧螺钉必须扳紧，使钳身工作时没有松动现象。

3）工件尽可能夹在钳口的中部，使钳口受力均匀，夹紧工件时要松紧适当，只允许依靠手的力量来扳动手柄，不允许借助其他工具加力，以免丝杠、螺母或钳身损坏。

4）只能在钳口前面的砧面上敲击工件。

5）夹持精密工件或加工后表面时，应在钳口处加软垫（如铜皮），以防夹伤工件表面。

6）丝杠和其他活动表面上要经常加油润滑，并保持清洁，防止生锈。

7）使用回转式台虎钳时，必须将固定钳身锁紧后方能夹持工件进行加工。

2. 钳台（钳桌）

钳台用来安装台虎钳、放置工具和工件等，其一般由硬质木材制成，台面常用低碳钢包封，安放要平稳。台面高度为 800~900mm，为防止切屑飞出伤人，其上装有防护网；工具和量具在台面上要分类放置，如图 11-2 所示。台虎钳安装后要达到操作者工作的合适高度，一般以钳口高度恰好齐人手肘为宜。

3. 砂轮机

砂轮机主要是用来刃磨錾刀、钻头和车刀等刀具或其他工具等的设备。它由电动机、砂轮和机架、机座和防护罩等组成，结构如图 11-3 所示。使用砂轮机应注意安全，要严防发生砂轮碎裂和人身事故。操作时一般应注意：

1) 砂轮的旋转方向应正确，使磨屑向下方飞离砂轮。

2) 砂轮机起动前，人站立在砂轮侧面，等待砂轮旋转平稳后才能进行磨削。

3) 砂轮的平衡误差太大时不能使用。

4) 工件太大时不能用砂轮进行磨削。

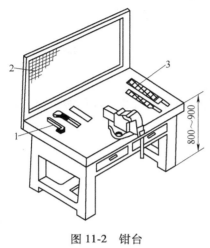

图 11-2 钳台
1—量具 2—防护网 3—工具

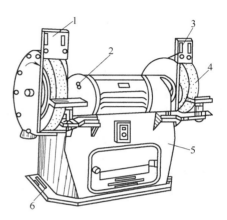

图 11-3 砂轮机
1、3—防护罩 2—电动机 4—砂轮
5—机架 6—机座

4. 钻床

钳工常用的钻床有台式钻床、立式钻床和摇臂钻床，具体内容见 11.5.1（钻孔）。

11.2 划线

11.2.1 划线的概念及作用

1. 概念

利用划线工具，根据图样或实物的要求，准确地在毛坯或半成品上划出加工界线，或划出作为基准的点、线的操作，叫作划线。划线分为平面划线和立体划线。在工件的一个表面上划线，叫平面划线，如图 11-4 所示；在工件的几个互成不同角度（一般是互相垂直）的表面上进行划线，也就是在长、宽、高 3 个方向上划线，叫立体划线，如图 11-5 所示。

2. 作用

划线是钳工的先行工序，工件在加工的过程中，划线起着重要的指导作用，但工件的加工精度（尺寸、形状）不能完全由划线确定，而应该在加工过程中通过测量来保证。划线的主要作用有：

1) 确定工件的加工余量，使机械加工有明确的尺寸界线。

2) 便于复杂工件在机床上装夹，可以按划线找正定位。

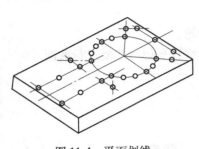

图 11-4 平面划线

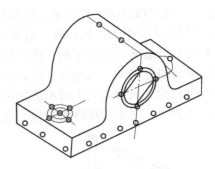

图 11-5 立体划线

3）能够及时发现和处理不合格的毛坯，避免浪费加工工时。

4）采用借料划线可以使误差不大的毛坯得到补救，使加工后的零件仍能符合要求。

5）按线下料，可正确排样，使材料得到合理使用。

11.2.2 划线工具及使用方法

1. 划线平板

如图 11-6 所示，划线平板是用来放置工件和划线工具的，它是划线的基准工具，经铸制而成。

划线平板安置要牢固，上平面应保持水平，用以稳定地支撑工件。平板应各处均匀使用，以免局部磨损。不许碰撞和用锤敲击，要保持清洁，避免铁屑、灰砂等污物在划线工具或工件的拖动下划伤平板表面，影响划线精度。划线完毕要擦干净平板表面，并涂上机油，以防生锈。

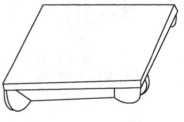

图 11-6 划线平板

2. 钢直尺

钢直尺是采用不锈钢材料制成的一种简单长度量具，其长度规格有 150mm、300mm、500mm、1000mm 等多种。钢直尺主要用来量取尺寸和测量工件，也可作为划直线时的导向工具，如图 11-7 所示。

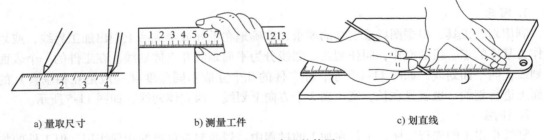

a) 量取尺寸　　　　　　　　b) 测量工件　　　　　　　　c) 划直线

图 11-7 钢直尺的使用

3. 划针

划针是划线的基本工具，常用弹簧钢或高速钢经刃磨后制成。使用时，划针要紧靠钢直尺或直角尺等导向工具的边缘，上部向外倾斜 8°~12°，向划线方向倾斜 45°~75°。划线时，要做到尽可能一次完成，并使线条清晰、准确。划针及其使用方法如图 11-8 所示。

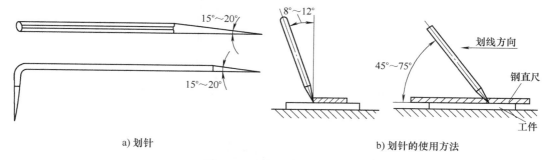

a) 划针

b) 划针的使用方法

图 11-8　划针及其使用方法

4. 划针盘

划针盘是用来划线或找正工件位置的，分为普通划针盘和精密划针盘两种。

1）普通划针盘如图 11-9a 所示，划针的一端焊上硬质合金，另一端弯头是找正工件用的。

2）精密划针盘如图 11-9b 所示，支杆装在翘动杠杆上，调整翘动杠杆的调整螺钉，可使支杆带着划针上下移动到需要的位置。这种划针盘多用在刨床、车床上找正工件位置用。

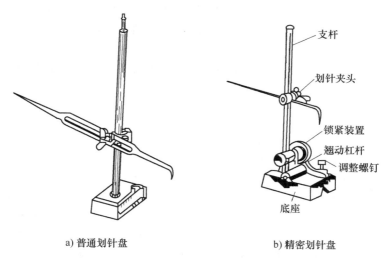

a) 普通划针盘

b) 精密划针盘

图 11-9　划针盘

5. 高度尺

图 11-10a 所示为普通高度尺，由钢直尺和底座组成，用以给划针盘量取高度尺寸；图 11-10b 所示为游标高度卡尺，它附有划针脚，能直接表示出高度尺寸，其分度值一般为 0.02mm，可作为精密划线工具。

6. 划规

常用的划规如图 11-11 所示，其用途很多，可以把钢直尺上量取的尺寸用划规移到工件上划分线段、作角度、划圆周或曲线、测量两点间距离等。

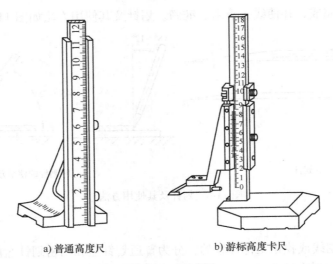

a) 普通高度尺　　　　　　　　b) 游标高度卡尺

图 11-10　高度尺

划规用工具钢制成，两脚尖要经过淬火硬化，并且要保持锐利。为使脚尖耐磨，也可在两脚尖部焊上硬质合金尖。要做到划线准确，对划规有一定要求：

1）划规两脚的长度要一致，脚尖要靠紧，以便于划小圆。

2）两脚开合松紧要适当，以免划线时发生自动张缩，而影响划线质量。

3）在使用划规作线段、划圆、作角度时，要以一脚尖为中心，加上适当压力，以免滑位。

4）划规在钢直尺上量尺寸时，必须量准，以减少误差，要反复地量几次，如图 11-12 所示。

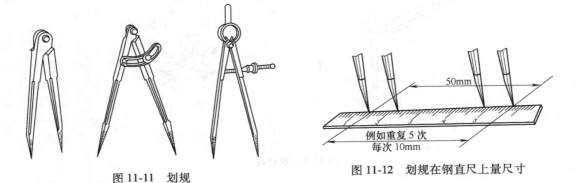

图 11-11　划规

图 11-12　划规在钢直尺上量尺寸

7. 划卡

划卡用来确定轴和孔的中心，或用于以已加工边为基准边划平行线。它的两脚要等长，脚尖要淬火硬化，两脚开合松紧要适当，防止松动，影响划线质量，如图 11-13 所示。

8. 样冲

在加工过程中，有些工件上已划好的线可能被擦掉。为了便于看清所划的线，划线后要用样冲在线条上打出小而均匀的冲眼作标记。用划规划圆和定钻孔中心时，也要打冲眼，便于钻孔时对准钻头。样冲及其使用方法如图 11-14 所示。样冲由工具钢制成（T7~T8），尖端经淬火硬化，尖角一般为 45°~60°。

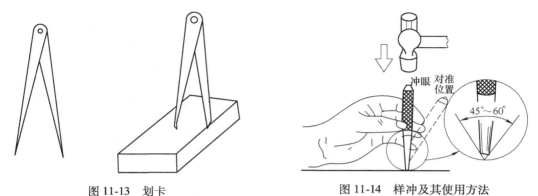

图 11-13　划卡　　　　　　　　　　图 11-14　样冲及其使用方法

9. V 形铁

V 形铁通常用来支承圆柱形工件，以便找中心线或中心。V 形铁通常安放在划线平台上，其 V 形槽夹角一般呈 90°或 120°，其余各面互相垂直，如图 11-15 所示。

10. 千斤顶

千斤顶用于支承不规则或较大工件时的划线找正。通常 3 个一组，高度可以调整，如图 11-16 所示。

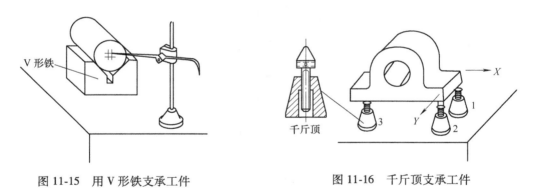

图 11-15　用 V 形铁支承工件　　　　　图 11-16　千斤顶支承工件

11. 方箱

方箱是用铸铁制成的空心立方体，方箱上相邻平面互相垂直，相对平面互相平行，并都经过精加工而成，一面上有 V 形槽和压紧装置，如图 11-17 所示。

11.2.3　划线基准的选择

1. 划线基准的概念

在工件上划线时，必须选择工件上某个点、线、面作为依据，划其余的尺寸时都从这些点、线、面开始，这些作为依据的点、线、面称为划线基准。正确地选择划线基准是划好线的关键，有了合理的基准，才能使线划得准确、清晰和迅速。因此，划线前必须认真分析图样，详细查看工件，选择正确的基准。

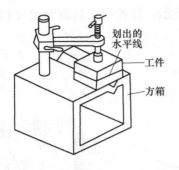
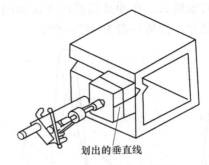

a) 将工件压紧在方箱上，划出水平线　　　　b) 方箱翻转 90°，划出垂直线

图 11-17　方箱夹持工件划线

2. 选择基准的原则

在零件图上，用来确定其他点、线、面位置的基准称为设计基准。划线应从划线基准开始。选择划线基准时，应尽量使划线基准与设计基准相重合。基准重合可以简化尺寸换算过程，保证加工精度。同时，也要根据图样上尺寸的标注、工件的形状及已加工的情况等来确定。现举例如下：

1）以两个互相垂直的平面为基准，如图 11-18a 所示。划线前，先把这两个垂直的平面加工好，使其互成 90°角，然后一切尺寸都以这两个平面为基准，划出一切线。

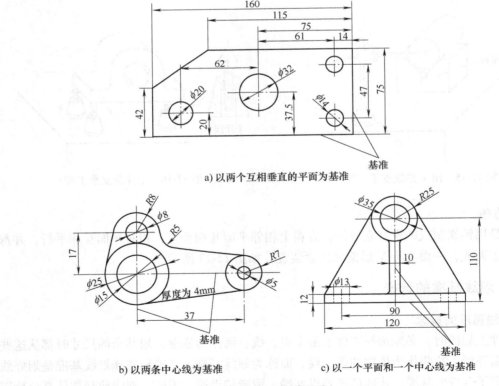

a) 以两个互相垂直的平面为基准

b) 以两条中心线为基准　　　　c) 以一个平面和一个中心线为基准

图 11-18　划线基准

2）以两条中心线为基准，如图 11-18b 所示。划线前，先在平台上找出工件上相对的两个位置，划出两条中心线，然后再根据中心线划出其他加工线。

3）以一个平面和一个中心线为基准，如图 11-18c 所示。划线前，先将底平面加工好，再划出中心线和其他加工线。

11.2.4 划线过程

1. 划线步骤

1）分析图样，确定合理的划线基准，并检查工件是否合格。

2）清理工件上的疤痕和毛刺等，对工件需划线的部位涂色。在铸、锻件毛坯上一般用石灰水或抹上粉笔灰；在已加工表面上，一般涂蓝油或硫酸铜溶液。涂色要薄而均匀，以保证划线清晰。

3）正确安放工件和选用工具。

4）先划基准线，再划其他直线，最后划圆、圆弧等。

5）仔细检查划线的准确性。

6）在线条上冲眼。

2. 划线操作的注意事项

1）工件支承夹持要稳定，以防滑倒或移动。

2）在一次支承找正后，应把需要划出的线划全，以免再次支承补划造成误差。

3）应正确使用划线所用工具和量具，以免产生误差。

4）线条要清晰均匀，尺寸准确。

11.3 锉削

11.3.1 锉削的概念及范围

用锉刀从工件表面上锉掉多余的金属，使工件达到图样上要求的尺寸、形状和表面粗糙度，这种加工方法叫锉削。锉削是钳工主要操作之一，锉削的尺寸精度可达 0.01mm，表面粗糙度值可达 $Ra0.8\mu m$。

锉削主要内容如下：

1）锉削平面和曲面。

2）锉削内外表面以及复杂的表面。

3）锉削沟槽、孔眼和各种形状相配合的表面，以及装配时对工件的修理等。

11.3.2 锉削工具

锉刀是锉削的工具。锉刀是由碳素工具钢 T12、T13 或 T12A、T13A 制成并经淬硬的一种切削刃具，其硬度一般应在 62~67HRC 之间。锉刀表面不应该有毛刺、裂纹、崩齿、重齿、跳齿等缺陷。

1. 锉刀的结构

锉刀由锉刀面、锉刀边、锉刀尾、锉刀舌、木柄等部分组成，如图 11-19 所示。锉刀面是锉削的主要工作面。

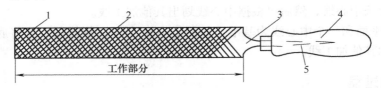

图 11-19　锉刀各部分名称

1—锉刀面　2—锉刀边　3—锉刀尾　4—木柄　5—锉刀舌

锉刀的齿纹有单齿纹和双齿纹两种。单齿纹切削时切削力大，一般用于切削铝等软材料；双齿纹锉刀双纹的方向和角度不同，易于断屑和排屑，切削力小，一般用于硬材料的切削。

2. 锉刀的种类与选用

（1）锉刀的种类　锉刀按用途不同分为普通锉刀、整形锉刀和特种锉刀 3 种；按齿纹粗细不同可分为粗齿锉、中齿锉、细齿锉和油光锉等。生产中应用最多的为普通锉刀，如图 11-20 所示。普通锉刀按其断面形状不同又可分为：

1）扁锉。主要用于锉削平面、外圆弧面等。

2）方锉。主要用于锉削小平面、方孔等。

3）三角锉。主要用于锉削平面、外圆弧面、内角（>60°）等。

4）半圆锉。主要用于锉削平面、外圆弧面、凹圆弧面、圆孔等。

5）圆锉。主要用于锉削圆孔及凹下去的弧面等。

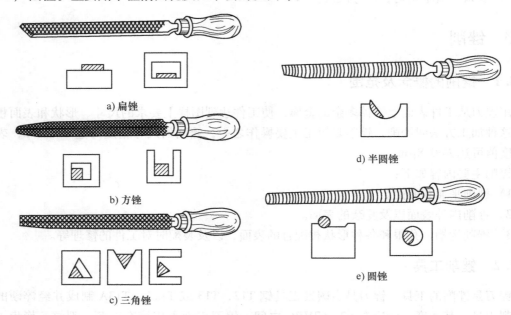

a) 扁锉

b) 方锉

c) 三角锉

d) 半圆锉

e) 圆锉

图 11-20　普通锉刀的种类

方锉的尺寸规格以方形尺寸表示；圆锉的规格用直径表示；其他锉刀则以锉身长度表示，按其工作部分长度不同可分为 100mm、150mm、200mm、250mm、300mm、350mm 及

400mm 等。

整形锉刀（什锦锉、组锉），主要修整工件细小部分的表面，一般 5 把、6 把、12 把为一组。

特种锉刀用于锉削工件上特殊的表面，有刀口锉、菱形锉、扁三角锉、椭圆锉等。

（2）锉刀的选用　合理选用锉刀有利于保证加工质量，提高工作效率和延长锉刀使用寿命。

锉刀的选用原则：根据加工的形状和加工面大小选择锉刀的形状和规格；根据工件材料性质、加工余量、精度和表面粗糙度的要求选择锉刀齿纹的粗细。

11.3.3　锉削基本操作

1. 锉刀的握法

锉刀的种类很多，因为它的大小不同，使用的地方也不同，所以锉刀的握法也有几种，如图 11-21 所示。图 11-21a 所示是大锉刀的握法，右手心抵着锉刀柄的端头，大拇指放在锉刀柄的上面，其余四指放在下面配合大拇指捏住锉刀柄；左手掌部鱼际肌压在锉刀尖上面，拇指自然伸直，其余四指弯向手心，用食指、中指捏住锉刀前端。图 11-21b 所示是中锉刀的握法，右手握法和上面一样，左手采用半扶法，即用拇指、食指、中指轻握即可。图 11-21c 所示是小锉刀的握法，通常一只手握住即可。

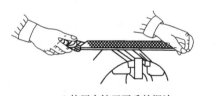

a) 使用大锉刀两手的握法　　　　b) 使用中锉刀两手的握法　　　　c) 使用小锉刀的握法

图 11-21　锉刀的握法

2. 锉削姿势和要领

正确的锉削姿势和动作，能减轻疲劳，提高工作效率，保证锉削质量，只有勤学苦练，才能逐步掌握这项技能。锉削姿势与使用的锉刀大小有关，用大锉锉平面时，正确姿势如下：

（1）站立姿势（位置）　两脚立正面向台虎钳，站在台虎钳中心线左侧，与台虎钳的距离按大小臂垂直、端平锉刀、锉刀尖部能搭放在工件上来掌握。然后迈出左脚，迈出距离从右脚尖到左脚跟约等于锉刀长，左脚与台虎钳中线约成 30°角，右脚与台虎钳中线约成 75°角，如图 11-22 所示。

（2）锉削姿势　锉削时的姿势如图 11-23 所示，左腿弯曲，右腿伸直，身体重心落在左脚上。两脚始终站稳不动，靠左腿的屈伸做往复运动。手臂和身体的运动要互相配合。锉削时要使锉刀的全长充分利用。开始锉时身体要向前倾斜 10°左右，左肘弯曲，右肘向后，但不可太大，如图 11-23a 所示；锉刀推到

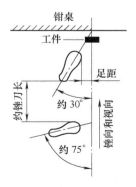

图 11-22　锉削时脚的位置

1/3 时，身体向前倾斜 15°左右，使左腿稍弯曲，左肘稍直，右臂前推，如图 11-23b 所示；锉刀继续推到 2/3 时，身体逐渐倾斜到 18°左右，使左腿继续弯曲，左肘渐直，右臂向前推进，如图 11-23c 所示；锉刀继续向前推，把锉刀全长推尽，身体随着锉刀的反作用退回到 15°位置，如图 11-23d 所示。推锉终止时，两手按住锉刀，身体恢复原来位置，不给锉刀压力或略提起锉刀把它拉回。

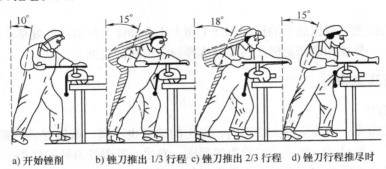

a) 开始锉削　　b) 锉刀推出 1/3 行程　c) 锉刀推出 2/3 行程　d) 锉刀行程推尽时

图 11-23　锉削时的姿势

3. 锉削力和锉削速度

要使锉削表面平直，必须正确掌握锉削力的平衡。锉削时右手的压力要随锉刀推动而逐渐增加，左手的压力要随锉刀推动而逐渐减少；当工件的位置处于锉刀中间位置时，两手压力基本相等；回程时不加压力，以减小锉齿的磨损。这样可以使锉刀两端的力矩相等，保持锉刀的水平直线运动，工件中间就不会出现凸面或鼓形面，如图 11-24 所示。

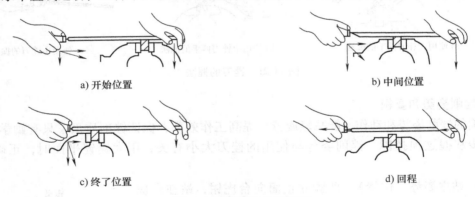

a) 开始位置　　　　　　　　　　　　　　　　b) 中间位置

c) 终了位置　　　　　　　　　　　　　　　　d) 回程

图 11-24　锉削力矩的平衡

锉削往复速度一般以每分钟 30～60 次为宜。推出时稍慢，回程时稍快，动作要自然协调。

4. 锉削方法

平面锉削基本方法有顺向锉法、交叉锉法和推锉法三种，如图 11-25 所示。

（1）顺向锉法　是指锉刀运动方向与工件夹持方向一致的锉削方法。顺向锉的锉纹整齐一致，比较美观，小平面以及最后的锉光和锉平常采用顺向锉法。

（2）交叉锉法　是指锉刀的运动方向与工件夹持方向约成 35°角，且第一遍锉削和第二遍锉削交叉进行的锉削方法。交叉锉时锉刀与工件的接触面积增大，锉刀容易掌握平稳，且从锉痕可以判断平面的高低，易锉平。一般用于较大平面、较大余量的粗锉。

（3）推锉法　一般用来锉削狭长平面，不能用顺向锉法加工时采用。推锉法效率不高，只适用于加工余量较小和修整尺寸。

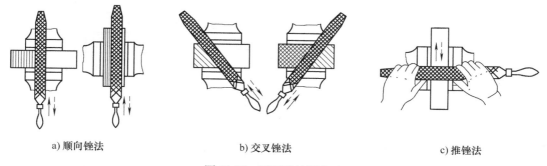

a) 顺向锉法　　　　　　　　　b) 交叉锉法　　　　　　　　c) 推锉法

图 11-25　平面的锉削方法

外圆弧面的锉削法：锉削外圆弧面有横向滚锉法和顺向滚锉法两种。当加工余量较大时，可先采用横向滚锉法，如图 11-26a 所示；当粗锉成多棱形弧面后，再用顺向滚锉法，如图 11-26 b 所示精锉成弧面。

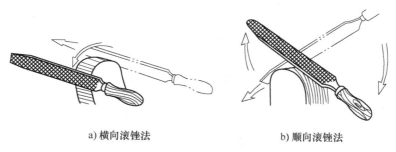

a) 横向滚锉法　　　　　　　　　b) 顺向滚锉法

图 11-26　外圆弧面的锉削方法

内圆弧面的锉削法：锉内圆弧面时，锉刀要同时完成前进运动和向左（或向右）移动及绕锉刀中心线转动，如图 11-27 所示。

5. 检验

锉削时，工件的尺寸可用钢直尺和卡钳或卡尺检查。

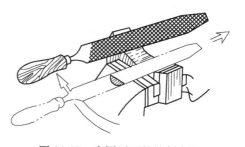

图 11-27　内圆弧面的锉削方法

工件的平面度，可利用透光法，用钢直尺和刀口形直尺检查。检查时，要在被检查表面的纵向、横向和对角线方向多处逐一进行。如果检查工具与被检查表面间透光均匀，则该表面的平面度较好。平面度误差值可用塞规来确定，并取其最大值，如图 11-28 所示。

工件的垂直度，可利用透光法，用直角尺检查，如图 11-29a 所示。注意，直角尺不可倾斜，如图 11-29b 所示。

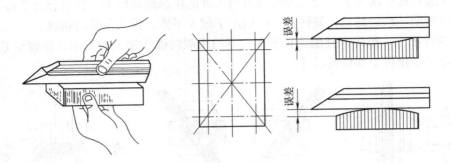

图 11-28　平面度检查

11.3.4　锉削的注意事项

1）锉刀必须装柄使用，以免刺伤手心。

2）铸件上的硬皮粘砂，应先用砂轮磨去，然后再锉。

3）不要用新锉刀锉硬金属、白口铸铁和淬硬钢工件。

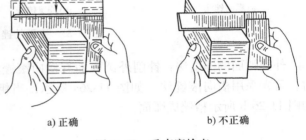

a) 正确　　　　　　　b) 不正确

图 11-29　垂直度检查

4）不要用手摸锉削的表面和锉刀工作面，以免再锉时打滑。

5）锉刀被锉屑堵塞后，应用钢刷顺锉纹方向刷去切屑。

6）清理锉屑应用钢刷清除，不要用嘴吹，以免钢屑沫进入眼睛。

7）锉刀放置时，不要伸出工作台台面，以免碰落摔断或砸伤脚。

8）为防止锉削产生振动，工件不要伸出钳口过高。

11.4　锯削

11.4.1　锯削的概念

锯削就是用锯将材料分割成几个部分或在工件上锯槽，以及锯掉工件上的多余部分。它分为机锯和手锯两种。手工锯削所用的工具结构简单，使用方便，操作灵活，在钳工作业中使用广泛。

11.4.2　锯削工具

手锯是锯削使用的工具，由锯弓和锯条两部分组成。生产中常用可调式手锯，如图11-30a 所示，这种手锯的锯弓分为前后两段，前段在后段套内可以伸缩，以便按要求装夹不同长度规格的锯条。锯条采用碳素工具钢，经制齿、淬火和低温回火而制成，锯齿硬而脆。锯条规格是以两端装夹孔间的距离表示，常用锯条的规格为长 300mm，宽

12mm，厚 0.8mm。

锯齿的形状如图 11-30b 所示，前角为 0°，后角为 40°，楔角为 50°，每个齿相当于一把小刨刀，起切削作用。锯条上的锯齿在制造时按一定的规则左右错开，排列成一定的形状，称为锯路。一般粗齿锯条的锯路为交叉式，细齿锯条的锯路为波浪式。锯路使工件的锯口宽度略大于锯条背部的厚度，减少了锯条与锯缝的摩擦阻力，使锯条不致摩擦过热而加快磨损，如图 11-30c 所示。

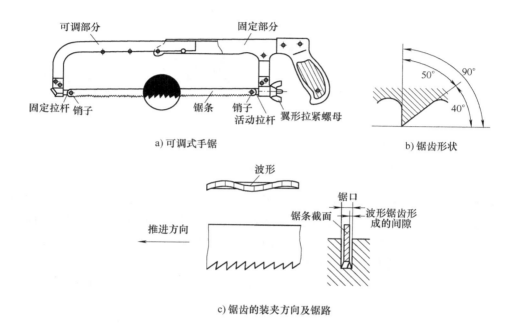

a) 可调式手锯　　　　　　　　　　　　　　b) 锯齿形状

c) 锯齿的装夹方向及锯路

图 11-30　手锯的结构及装夹

装夹锯条时，齿尖应背向手柄与手锯推进方向一致（图 11-30c），装夹的松紧程度要适当，一般以拇指和食指旋紧翼形拉紧螺母，不过分用力，然后用手扳动一下锯条，感觉不太硬也不太软为宜。锯条应与锯弓保持在同一平面内，不能歪斜和扭曲，否则锯削时容易折断。在旋紧翼形拉紧螺母后松紧要适度，如果锯条有些扭曲，一般可再旋紧些，然后放松一些来消除扭曲现象。

锯齿的粗细按锯条上每 25mm 长度内的齿数划分为粗齿（14~16 个齿）、中齿（18~22 个齿）和细齿（24~32 个齿）3 种。粗齿锯条适宜锯切铜、铝等软金属以及厚工件，细齿适宜锯切较硬的钢件、板料及薄壁管材，中齿锯条适宜锯切普通钢、铸铁及中厚工件。

锯齿的特点是比较脆，每一齿所能承受的力很有限，因此在锯削时（尤其加工薄的材料），要保证有 3 个以上的齿同时切割。

11.4.3　锯削的基本操作

右手满握手锯的手柄，左手大拇指在弓背上，其余四指轻扶在锯弓前（图 11-31a）。锯削姿势与锉削基本相似。

起锯有远起锯和近起锯两种，一般常用远起锯。起锯时锯弓往复行程应短，压力要轻，锯条应与工件表面垂直，起锯角 θ 小于15°，并用左手大拇指靠住锯条，引导锯条切入（图11-31b）。当整条锯口形成后，锯弓应改做水平直线往复运动（图11-31a），向前推时加压要均匀，返回时锯条从工件上轻轻滑过，不应加压和摆动。当工件快锯断时用力要轻，行程要短，速度要放慢，以免碰伤手和折断锯条。

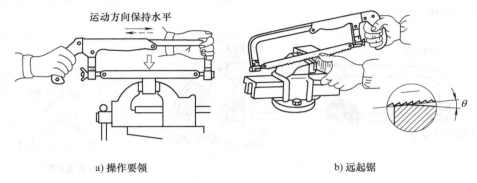

a) 操作要领　　　　　　　　　　　　　　　　b) 远起锯

图 11-31　锯削操作

锯削圆钢、扁钢、圆管、薄板的方法如图11-32所示。为了得到整齐的锯缝，锯削圆钢时，应从起锯开始以一个方向锯到结束；锯削扁钢时应从较宽的面下锯；锯削圆管时不可从上而下一次锯断，而应每锯到内壁后将工件向推锯方向旋转一定角度再锯；锯削薄板时，可用模板夹住薄板装夹，或多片重叠锯削。

锯削速度以每分钟40次左右为宜。原则是硬材料锯削速度慢一些，软材料锯削速度快一些。

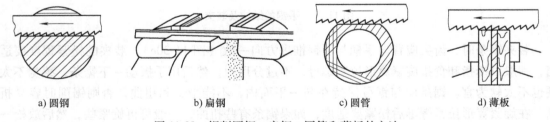

a) 圆钢　　　　　　b) 扁钢　　　　　　c) 圆管　　　　　　d) 薄板

图 11-32　锯削圆钢、扁钢、圆管和薄板的方法

11.4.4　锯削的注意事项

1）要充分利用锯条的全部锯齿。若锯齿崩裂，即使只有一齿崩裂，也不要继续使用。

2）锯条断了，换上新锯条时可从反方向重新开始锯削。如不能反方向锯削，就应小心地把原先的锯缝锯宽些，使新锯条能顺利地通过。

3）必要时在锯削中可适当加些切削液，这不仅能提高锯条的寿命，也可减少摩擦，使锯削出的表面更平整。切削液一般为机油，锯削铸铁时可加柴油或煤油。

4）工件伸出钳口部分尽量短，锯缝离钳口要近，以增加工件刚性。

11.5　钻孔、扩孔、铰孔、锪孔、攻螺纹和套螺纹

11.5.1　钻孔

1. 钻孔的概念

钻孔是用钻头在实体材料上加工孔的操作，其加工的尺寸公差等级一般为 IT10 以下，表面粗糙度值一般为 $Ra50\sim12.5\mu m$。

2. 钻床的种类和用途

钳工常用的钻床有台式钻床、立式钻床和摇臂钻床。钻床的主运动是主轴的旋转运动，进给运动是主轴的直线运动。钻床的规格以可加工孔的最大直径表示。

（1）台式钻床　台式钻床简称台钻，结构如图 11-33a 所示。它是一种放在工作台上使用的小型钻床。钻头装夹在钻夹头中，钻夹头安装在主轴下端的锥孔里。台钻通过改变传动带在塔形带轮上的位置改变其转速，进给运动是通过进给手柄手动完成的。

台钻小巧灵活、结构简单、操作方便，主要用来加工 $\phi12mm$ 以下的孔，但其自动化程度低。

（2）立式钻床　立式钻床简称立钻，是一种广泛应用的孔加工机床，结构如图 11-33b 所示。其按最大加工直径可分为 25mm、35mm、40mm、50mm 几种类型。立钻主轴转速和进给量都允许有较大的变动范围，因此可适应不同材料的加工工艺。

立式钻床比台式钻床刚性好、功率大，又可以自动进给，所以生产率较高，加工精度也较高。但是立钻的主轴只能上下移动，主轴相对工作台的位置是固定的，因此加工时需要移动工件来定孔心位置，所以立钻主要用于加工中小型工件上孔径在 50mm 以下的孔。

（3）摇臂钻床　摇臂钻床由机座、立柱、摇臂、主轴箱等组成，如图 11-33c 所示。其结构比较复杂，但操纵灵活，其主轴箱装在可以绕垂直立柱回转的摇臂上，主轴箱又可沿摇臂的水平导轨移动，同时，摇臂还可沿立柱上下移动。由于结构上的这些特点，操作时能很方便地调整钻头位置，使钻头对准被加工孔的中心，而不需要移动工件。因此，摇臂钻床主要用于大型工件的孔加工，特别是多孔工件的加工。

3. 钻头

钻头是钻孔用的主要刀具。常见的孔加工刀具有麻花钻、中心钻、锪钻、铰刀及深孔钻等，其中应用最广泛的是麻花钻。钻头大多用高速钢制成，并经淬火和回火处理，其工作部分硬度达 62HRC 以上。钻头由工作部分、空刀、柄部组成，如图 11-34a 所示。

柄部是钻头的夹持部分，用来传递转矩和进给力。按其形状不同，柄部可分为柱柄和锥柄两种。钻头直径 ≤12mm 时，柄部做成直柄；>12mm 时做成锥柄。为了防止锥柄在锥孔内产生打滑，锥柄尾部做成扁尾。

空刀是柄部和工作部分的连接部分，用于退刀，刻有钻头的规格和商标。

工作部分包括导向部分和切削部分。切削部分起主要切削作用，由前面、后面、主切削刃和横刃等组成，如图 11-34b 所示。导向部分是切削部分的备用段，由螺旋槽和棱边组成，在钻孔时起引导钻头、排屑和修光孔壁等作用。

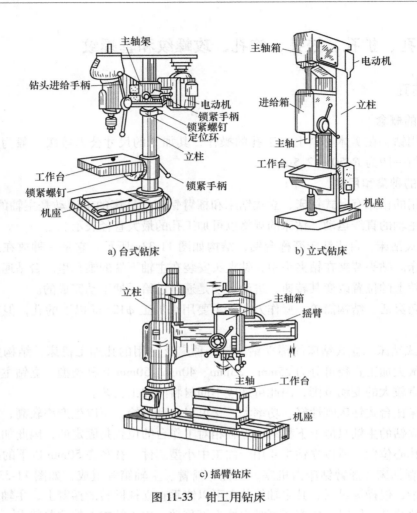

a) 台式钻床   b) 立式钻床

c) 摇臂钻床

图 11-33　钳工用钻床

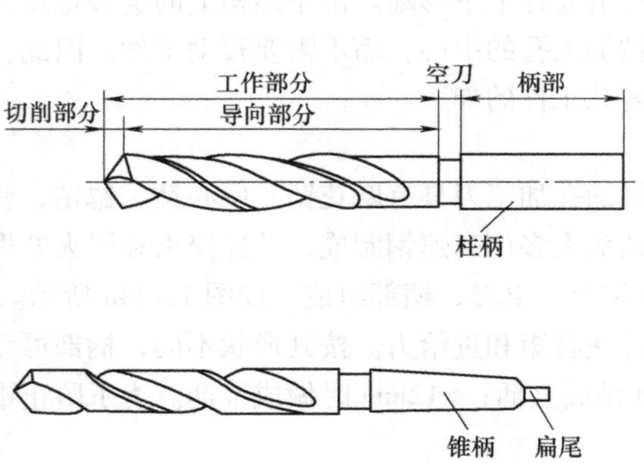

a) 麻花钻的组成 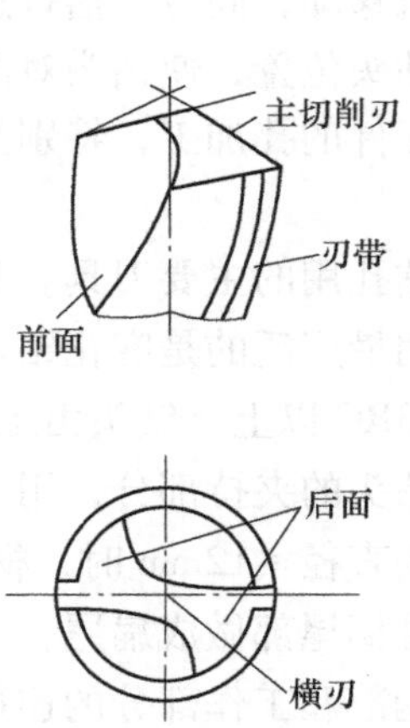   b) 麻花钻的切削部分

图 11-34　麻花钻

麻花钻的几何角度主要有前角 γ_o、后角 α_o、顶角 2ϕ 等，如图 11-35 所示，其中顶角 2ϕ 是两个主切削刃之间的夹角，一般取 $118° \pm 2°$。在切削刃上，前角和后角的大小在不同直径处各不相同。在钻头的外径上，前角为 $18° \sim 30°$，后角一般为 $6° \sim 12°$。

4. 钻孔方法

（1）划线　钻孔前对孔心进行划线定位，划出孔位的十字中心线，并在十字线交点上打中心样冲眼，同时划出加工圆。当孔径较大时，还应该划出检查圆。

（2）钻头的夹持　钻头的夹持是借助钻夹头或变径套等实现的。

锥柄钻头用变径套夹持，如图 11-36 所示。柱柄钻头用钻夹头夹持，钻夹头的装拆有专用紧固扳手，如图 11-37 所示。

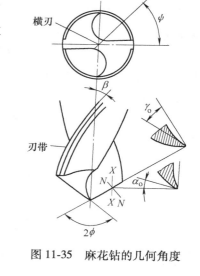

图 11-35　麻花钻的几何角度

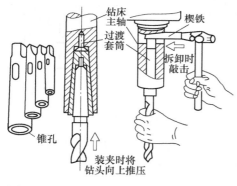

图 11-36　用过渡套筒装夹钻头及钻头拆卸

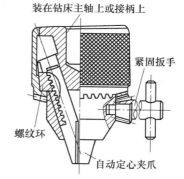

图 11-37　钻夹头

（3）工件夹持　按工件的大小、形状、数量和孔位，选用适当的夹持方法和夹具，常用的有机用虎钳，它适用于中小型工件，如图 11-38a 所示。钻大孔或不规则外形的工件时，需用压板、螺栓和垫铁将工件与钻床工作台固定，如图 11-38b 所示。

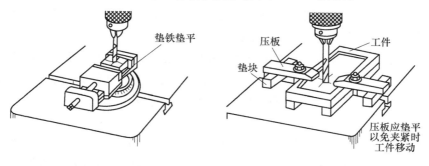

a) 用机用虎钳装夹　　　　　　　b) 用压板螺栓装夹

图 11-38　工件的装夹

5. 钻孔注意事项

1）在使用钻床钻孔时不准戴手套，手中不允许拿棉纱头和抹布；不准用手清除切屑和用嘴吹切屑，应使用钩子和刷子，并尽量在停机时清除切屑。

2）钻孔时工件应稳妥夹持，防止工件在钻孔过程中移位，或在将要钻通时，因进给量过大而使工件甩出；快钻通时应减小进给量。

3）钻床工作台面上不准放置量具和其他无关的工夹具；钻通孔时应采取相应措施防止钻坏台面；钻床主轴未停妥时，不准用手握住钻夹头；松紧钻夹头必须用紧固扳手，不准用其他工具乱敲。

11.5.2 扩孔、铰孔、锪孔

1. 扩孔

扩孔是利用扩孔钻对已钻出的孔或锻、铸出的孔扩大孔径的操作。扩孔钻与麻花钻相似，如图11-39所示。不同的是切削刃数量多（3、4个），无横刃，钻芯较粗，螺旋槽浅，刚性和导向性好。因此，扩孔时切削较平稳，加工余量小，还可以找正孔的轴线偏差，加

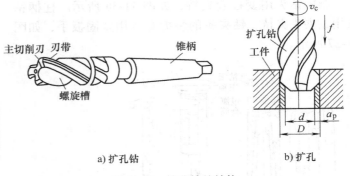

图11-39 扩孔钻的结构

工质量较高，属于孔的半精加工。扩孔的尺寸公差等级可达 IT9～IT10，表面粗糙度值为 $Ra3.2～6.3\mu m$。另外还可作为铰孔前的预加工。麻花钻也可以进行扩孔。

2. 铰孔

铰孔是用铰刀从工件孔壁上切除微量金属，以提高孔的尺寸精度和减小表面粗糙度值的加工方法。铰孔是对孔进行精加工的一种方法。由于刀齿多（6～12个）、刚性好、导向性好，因此铰削余量小、切削变形小；校准部分起校准孔径和修光孔壁的作用，加工公差等级可达 IT6～IT7，表面粗糙度值可达 $Ra0.8～1.6\mu m$。

铰刀可分为机用铰刀和手用铰刀两种，其结构如图11-40所示。机用铰刀可以安装在钻床或车床上进行铰孔；手用铰刀用于手工铰孔。

在机床上铰孔时，铰刀的装夹方法与钻头相同，铰孔时采用较低的切削速度，并加切削液。手工铰孔时，先将手铰刀垂直放入工件待加工孔内，用铰杠的方孔套在铰刀的方头上，用手扳动铰杠，双手均匀施力，轻压铰杠并正向转动进行铰孔。

3. 锪孔

锪孔是指用锪刀或锪钻切出沉孔或刮平端面。锪孔有3种形式：锪圆柱形沉孔、锪锥形沉孔和锪孔端平面，如图11-41所示，相对应的锪孔钻为圆柱形锪孔钻、锥形锪孔钻和端面锪孔钻。

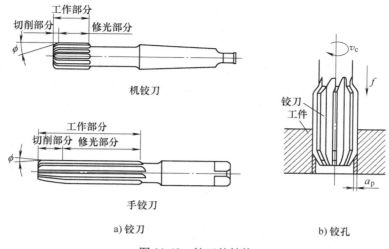

a) 铰刀

b) 铰孔

图 11-40　铰刀的结构

11.5.3　攻螺纹、套螺纹

1. 攻螺纹

攻螺纹是用丝锥加工内螺纹的方法。

（1）丝锥　丝锥是专门用来攻螺纹的刀具，一般采用合金工具钢（如 9SiCr）和碳素工具钢（如 T12A）制造，并经热处理淬硬。丝锥分为手用丝锥和机用丝锥两种。手用丝锥须成组使用，每种尺寸的

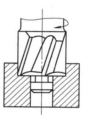
a) 锪圆柱形沉孔

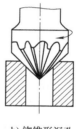
b) 锪锥形沉孔

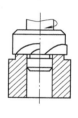
c) 锪孔端平面

图 11-41　锪孔

丝锥一般由两支或三支组成，称为头锥、二锥或三锥，它们的区别在于切削部分的圆锥角和长度不同，如图 11-42 所示。头锥切削部分的前端有 5~7 个不完整的切削刃，二锥有 1~2

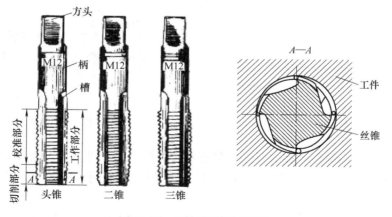

图 11-42　丝锥及其组成部分

个不完整的切削刃。因此攻螺纹时，可以将整个切削工作量分配给几支丝锥，如两支一组的丝锥按 7.5：2.5 分配切削量，从而减小进给力，延长丝锥寿命。机用丝锥一般一支一组。

丝锥由柄部和工作部分组成。柄部用来传递转矩；工作部分由切削部分和校准部分组成，切削部分起切削作用，校准部分用以校准和修光切出的螺纹，并引导丝锥沿轴向运动。

（2）攻螺纹方法 攻螺纹前，在工件上先钻一个直径稍大于螺纹小径的光孔，叫螺纹底孔。

攻螺纹前先检查底孔直径的大小，工件底孔直径的大小主要根据工件材料的塑性来确定，使攻螺纹时既有足够的空隙来容纳被挤出来的材料，又能保证加工出来的螺纹具有完整的齿形。螺纹底孔的直径 d_0 可用下列经验公式计算：

钢板及弹塑性材料：$d_0 \approx d-P$

铸铁及其他脆性材料：$d_0 \approx d-(1.05 \sim 1.1)P$

式中　d——螺纹公称直径（mm）；

　　　P——螺距（mm）。

攻螺纹前螺纹底孔的孔口要倒角（通孔孔口两端都要倒角），以便丝锥切入。开始攻螺纹时，应把丝锥放正，用目测或直角尺找正丝锥的位置，然后施加适当压力并转动，丝锥切削部分切入底孔后，则转动铰杠不再加压。丝锥每转 1～2 圈倒转 1/4～1/2 圈，便于断屑（图 11-43）。用二锥或三锥切削时，先用手旋入几扣后，再用铰杠进行攻螺纹。攻不通孔时，要经常倒转丝锥，排出孔中的切屑。

攻螺纹时，要用切削液润滑以减小摩擦。加工弹塑性材料时一般用机油；加工脆性材料时，一般用煤油；用手工攻铸铁工件时可不必加切削液。

2. 套螺纹

套螺纹是用板牙在工件光轴上加工出外螺纹的方法。

（1）板牙 板牙是加工小直径外螺纹的成形刀具，其结构如图 11-44 所示。

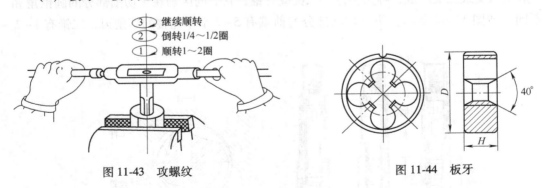

图 11-43　攻螺纹　　　　　　　　　图 11-44　板牙

板牙的形状和圆形螺母相似，只是在靠近螺纹处钻了几个排泄孔，以形成切削刃。板牙两端是切削部分，做成 2ϕ 角，当一端磨损后，可换另一端使用；中间部分是校准部分，主要起修光螺纹和导向作用。

板牙架是用来夹持板牙传递转矩的专用工具，其结构如图 11-45 所示，其与板牙配套使用。为了减少板牙架的规格，一定直径范围内的板牙外径是相等的，当板牙外径与板牙架不配套时，可以加过渡套使用大一号的板牙架。

（2）套螺纹方法 套螺纹前应首先确定工件的直径，工件直径太大则难以套入，太小则套出的螺纹不完整。具体确定方法可以查表或用公式计算：

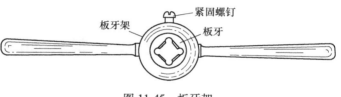

图 11-45 板牙架

$$d_0 \approx D - 0.13P$$

式中 d_0——套螺纹前的工件直径（mm）；

　　　D——螺纹大径（mm）；

　　　P——螺距（mm）。

套螺纹前必须对工件倒角，以利于板牙顺利套入。套螺纹的过程与攻螺纹相似。操作时用力要均匀，开始转动板牙时，要稍加压力，套入 3~4 圈后，可只转动不加压，并经常倒转以便断屑。

11.6 钳工安全操作技术规程

在做好工作的同时，必须要保证安全，所以在操作时必须按照安全操作技术规程进行。钳工的安全操作技术规程如下：

1）操作前应根据所用工具的需要和有关规定穿戴好防护用品，女同学必须把长发纳入帽内。

2）操作室严禁喧哗、打闹。

3）所用工具必须齐备、完好可靠，才能开始工作。严禁使用有裂纹、带毛刺、无手柄或手柄松动等不符合安全要求的工具，并严格遵守常用工具安全操作技术规程。

4）工具或量具应放在工作台的适当位置，以防掉下损坏工、量具或伤人。

5）清除金属屑应用毛刷，不要用嘴吹，以免金属屑进入眼睛。

6）锯削时用力要均匀，不得重压或强扭。零件快断时，减小用力、缓慢锯削。

7）钻孔时不准戴手套，手中不允许拿棉纱头和抹布。

8）铰孔或攻螺纹时不要用力过猛，以免折断铰刀和丝锥。

9）将要装配的零件有秩序地放在零件存放架或装配工位上。

10）操作结束后，清点工具并整齐地摆放到工具箱内，清扫场地。

扩展内容及复习思考题

第 12 章 数控加工技术

【目的与要求】

1. 掌握数控机床的工作原理、数控机床的组成与分类方法。
2. 熟悉数控机床的手工编程方法，掌握一般简单的工艺处理及数学处理方式。
3. 掌握最常用的编程代码和指令，能够编制简单平面轮廓零件的数控加工程序。
4. 掌握数控加工的安全操作技术规程。
5. 能够独立操作数控机床，按所编制的程序完成作业件的数控加工。

12.1 概述

12.1.1 数控机床的工作原理与应用特点

1. 数控机床的工作原理

数控机床的加工，首先要将被加工零件图上的几何信息和工艺信息数字化，按规定的代码和格式编制加工程序。信息数字化就是把刀具与工件的运动坐标分割成一些最小位移量，数控系统按照程序的要求，进行信息处理、分配，使坐标移动若干个最小位移量，实现刀具与工件的相对运动，完成零件的加工。例如，在钻削加工中（图 12-1a），使刀具中心在一定的时间内从 P 点移动到 Q 点，即刀具在 X 坐标、Y 坐标移动规定量的最小位移量，合成量即为 P 点和 Q 点之间的距离。也可以两个坐标以相同的速度，使刀具移动到 K 点，然后沿 X 坐标移动到 Q 点。在轮廓加工中（图 12-1b），任意曲线 L，要求刀具 T 沿曲线轨迹运动，进行加工。可以将曲线 L 分割为：l_0、l_1、l_2、$\cdots$、l_i 等线段。用直线（或圆弧）代替（逼近）这些线段，当逼近误差 δ 足够小时，这些折线段之和就接近了曲线。

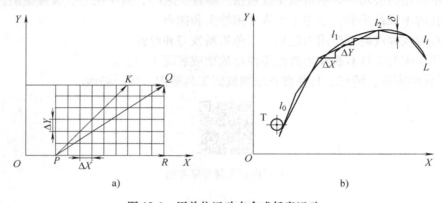

图 12-1　用单位运动来合成任意运动

操作者根据数控工作要求编制数控程序并将数控程序记录在控制介质（如穿孔纸带、

磁带、磁盘等）上。数控程序经数控设备的输入/输出接口输入到数控设备中，控制系统按数控程序控制该设备执行机构的各种动作或运动轨迹，达到规定的结果。

2. 数控机床的应用特点

1）提高生产率。数控机床增加切削加工时间的比率，可采用较大进给量，有效地节省了运动工时，还可自动换速、自动换刀与测量，大大缩短了辅助时间。

2）减轻劳动强度，改善劳动环境。由于数控机床是自动完成加工的，许多动作不需操作者进行，因此劳动条件和劳动强度大为改善。

3）稳定产品质量，精度高。数控机床本身的精度较高，还可以利用软件进行精度校正和补偿，数控加工是按数控程序自动进行的，可以避免人为的误差。因此，数控机床可以获得比普通机床更高的加工精度和重复定位精度。

4）能完成复杂型面的加工。

5）可实现一机多用。

6）不需要专用夹具。采用普通的通用夹具就能满足数控加工的要求。

7）适应性强。当数控工作需要改变时，只要改变数控程序软件，而不需改变机械部分和控制部分的硬件，就能适应新的工作要求。因此，生产准备周期短，有利于机械产品的更新换代。

8）有利于生产管理。采用数控机床，有利于向计算机控制和管理生产方向发展。

12.1.2　数控加工过程

数控加工过程是利用数控机床完成零件数控加工的过程如图 12-2 所示。主要内容如下：

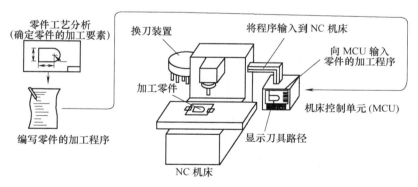

图 12-2　数控加工过程

1）根据零件加工图样进行工艺分析，确定加工方案、工艺参数和位移数据。

2）用规定的程序代码和格式编写零件加工程序单；或用自动编程软件进行 CAD/CAM 工作，直接生成零件的加工程序文件。

3）程序的输入或传输：由手工编写的程序可以通过数控机床的操作面板输入程序；由编程软件生成的程序，通过计算机的串行通信接口直接传输到数控机床的控制单元（MCU）。

4）将输入/输出到数控单元的加工程序进行试运行、刀具路径模拟等。

5）通过对数控机床的正确操作来运行程序，完成零件的加工。

12.1.3 数控机床的坐标系

为了保证数控机床的运行、操作及程序编制的一致性，数控标准统一规定了数控机床坐标和运动方向。其原则是：

1）标准的坐标系统，采用右手法则，直角笛卡儿坐标系统，基本坐标轴为 X、Y、Z 直角坐标系，相应每个坐标轴的旋转坐标轴分别为 A、B、C，如图 12-3 所示。

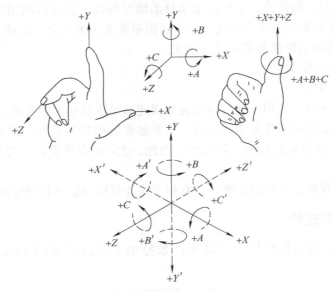

图 12-3　右手直角笛卡儿坐标系

2）Z 轴为平行于机床主轴的坐标轴，如果机床有一系列主轴，则选尽可能垂直于工件装夹面的主要轴为 Z 轴。Z 轴的正方向定义为从工件到刀具夹持的方向。X 轴作为水平的、平行于工件装夹表面的轴，它平行于主要的切削方向，且以此为正向。Y 轴的运动方向，根据 X 轴和 Z 轴按右手法则确定。

3）旋转坐标轴 A、B 和 C，相应地在 X、Y 和 Z 坐标轴正方向上，按照右手螺旋前进的方向来确定。工件是固定的，而刀具移动时，坐标轴各 A、B 和 C 上不用标记"′"。但是当工件是移动的，而刀具固定时，坐标轴 A、B 和 C 上要标记"′"。图 12-4 所示为三坐标立式数控铣床坐标系，图 12-5 所示为两坐标卧式数控车床坐标系。

图 12-4　三坐标立式数控铣床坐标系

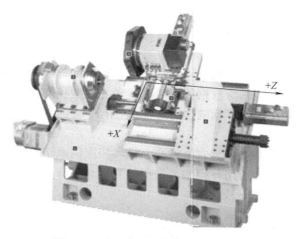

图 12-5 两坐标卧式数控车床坐标系

12.2 数控机床的组成与分类

12.2.1 数控机床的组成

数控机床的基本组成框图如图 12-6 所示,主要由控制介质、输入装置、数控装置、伺服系统、测量反馈装置和机床本体 6 大部分组成。

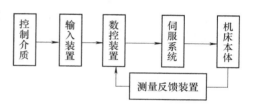

图 12-6 数控机床的基本组成框图

1. 控制介质(程序载体)

控制介质存储数控加工所需要的全部动作和被加工零件的全部几何信息、工艺参数以及机床辅助操作,以信息代码的形式记载着零件的加工程序。

(1)加工程序单 一种可见、可读和可保存的程序单,信息用手动输入,但容易出错。

(2)穿孔纸带 一种较早使用的可读控制介质,多次使用容易损坏,但信息传递速度比较快,目前已很少使用。

(3)磁带 本身不可读,需要防磁,信息传递速度较快。

(4)软磁盘和硬磁盘 本身不可读,需要防磁或防振,信息传递速度快。

(5)Flash 闪存(U 盘) 本身不可读,信息传递很快,而且存储量大。

2. 输入装置

输入装置主要用于零件数控程序的编译和存储。一般的输入装置除了包括人机对话编程键盘和发光二极管显示器外,还包括穿孔机、纸带阅读机、磁带机或录音机、磁盘驱动器、相应计算机接口及计算机 USB 接口等。输入装置将控制介质上的代码信息转换成相应的电脉冲信号,送入数控装置的内存储器。

3. 数控装置

数控装置是数控设备的核心,它接收输入装置发出的电脉冲信号,根据输入的程序和数据，经过数控装置的系统软件或逻辑电路进行编译、运算和逻辑处理后，输出各种信号和指令，来控制数控机床的执行机构的动作。

4. 伺服系统

伺服系统由伺服驱动电路和伺服驱动装置组成，并与设备的执行部件和机械传动部件组成数控设备的进给系统。伺服系统根据数控装置发来的速度和位移指令，控制执行部件的进给速度、方向和位移。每个进给运动的执行部件都配有一套伺服驱动系统。

5. 测量反馈装置

该装置可以包括在伺服系统中，它由检测元件和相应的电路组成，其作用是检测速度和位移，并将信息反馈回来，构成闭环控制。常用的测量元件有脉冲编码器、旋转变压器、感应同步器、磁尺、光栅和激光干涉仪等。

6. 机床本体（受控设备）

机床本体是指被控制的对象，是数控设备的主体，一般都需要对它进行位移、角度和各种开关量的控制。受控设备包括机床行业的各种机床和其他行业的许多设备，如：电火花加工机床、激光切割机、火焰切割机、弯管机、绘图机、冲剪机、测量机、雕刻机等。

12.2.2 数控机床的分类

1. 按控制运动的方式分类

（1）点位控制数控机床 这类机床的数控装置只控制机床运动部件从一个坐标点到另一个坐标点的定位精度，在移动过程当中不进行切削，对两点间的移动速度和运动轨迹不进行严格控制。这类机床有数控钻床、数控坐标镗床、数控压力机和数控测量机等，如图12-7所示。

（2）点位直线控制数控机床 这类数控机床在工作时，不仅要求精确地控制两相关点之间的位置，而且要求从一点到另一点之间按直线运动进行切削加工。这类机床有数控车床、数控铣床和加工中心等。

（3）轮廓控制数控机床 这类数控机床又称为连续控制或多坐标联动数控机床。机床的数控装置能够同时连续控制两个或两个以上的坐标轴，具有插补功能。加工时不仅要控制起点和终点，还要控制整个加工过程中运动的速度和位置，具有轮廓控制功能，可以加工曲线或曲面零件。这类机床有数控车床、数控铣床、数控磨床和加工中心等，如图12-8所示。

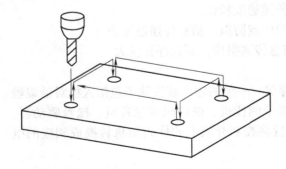

图 12-7 数控机床的点位加工轨迹

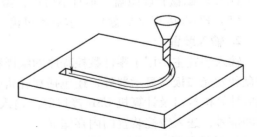

图 12-8 数控铣床的轮廓加工轨迹

对于轮廓控制数控机床，根据它所控制的联动轴数不同，又可分为两轴联动、两轴半联动、三轴联动、四轴联动和五轴联动等数控机床，如图 12-9 所示。两轴半联动是指三个主要控制轴（X、Y、Z 轴）中，任意两个轴联动，另一个轴是点位或直线控制，如图 12-9a 所示。

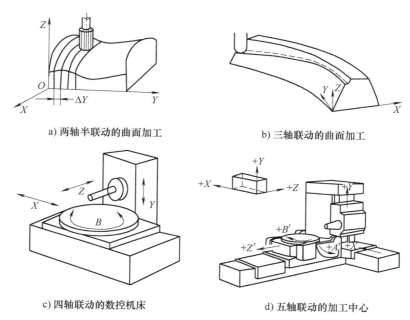

a) 两轴半联动的曲面加工   b) 三轴联动的曲面加工

c) 四轴联动的数控机床   d) 五轴联动的加工中心

图 12-9 按联动轴数分类

2. 按伺服系统的类型分类

（1）开环控制系统 在开环控制系统中，一般采用步进电动机、功率步进电动机或电液脉冲马达作为执行元件，它是数控机床中最简单的伺服系统，其控制原理如图 12-10 所示。

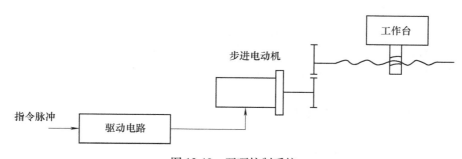

图 12-10 开环控制系统

（2）半闭环控制系统 采用旋转型角度测量元件（脉冲编码器、旋转变压器、圆感应同步器等）和伺服电动机按照反馈控制原理构成的位置伺服系统称为半闭环控制系统，其控制原理如图 12-11 所示。

（3）闭环控制系统 因为开环控制系统的精度不能很好地满足数控机床的要求，所以

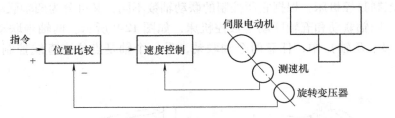

图 12-11　半闭环控制系统

为了保证精度，最根本的解决方法是采用闭环控制方式。闭环控制系统是采用直线型位置检测装置（直线型感应同步器、长光栅等）对数控机床的工作台位移进行直接测量并进行反馈控制的位置伺服系统，其控制原理如图 12-12 所示。

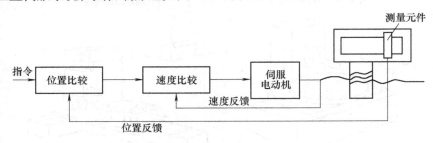

图 12-12　闭环控制系统

3. 按工艺用途分类

（1）金属切削类数控机床　这类数控机床和传统的通用机床品种一样，有数控车床、数控铣床、数控钻床、数控磨床、数控镗床及加工中心等。

（2）金属成形类数控机床　这类机床有数控折弯机、数控弯管机、数控压力机等。

（3）特种加工及其他类型数控机床　如数控线切割机床、数控电火花加工机床、数控激光切割机床、数控火焰切割机床、数控三坐标测量机等。

4. 按照功能水平分类

（1）高档数控机床　精度为 $0.1\mu m$，进给速度为 $5\sim100m/min$。

（2）中档数控机床　精度为 $1\mu m$，进给速度为 $15\sim24m/min$。

（3）低档数控机床　精度为 $10\mu m$，进给速度为 $8\sim15m/min$。

12.3　数控机床的程序编制

12.3.1　程序编制的内容和步骤

程序编制是数控加工的一项重要工作，理想的加工程序不仅应该能保证加工出符合图样要求的合格工件，同时应该能使数控机床的功能得到合理的应用与充分的发挥，以使数控机床安全可靠及高效地工作。数控机床程序编制的内容主要包括：分析零件图样、工艺处理、数学处理、编写零件加工程序单、制备控制介质及程序校验，如图 12-13 所示。其具体步骤与要求如下：

1. 分析零件图样

首先要分析零件图样,根据零件的材料、形状、尺寸、精度、毛坯形状和热处理要求等确定加工方案,选择合适的数控机床。

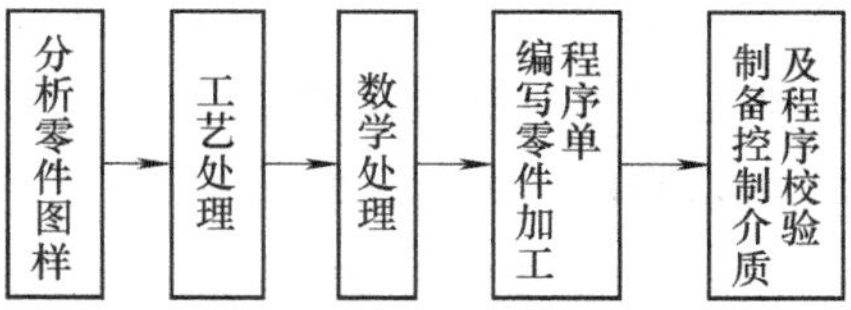

2. 工艺处理

工艺处理需要考虑和涉及的问题很多,首先要确定加工方案,要按照能充分发挥数控机床功能的原则,使用合适的数控机床,确定合理的加工方法。

图 12-13 程序编制的内容和步骤

3. 数学处理(数值计算)

在手工编程过程中,经常进行数学处理。一般的数控系统都具有直线插补和圆弧插补功能及刀具补偿功能。这里有两个非常重要的基本概念需要明确:一个是基点;另一个是节点。对于加工由直线和圆弧组成的较简单的平面零件,需要计算出零件轮廓的相邻几何元素的交点或切点的坐标值,这个点称为基点。对于比较复杂的零件或零件的几何形状与数控系统的插补功能不一致时,就需要进行复杂的数值计算。例如非圆曲线,需要用直线段或圆弧段来逼近,在满足精度的条件下,计算出相邻逼近直线或圆弧的交点或切点的坐标值,这个点称为节点。对于自由曲线、自由曲面和组合曲面的程序编制,数学处理更为复杂,一般需要计算机辅助计算。

4. 编写零件加工程序单

在完成工艺处理和数值计算工作以后,就可以编写零件加工程序单了,编程人员根据所使用的数控系统指令、程序段格式,逐段编写零件加工程序。

5. 制备控制介质及程序校验

完成程序编制工作以后,接下来要制作控制介质。控制介质有穿孔纸带、磁带、软磁盘、硬磁盘及 U 盘等。早期使用的多为穿孔纸带,现在已被磁盘所代替。但是,规定的穿孔纸带代码标准没有变。

按照编写好的程序,制备完成控制介质,还需要经过检验后才可以用于正式加工。一般采用空走刀检验、空运转画图检验、在 CRT 显示屏上模拟加工过程的轨迹和图形显示检验,以及采用铝件、塑料或石蜡等易切材料进行试切方法检验程序。通过检验和试切不仅可以确认程序是否正确,还可以知道加工精度是否符合要求。如果发现问题,可及时采取补偿措施或修改程序。

12.3.2 程序的编制方法

1. 手工编程

手工编程时,整个程序的编制过程(包括用通用计算机辅助进行数值计算)是由人工完成的。这就要求编程人员不仅要熟悉数控代码及编程规则,而且还必须具备机械加工工艺知识和数值计算能力,其编程内容和步骤如图 12-13 所示。对于点位加工和几何形状简单的零件加工,程序段较少,计算简单,用手工编程即可完成。但当零件轮廓形状不是由直线、圆弧组成时,特别是复杂型面或空间曲面的零件,必须采用自动编程。

2. 自动编程

自动编程是利用计算机专用软件编制数控加工程序的过程。编程人员只需根据零件图样的要求，使用数控语言，由计算机自动地进行数值计算及后置处理，编写出零件加工程序单，加工程序通过直接通信的方式送入数控机床，指挥机床工作。

常见的自动编程软件主要有：

（1）Mastercam　Mastercam 是由美国 CNC Software 公司推出的基于 PC 平台的 CAD/CAM 软件，它具有很强的编程功能，尤其对复杂曲面的加工编程，它可以自动生成加工程序代码，具有独特的优势。由于 Mastercam 主要用于数控加工编程，其零件的设计制造功能不强，且操作灵活、易学易用，受到广泛的欢迎。

（2）CAXA 制造工程师　CAXA 制造工程师是由我国北航海尔软件有限公司研制开发的全中文、面向数控铣床和加工中心的三维 CAD/CAM 软件，采用原创 Windows 菜单和交互方式，全中文界面，便于轻松地学习和操作。

（3）UGⅡCAD/CAM 系统　UGⅡ由美国 UGS 公司开发经销，不仅具有复杂造型和数控加工的功能，还具有管理复杂产品装配、进行多种设计方案的对比分析和优化等功能。该软件具有较好的二次开发环境和数据交换能力。其庞大的模块群为企业提供了从产品设计、产品分析、加工装配、检验到过程管理、模拟运作等全系列的技术支持。

（4）Pro/Engineer　Pro/Engineer 是美国 PTC 公司研制和开发的软件，它开创了三维 CAD/CAM 参数化的先河。该软件具有基于特征、全参数、全相关和单一数据库的特点，可用于设计和加工复杂的零件。

（5）CATIA　CATIA 是最早实现曲面造型的软件，它开创了三维设计的新时代，它的出现，首次实现了计算机完整描述产品零件的主要信息，使 CAM 的技术开发有了现实的基础。

12.3.3　手工程序编制

1. 程序编制的代码标准

ISO 代码标准，由于具有信息量大，可靠性高，与当今数控传输系统统一等优点，故目前许多国家的数控系统都采用 ISO 代码标准。我国现在规定新产品一律采用 ISO 代码标准。在现场的实际应用中，由于各数控机床所采用的数控系统不尽相同，因此，编程所用代码必须以生产厂家的使用说明书为准。

2. NC 程序结构

（1）程序结构　一个完整的零件加工程序，由若干程序段组成，每个程序段又由若干个代码组成，每个代码字则由文字（地址符）和数字（有些数字还带有符号）组成。字母、数字和符号通称为字符。举例如下：

```
N01 G91  G00  X50  Y60  LF(程序段结束)
N02 G01  X1000  Y500  F150  S3000  T0202  M03  LF
…
N10 G00  X-50  Y-60  M02(M30)  LF
```

上例为一个完整的零件加工程序，它由 10 个程序段组成，每个程序段以"N"开头，用 LF 结束。M02(M30) 代表整个程序的结束。有些数控系统还规定，整个程序要求以符号"%"开头，以符号"EM"结尾。每个程序段中有若干个代码字，如第二个程序段有 9 个代码字，一个程序段表示一个完整的加工工步或动作。

（2）程序段格式　数控机床程序由若干个"程序段"（block）组成，每个程序段由按照一定顺序和规定排列的"字"（word）组成。字是由表示地址的英文字母、特殊文字和数字集合而成。字表示某一功能的一组代码符号。如 X1000 为一个字，表示 X 向尺寸为 1000mm；F150 为一个字，表示进给速度为 150mm/min（具体值由规定的代码方法决定）。由这个例子可以看出，每一个程序段由顺序号字、准备功能字、尺寸字、进给功能字、主轴功能字、刀具功能字、辅助功能字和程序段结束符组成。此外，还有插补参数字。每个字都由字母开头，称为"地址"。ISO 标准规定的地址字符意义见表 12-1。

表 12-1　ISO 标准规定的地址字符意义

字符	意　义	字符	意　义
A	关于 X 轴的角度尺寸	N	顺序号
B	关于 Y 轴的角度尺寸	O	不用，有的定为程序编号
C	关于 Z 轴的角度尺寸	P	平行于 X 轴的第三尺寸，也有的定为固定
D	第二刀具功能，也有定为偏置号		循环的参数
E	第二进给功能	Q	平行于 Y 轴的第三尺寸，也有的定为固定
F	第一进给功能		循环的参数
G	准备功能	R	平行于 Z 轴的第三尺寸，也有的定为固定
H	暂不指定，有的定为偏置号		循环的参数，圆弧的半径等
I	平行于 X 轴的插补参数或螺纹导程	S	主轴速度功能
J	平行于 Y 轴的插补参数或螺纹导程	T	第一刀具功能
K	平行于 Z 轴的插补参数或螺纹导程	U	平行于 X 轴的第二尺寸
L	不指定，有的定为固定循环返回次数，也有的定为子程序返回次数	V	平行于 Y 轴的第二尺寸
		W	平行于 Z 轴的第二尺寸
M	辅助功能	X，Y，Z	公称尺寸

3. 数控编程常用的功能字

一般程序段由下列功能字组成：

N＿　　G＿　　X＿　　Y＿　　Z＿　　F＿　　S＿　　T＿　　M＿

程序号　准备功能　　　准备值　　　进给速度　主轴速度　刀具　辅助功能

（1）准备功能　准备功能字 G 代码，用来规定刀具和工件的相对运动轨迹、机床坐标系、坐标平面、刀具补偿、坐标偏置等多种加工操作。G 代码由字母 G 及其后面的两位数字组成，从 G00 到 G99 共有 100 种代码，部分代码见表 12-2。

表 12-2　准备功能字 G 代码（部分）

G 代码	组	功　能	参数（后续地址字）	索　引
G00		快速定位	X，Y，Z，4TH	
G01	01	直线插补	同上	
G02		顺圆插补		
G03		逆圆插补	同上	

（续）

G 代码	组	功　能	参数（后续地址字）	索　引
G04	00	暂停	P	
G07	16	虚轴指定	X，Y，Z，4TH	
G09	00	准停校验		
G17	02	XY 平面选择	X，Y	
G18		ZX 平面选择	X，Z	
G19		YZ 平面选择	Y，Z	
G20	08	英制输入		
G21		毫米输入		
G22		脉冲输入		
G24	03	镜像开	X，Y，Z，4TH	
G25		镜像关		
G28	00	返回到参考点	X，Y，Z，4TH	
G29		由参考点返回	同上	
G40	09	刀具半径补偿取消		
G41		左刀补	D	
G42		右刀补	D	
G43	10	刀具长度正向补偿	H	
G44		刀具长度负向补偿	H	
G49		刀具长度补偿取消		
G50	04	缩放关	X，Y，Z，P	
G51		缩放开		
G52	00	局部坐标系设定	X，Y，Z，4TH	
G53		直接机床坐标系编程		
G54	11	工件坐标系 1 选择		
G55		工件坐标系 2 选择		
G56		工件坐标系 3 选择		
G57		工件坐标系 4 选择		
G58		工件坐标系 5 选择		
G59		工件坐标系 6 选择		
G60	00	单方向定位	X，Y，Z，4TH	
G61	12	精确停止校验方式		
G64		连续方式		
G65	00	子程序调用	P，A~Z	
G68	05	旋转变换	X，Y，Z，P	
G69		旋转取消		

（续）

G 代码	组	功　能	参数（后续地址字）	索　引
G73		深孔钻削循环		
G74		逆攻螺纹循环		
G76		精镗循环		
G80		固定循环取消		
G81		定心钻孔循环		
G82	06	钻孔循环	X, Y, Z, P, Q, R, I, J, K	
G83		深孔钻循环		
G84		攻螺纹循环		
G85		镗孔循环		
G86		镗孔循环		
G87		反镗循环		
G88		镗孔循环		
G89		镗孔循环		
G90	13	绝对值编程		
G91		增量值编程		
G92	00	工件坐标系设定	X, Y, Z, 4TH	
G94	14	每分钟进给		
G95		每转进给		
G98	15	固定循环返回起始点		
G99		固定循环返回到 R 点		

　　G 代码分模态代码和非模态代码两种。所谓模态代码是指某一 G 代码一经指定就一直有效，直到后续程序段中使用同种 G 代码才能取代它；而非模态代码只能在指定的本程序段中有效，下一段程序需要时必须重写。常用准备功能标准见表 12-2。

　　（2）坐标功能字　坐标功能字（又称尺寸字）用来设定机床各坐标的位移量。它一般使用 X、Y、Z、U、V、W、P、Q、R、A、B、C、D、E 等地址符为首，在地址符后紧跟 "+"（正）或 "−"（负）及一串数字，该数字一般以系统脉冲当量（数控装置每发出一个脉冲信号，机床工作台的移动量）为单位。一个程序段中有多个尺寸字时，一般按上述地址符顺序排列。

　　（3）进给功能字　指定进给速度，由地址符 F 和其后面的数字组成，该功能用来指定刀具相对工件运动的速度。其单位一般为 mm/min。当进给速度与主轴转速有关时，如车螺纹、攻螺纹等，使用的单位为 mm/r。

　　（4）主轴功能字　该功能字用来指定主轴速度，单位为 r/min，它以地址符 "S" 为首，后跟一串数字。

　　（5）刀具功能字　当系统具有换刀功能时，刀具功能字用以选择替换的刀具。它以地址符 "T" 为首，其后一般跟两位数字，代表刀具的编号。

　　以上 F 功能、T 功能、S 功能均为模态代码。

　　（6）辅助功能字　辅助功能字 M 代码主要用于数控机床的开关量控制，如主轴的正、反转，切削液开、关，工件的夹紧、松开、程序结束等。常用辅助功能标准见表 12-3。

表 12-3　常用辅助功能标准

代　码	功　能	代　码	功　能
M00	程序停止	M36	进给范围 1
M01	计划停止	M37	进给范围 2
M02	程序结束	M38	主轴速度范围 1
M03	主轴顺时针方向	M39	主轴速度范围 2
M04	主轴逆时针方向	M40~M45	不指定或齿轮换挡
M05	主轴停止	M46~M47	不指定
M06	换刀	M48	注销 M49
M07	2 号切削液开	M49	进给率修正旁路
M08	1 号切削液开	M50	3 号切削液开
M09	切削液关	M51	4 号切削液开
M10	夹紧	M52~M54	不指定
M11	松开	M55	刀具直线位移，位置 1
M12	不指定	M56	刀具直线位移，位置 2
M13	主轴顺时针方向切削液开	M57~M59	不指定
M14	主轴逆时针方向切削液开	M60	更换工件
M15	正运动	M61	工件直线位移，位置 1
M16	负运动	M62	工件直线位移，位置 2
M17~M18	不指定	M63~M70	不指定
M19	主轴定向停止	M71	工件角度位移位置 1
M20~M29	永不指定	M72	工件角度位移位置 2
M30	纸带结束	M73~M89	不指定
M31	互锁旁路	M90~M99	永不指定
M32~M35	不指定		

12.4　数控车床加工

　　数控技术发展至今，不仅在宇航、造船、军工等领域广泛使用，而且也进入了汽车、机床、模具等机械制造行业。在机械行业中，单件、小批量的零件所占的比例越来越大，而且零件的精度和质量也在不断地提高。所以，普通机床越来越难以满足加工精密零件的需要。计算机技术的迅速发展，计算机软件的不断更新，使数控机床在机械行业中的使用已很普遍，其中数控车床是数控加工中应用最多的加工设备之一。

　　数控车床，即用计算机数字控制的车床，主要用于对各种形状不同的轴类或盘类回转表面进行车削加工。在数控车床上可以进行钻中心孔、车内外圆、车端面、钻孔、镗孔、铰孔、切槽、车螺纹、滚花、车锥面、车成形面、攻螺纹以及进行高精度曲面及端面螺纹等的加工。与常规车床相比，数控车床还适合加工如下工件：

1）轮廓形状特别复杂或难于控制尺寸的回转体零件。

2）精度要求高的零件。

3）特殊的螺旋零件，如特大螺距（或导程）、变螺距、等螺距或圆柱与圆锥螺旋面之间作平滑过渡的螺旋零件，以及高精度的模数螺旋零件和端面螺旋零件。

4）淬硬工件的加工。在大型模具加工中，有不少尺寸大而形状复杂的零件，这些零件热处理后的变形量较大，磨削加工困难，可以用陶瓷车刀在数控车床上对淬硬后的零件进行车削加工，以车代磨，提高加工效率。

12.4.1 数控车床编程

1. 数控车床坐标系统

（1）机床坐标系 数控车床的坐标系一般有 X、Z 两直角坐标轴，原点建立在卡盘的定位面与 Z 轴的交线处。对后置刀架，X 方向向上，如图 12-14a 中所示的 $+X$、O、$+Z$。

（2）工件坐标系 工件坐标系即编程坐标系，其轴向与机床坐标系的方向一致，原点一般建立在工件的外表面上，如图 12-14b 中所示的 $+X$、O'、$+Z$。

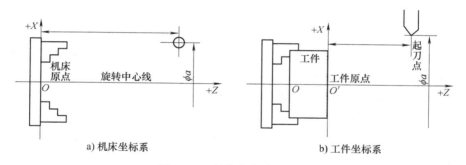

a) 机床坐标系　　　　　　　　　b) 工件坐标系

图 12-14　数控车床坐标系统

编程时假设工件静止，刀具相对工件做切削运动。

2. 数控车床编程基础

（1）直径编程和半径编程 所谓直径编程和半径编程就是编程中的 X 值（或变量）是按直径值编程还是半径值编程。数控车床加工的零件通常为轴类零件，轴类零件的标注、测量一般都按直径来处理，用直径编程可使程序简化，不易出错，故通常的编程都按直径编程方式。

（2）编程单位 工程图样中的尺寸标注有米制和寸制两种形式。数控系统可根据所设定的形式，利用代码把所有的几何值转换为米制尺寸或寸制尺寸（刀具补偿值和可设定零点偏置值也作为几何尺寸），同样进给量的单位也分别为 mm/min（in/min）或 mm/r（in/r）。该指令为续效指令，系统上电后，机床处在公制状态。

3. 数控车床的指令

辅助功能 M 代码由地址字 M 和其后的一或两位数字组成，主要用于控制零件程序的走向，以及机床各种辅助功能的开关动作。

M 功能有非模态 M 功能和模态 M 功能两种形式。非模态 M 功能（当段有效代码）：只在书写了该代码的程序段中有效。模态 M 功能（续效代码）：一组可相互注销的 M 功能，这些功能在被同一组的另一个功能注销前一直有效。

华中世纪星 HNC—21T 数控装置 M 指令及功能见表 12-4。其中：M00、M02、M30、M98、M99 用于控制零件程序的走向，是 CNC 内定的辅助功能，不由机床制造商设计决定。

（1）程序暂停 M00　当 CNC 执行到 M00 指令时，将暂停执行当前程序，以方便操作者进行刀具和工件的尺寸测量、工件掉头、手动变速等操作。

暂停时，机床的进给停止，而全部现存的模态信息保持不变，欲继续执行后续程序，重按操作面板上的"循环启动"键。

表 12-4　华中世纪星 HNC—21T 数控装置 M 指令及功能

指令	模态	功能说明	指令	模态	功能说明
M00	非模态	程序暂停	M03	模态	主轴正转
M02	非模态	程序结束	M04	模态	主轴反转
M30	非模态	程序结束 并返回程序起点	M05	模态	主轴停止
			M07	模态	切削液开
M98	非模态	调用子程序	M08	模态	切削液开
M99	非模态	子程序结束	M09	模态	切削液关

（2）程序结束 M02　M02 一般放在主程序的最后一个程序段中。当 CNC 执行到 M02 指令时，机床的主轴、进给、切削液全部停止，加工结束。使用 M02 程序结束后，若要重新执行该程序，就得重新调用该程序，或在自动加工子菜单下按子菜单"F4"键，然后再按操作面板上的"循环启动"键。

（3）程序结束并返回到零件程序头 M30　M30 和 M02 功能基本相同，只是 M30 指令还兼有控制返回到零件程序头（%）的作用。

使用 M30 的程序结束后，若要重新执行该程序，只需再次按操作面板上的"循环启动"键。

（4）子程序调用 M98 及从子程序返回 M99　M98 用来调用子程序。M99 表示子程序结束，执行 M99 使控制返回到主程序。

子程序的格式如下：

%＊＊＊＊

……

M99

在子程序开头，必须规定子程序号，以作为调用入口地址。在子程序的结尾用 M99，以控制执行完该子程序后返回主程序。

调用子程序的格式：

M98 P_L_

P：被调用的子程序号

L：重复调用次数

注：可以带参数调用子程序。

12.4.2　数控车床操作

1. 数控系统的标准面板

机床控制面板用于直接控制机床的动作或加工过程。华中世纪星车床数控装置操作台如图 12-15 所示。

标准机床控制面板的大部分按键（除"急停"按钮外）位于操作台的下部。"急停"按钮位于操作台的右上角。

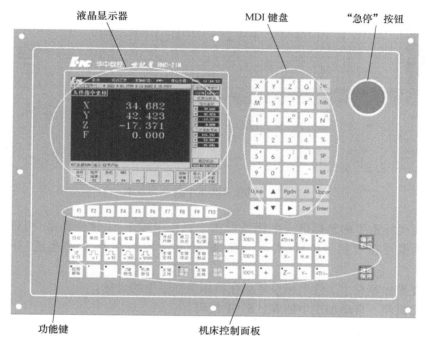

图 12-15　华中世纪星车床数控装置操作台

2. MPG 手持单元

MPG 手持单元由手摇脉冲发生器坐标轴选择开关组成，用于手摇方式增量进给坐标轴。MPG 手持单元的外形如图 12-16 所示。

3. 软件操作界面

HNC-21T 的软件操作界面如图 12-17 所示，其界面由如下几个部分组成：

（1）图形显示窗口　可以根据需要用功能键 F9 设置窗口的显示。

（2）菜单命令条　通过菜单命令条中的功能键 F1～F10 来完成系统功能的操作。

（3）运行程序索引　自动加工中的程序名和当前程序段行号。

图 12-16　MPG 手持单元的外形

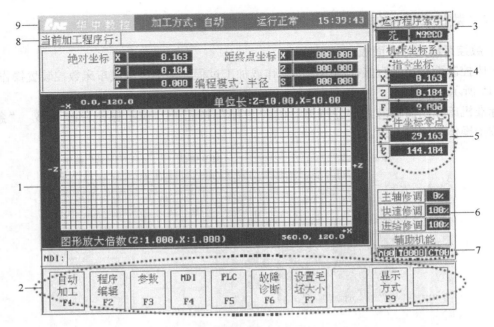

图 12-17　HNC-21T 的软件操作界面

（4）选定坐标系下的坐标值　坐标系可在"机床坐标系/工件坐标系/相对坐标系"之间切换；显示值可在"指令位置/实际位置/剩余进给/跟踪误差/负载电流/补偿值"之间切换。

（5）工件坐标零点　工件坐标系零点在机床坐标系下的坐标。

（6）辅助机能　自动加工中的 M、S、T 代码。

（7）当前加工程序行　当前正在加工或将要加工的程序段。

（8）机床坐标、剩余进给

1）机床坐标：刀具当前位置在机床坐标系下的坐标。

2）剩余进给：当前程序段的终点与实际位置之差。

（9）当前加工方式、系统运行状态及当前时间

1）工作方式：系统工作方式根据机床控制面板上相应按键的状态可在自动（运行）、单段（运行）、手动（运行）、增量（运行）、回零、急停、复位等之间切换。

2）运行状态：系统工作状态在"运行正常"和"出错"间切换。

操作界面中最重要的一部分是菜单命令条，系统功能的操作主要通过菜单命令条中的功能键 F1～F10 来完成。由于每个功能包括不同的操作，菜单采用层次结构，即在主菜单下选择一个菜单项后，数控装置会显示该功能下的子菜单，用户可根据该子菜单的内容选择所需的操作，如图 12-18 所示。

当要返回主菜单时按子菜单下的"F10"键即可。

4. 回参考点操作

在程序运行前，必须先对机床进行参考点返回操作，以建立机床坐标系。方法如下：

1）选择机床上面的回零按钮。

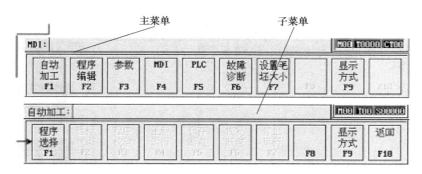

图 12-18　菜单层次

2）按机床上面的"+X"或"-X"按钮，X 轴回到参考点后，"+X"或"-X"按钮内的指示灯亮。

3）X 轴回零后，按"+Z"或"-Z"使 Z 轴回参考点，所有轴回参考点后，即建立了机床坐标系。

机床手动操作主要由手持单元（图 12-16）和机床控制面板共同完成，机床控制面板如图 12-19 所示。

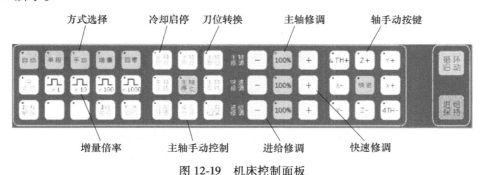

图 12-19　机床控制面板

5. 手动数据输入（MDI）运行（F4~F6）

在系统主菜单下按"F4"键进入 MDI 功能子菜单，命令行与菜单条的显示如图 12-20 所示。

图 12-20　MDI 功能子菜单

在 MDI 功能子菜单下按"F6"进入 MDI 运行方式，命令行的底色变成了白色，并且有光标在闪烁，如图 12-21 所示，这时可以从 NC 键盘输入并执行一个 G 代码指令，即 MDI 运行。

6. 自动运行

1）先将机床归零。

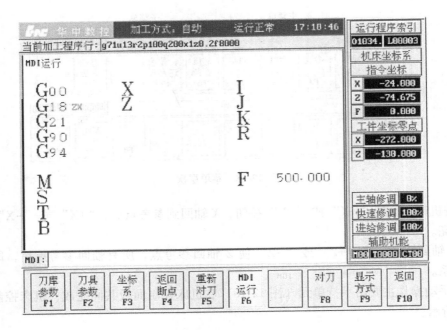

图 12-21　MDI 运行

2）在系统主菜单下按"F1"键进入自动加工子菜单，再按"F1"键选择要运行的程序。

3）按"循环启动"按键（指示灯亮），自动加工开始。

7. 中断运行

在程序运行的过程中，可根据需要暂停、停止、急停和重新运行。

1）数控程序在运行时，按"F6"键，再按"N"键则暂停程序运行，并保留当前运行程序的模态信息。

按"Y"键则停止程序运行，并卸载当前运行程序的模态信息。

2）数控程序在运行时，按"F7"键，再按"N"键则取消重新运行。

按"Y"键则光标返回程序头，再按机床控制面板上的"循环启动"键，从程序头首行开始重新运行当前加工程序。

12.5　数控铣床加工

12.5.1　数控铣削加工

1. 数控铣床用刀具

数控铣床铣削加工选择数控刀具时应考虑如下几方面因素，如图 12-22 所示。

1）被加工工件材料的类别：常用材料有非铁金属材料、钢铁材料和非金属材料等不同材料。

2）被加工工件材料的性能：包括硬度、韧性、组织状态等。

图 12-22　加工形状与刀具的选择

3）切削工艺的类别：有钻、铣、镗；粗加工、半精加工、精加工、超精加工。

4）被加工工件的几何形状、刀具的切入和退出角度、零件的精度（尺寸公差、几何公差、表面粗糙度）和加工余量等因素。

5）要求刀具能够承受的切削用量（背吃刀量、进给量、切削速度）。

6）被加工工件的生产批量，它能直接影响到刀具的寿命。

2. 铣刀类型与工艺特点

（1）面铣刀　如图 12-23 所示，面铣刀圆周方向切削刃为主切削刃，端部切削刃为副切削刃，主要用于面积大的平面的切削和较平坦的立体轮廓的多坐标加工。

图 12-23　面铣刀

（2）立铣刀　立铣刀是数控机床上用得最多的一种铣刀，如图 12-24 所示。立铣刀的圆柱表面和端面上都有切削刃，它们可同时进行切削，也可以单独进行切削，主要用于加工凹槽、台阶面等。

（3）键槽铣刀　键槽铣刀如图 12-25 所示，它一般只有两个刀齿，圆柱表面和端面都有切削刃，端面刃延伸至中心，既像立铣刀，又像钻头，因此可以轴向进给。

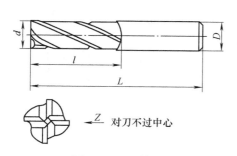

图 12-24　立铣刀

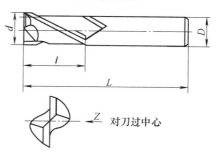

图 12-25　键槽铣刀

（4）模具铣刀　模具铣刀由立铣刀发展而来，可分为圆锥形立铣刀、圆柱形球头立铣刀和圆锥形球头立铣刀 3 种，其柄部类型有直柄、削平形直柄和莫氏锥柄。它的结构特点是球头或端面上布满了切削刃，圆周刃与球头刃圆弧连接，可以做径向和轴向进给，主要用于加工模具型腔和凸模成形表面，如图 12-26 所示。

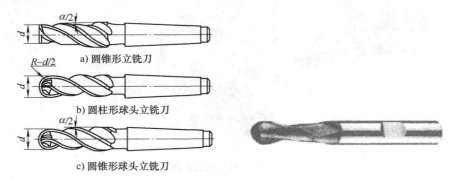

a) 圆锥形立铣刀

b) 圆柱形球头立铣刀

c) 圆锥形球头立铣刀

图 12-26　模具铣刀

（5）鼓形铣刀　图 12-27 所示为典型的鼓形铣刀，它的切削刃分布在半径为 R 的圆弧面上，端面无切削刃。加工时控制刀具的上下位置，可以在工件上切削出从负到正的不同斜角。

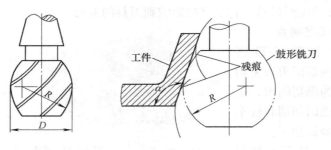

图 12-27　鼓形铣刀

（6）成形铣刀　成形铣刀一般是为特定形状的工件专门设计制造的。几种常见的成形铣刀如图 12-28 所示。

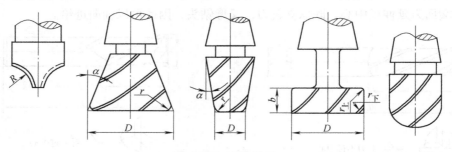

图 12-28　成形铣刀

除了以上介绍的各种铣削刀具外，还有几种孔加工刀具，它们是钻头（图 12-29）、铰刀（图 12-30）、螺纹加工刀具（图 12-31）。

直柄麻花钻

锥柄麻花钻

图 12-29 麻花钻

图 12-30 铰刀

3. 数控铣削加工常用工具

（1）卸刀器 卸刀器也叫锁刀座，是装卸数控铣床和加工中心刀具的工具，如图 12-32 所示。

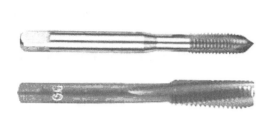

图 12-31 丝锥

图 12-32 卸刀器

（2）Z 轴设定器 利用 Z 轴设定器可以进行 Z 向对刀。Z 轴设定器有光电式和指针式等类型，如图 12-33 所示。

（3）寻边器 如图 12-34 所示，寻边器用于工件的 X、Y 方向对刀。

图 12-33 Z 轴设定器

a) 偏心式寻边器

b) 光电式寻边器

图 12-34 寻边器

（4）对刀仪 机外对刀仪用来测量刀具的长度、直径和刀具形状、角度，可避免试切法对刀和使用对刀工具对刀时产生的误差，大大提高对刀精度，如图 12-35 所示。

4. 数控铣床常用夹具

作为机床夹具，首先要满足机械加工时对工件的装夹要求，常用机床夹具如下：

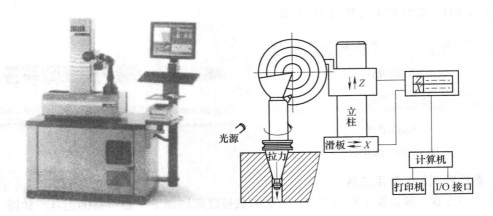

图 12-35　对刀仪及对刀原理示意图

（1）自定心卡盘　自定心卡盘是一种常用的自动定心夹具，适用于装夹轴类、盘套类零件，如图 12-36 所示。

（2）单动卡盘　单动卡盘用于外形不规则、非圆柱体、偏心及需要端面定位的工件的装夹，如图 12-37 所示。

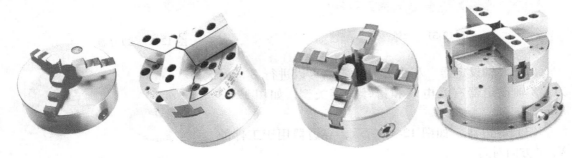

图 12-36　自定心卡盘　　　　　　　　　图 12-37　单动卡盘

（3）机用虎钳　机用虎钳是一种通用夹具，一般用来装夹中小型工具，如图 12-38 所示。

图 12-38　机用虎钳

（4）通用组合夹具　通用组合夹具包括压板和螺栓，对于较大工件或某些不宜用机用虎钳装夹的工件，可直接用压板和螺栓将其固定在工作台上，如图 12-39 所示。

（5）万能分度头　万能分度头是数控铣床上的主要附件之一，利用分度刻度环和游标、定位销和分度盘以及交换齿轮，能将装卡在顶尖间或卡盘上的工件分成任意角度，可将圆周分成任意等分，辅助机床利用各种形状的刀具进行各种沟槽、直齿圆柱齿轮、螺旋直齿圆柱齿轮、阿基米德螺线凸轮等的加工工作，如图 12-40 所示。

图 12-39　用压板和螺栓固定工件

图 12-40　万能分度头

（6）数控分度盘　如图 12-41 所示，数控分度盘可以使数控铣床增加一个或两个回转坐标，通过数控系统实现四坐标或五坐标联动，从而有效地扩大工艺范围，加工更为复杂的工件。

12.5.2　数控铣削加工的程序编制

1. 数控铣削编程原理

数控加工程序编制实质上是将数控加工的工艺方

图 12-41　数控分度盘

案用另一种形式来进行表达，而这种表达形式及其包含的信息是数控机床可以接受和执行的。在数控铣削加工时，数控铣床控制的是主轴中心即刀具中心的空间位置和运动轨迹，这些是构成数控加工程序的主要内容，当然还包括与机床其他动作有关的信息。

下面以平面轮廓零件的加工为例来说明数控铣削编程的基本原理。

如图 12-42 所示，当数控铣床对工件外形进行加工时，无论铣刀的实际直径是多少，其刀具的中心运动轨迹都是零件轮廓的等距线，因此只要根据轮廓尺寸和刀具的直径尺寸就可以计算出等距线，只是根据组成零件的几何要素的不同，计算的难易程度也不一样。因为数控系统具有刀具补偿功能，只要给出零件轮廓上各几何要素的交点或切点的坐标及刀具的直径，数控系统就可以自动计算出刀具中心运动轨迹上各个点的坐标位置，从而完成零件轮廓的加工。

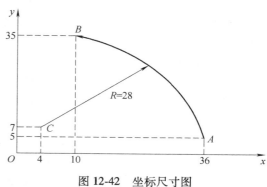

图 12-42　坐标尺寸图

实际上，数控铣削编程就是按照数控系统规定的格式和代码要求，根据事先设计好的走刀路线，将刀具中心运动轨迹上或零件轮廓上各点的坐标编写成数控加工程序。数控加工程序就是数控加工的工艺方案，而不仅仅是一些数字、字母或符号的组合。对于各种曲面的加工，就需要确定刀具的空间坐标位置，计算比较复杂，而且数据量大，但原理相同。

2. 数控铣床坐标系和程序零点

（1）数控铣床坐标系与机床原点　数控铣床是用来加工零件的平面、内外轮廓、孔、攻螺纹等工序的，并可通过两轴联动加工零件的平面轮廓。通过两轴半控制、三轴或多轴联动来加工空间曲面零件。为了在加工零件中确定工件在机床中的位置，必须建立机床坐标系。机床坐标系是机床本身固有的，它的原点称为机床零点，是一个固定的点，由生产厂家在设计机床时确定。

（2）机床参考点　为了正确建立机床坐标系，通常设置一个机床参考点作为测量起点，它是机床坐标系中一个固定不变的点，该点就是机床的参考点，如图 12-43 所示。

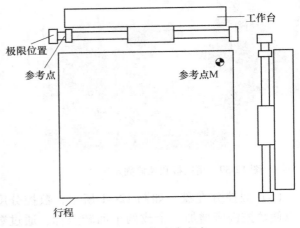

图 12-43　机床参考点

机床参考点可以和机床零点重合，也可以不重合。当参考点和机床零点重合时，回零参考点的操作也叫回零操作。当机床开机后，应首先回参考点（或称回零），以便建立机床坐标系。当电源关断后机床便失去记忆，因此每次开机必须重新回参考点。如果没有回参考点操作，机床会产生意想不到的运动而发生危险。

（3）工件坐标系　工件坐标系是用来确定工件几何形体上各要素的位置而设置的坐标系，也称编程坐标系。工件坐标系的原点即为工件零点，工件坐标系原点的确定是通过对刀实现的。工件零点的位置是任意的，它是由编程人员在编制程序时根据零件的特点选定的。

设置工件坐标系原点的一般原则为：

1）工件零点应选在零件图的尺寸基准上，这样便于坐标值的计算，减少计算工作量。

2）工件零点尽量选在精度较高的工件表面，以提高被加工零件的加工精度，和同一批零件的一致性。

3）对于对称的零件，工件零点应设在对称中心上。

4）对于一般零件，工件零点设在工件外轮廓的某一角上。

5）Z 轴方向上的零点一般设在工件的上表面。

（4）编程零点　一般情况下，编程零点即编程人员在计算坐标值时的起点，编程人员在编制程序时不考虑工件在机床上的装夹位置，它只是根据零件的特点和尺寸来编程，因此，对于一般零件来讲，工件零点即为编程零点。

3. 坐标系设定（以华中数控系统 HNC-21/22 为例）

（1）数控机床的对刀　对所选择的刀具，在使用前都需对刀具尺寸进行严格的测量以获得精确数据，并由操作者将这些数据输入数据系统，经程序调用而完成加工过程，从而加工出合格的工件。

建立工件坐标系的过程称为对刀，即确定编程零点在机床坐标系中的位置。零件加工程序执行 G92 指令的起刀点称为对刀点，它与编程零点之间有固定的坐标关系。对刀点可与编程零点重合，也可在任何便于对刀之处。

（2）用 G92 设定工件坐标系的方法　格式为 G92 X ＿ Y ＿ Z ＿，这里 X、Y、Z 是设定的工件坐标系原点到刀具起点的有向距离。G92 指令通过设定刀具起点（对刀点）与坐标系原点的相对位置建立工件坐标系。工件坐标系一旦建立，后续的绝对值编程时的指令值就是在此坐标系中的坐标值。G92 指令是规定工件坐标系原点的指令，坐标值 X、Y、Z 为刀具刀位点在工件坐标系中（相对于编程零点）的初始位置。执行 G92 指令时，机床不动作，即 X 轴、Y 轴、Z 轴均不移动。

例：使用 G92 指令，建立如图 12-44 所示的工件坐标系。

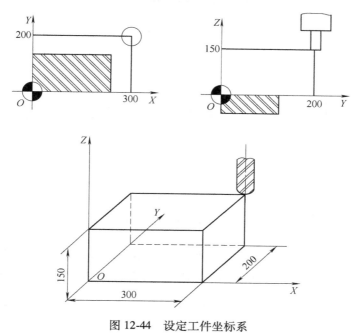

图 12-44　设定工件坐标系

G92 X300 Y200 Z150

说明：设定刀具起点和工件坐标系原点的距离，该点位置为（300，200，150）；此程序段只建立工件坐标系，刀具并不产生运动；刀尖与程序起刀点重合。G92 指令为非模态指令，一般放在一个零件程序的第一段。

（3）用 G54～G59 选择工件坐标系的方法　格式为 G54～G59 X ＿ Y ＿ Z ＿，G54～G59 在数控系统面板上可预定 6 个工件坐标系，它们之间的关系如图 12-45 所示。

使用 G54～G59 建立工件坐标系时，该指令可单独指定，也可与其他指令同段指定（图 12-46）。使用该指令前，先用 MDI 方式输入该坐标系原点在机床坐标系中的坐标值，使用 G54 指令在开机前，必须回一次参考点（即回零操作），以保证位置的精确。

当程序中执行 G54～G59 中某一个指令，后续程序段中绝对值编程时的指令值均为相对于此工件坐标系原点的值。G54～G59 指令程序段可以和 G00、G01 指令组合，如 G54 G90

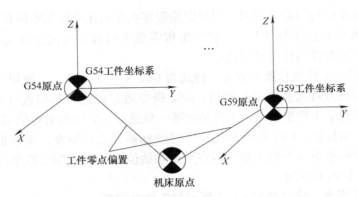

图 12-45　工件坐标系选择（G54～G59）

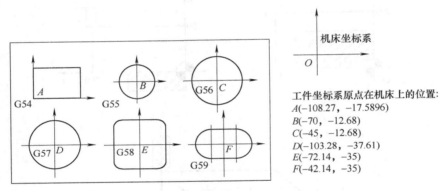

工件坐标系原点在机床上的位置：
$A(-108.27, -17.5896)$
$B(-70, -12.68)$
$C(-45, -12.68)$
$D(-103.28, -37.61)$
$E(-72.14, -35)$
$F(-42.14, -35)$

图 12-46　G54～G59 选择工件坐标系

G01 X0 Y100 Z200 时，运动部件在选定的加工坐标系中进行移动。程序段运行后，无论刀具当前点在哪里，它都会移动到加工坐标系中的 X0 Y100 Z200 点上（图 12-47）。

加工方式：	自动	运行正常	10:49:02		运 行 程 序 索 引	
当前加工程序行：					无	N0000

自动坐标系G54

X	0.000
Y	100.000
Z	200.000

机 床 实 际 位 置
X	105.250
Y	1.307
Z	-382.607
F	0.000

工 件 坐 标 零 点
X	0.000
Y	0.000
Z	0.000

主轴修调	0%
进给修调	100%
快速修调	100%

M O T 0　CT 0

MDI: X-108.27Y-17.589Z-123.4

| 刀库表 F1 | 刀具表 F2 | 坐标系 F3 | 返回断点 F4 | 重新对刀 F5 | MD运行 F6 | MDI清除 F7 | F8 | 显示方式 F9 | 返回 F10 |

图 12-47　工件零点偏置值

例：如图 12-48 所示，用 G54 和 G59 选择工件坐标系指令编程：要求刀具从当前点（任一点）移动到 A 点，再从 A 点移动到 B 点。

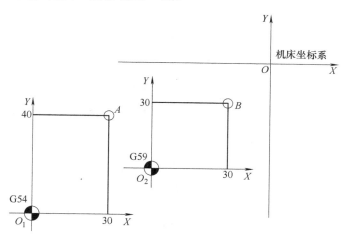

图 12-48　G54～G59 零点偏置

```
% 1000
N01 G54                        ; 选择工件坐标系,原点为 O₁
N02 G00 G90 X30 Y40;           ; 当前点→A
N03 G59;                       ; 选择工件坐标系原点为 O₂
N04 G00 X30 Y30;               ; 移动,A→B
N05 M03;                       ; 主轴正转
```

使用 G54～G59 这组指令前，先用 MDI 方式输入各坐标系的坐标原点在机床坐标系中的坐标值。通过 MDI 方式在设置参数方式下设定工件坐标系的，一旦设定，加工原点在机床坐标系中的位置是不变的。它与刀具的当前位置无关，除非再通过 MDI 方式修改。

G92 指令与 G54～G59 指令都是用于设定工件坐标系的，但在使用中是有区别的。G92 指令是通过程序来设定、选用工件坐标系的，它所设定的工件坐标系原点与当前刀具所在的位置有关，这一加工原点在机床坐标系中的位置是随当前刀具位置的不同而改变的。

12.5.3　XK6325B 数控摇臂铣床

1. XK6325B 数控摇臂铣床（图 12-49）功能介绍

（1）机床的功能特点　XK6325B 数控摇臂铣床，配用武汉华中数控股份有限公司生产的 HNC-21/M 型数控系统，对主轴套筒和工作台纵横向移动进行数字控制。用户按照加工零件的加工尺寸和工艺要求，先编制加工程序，通过键盘输入控制器，在系统内转变成电信号，然后经驱动器放大功率后，分别驱动 X 轴、Y 轴、Z 轴的伺服电动机，实现铣床的三轴联动功能，完成各种复杂形状的加工。本机床适用于多品种小批量生产的零件，对各种具有复杂曲线的凸轮、样板、弧形槽等零件的加工效能尤为显著。机床的定位精度和重复定位精度较高，不需要模具就能确保零件的加工精度。空行程可采用快速，减少辅助时间，提高劳动生产率。

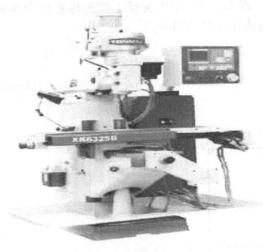

图 12-49　XK6325B 数控摇臂铣床

（2）机床的主要规格和精度

1）工作台。

工作台面积（宽×长）：250mm×1120mm。

工作台纵向行程：680mm。

工作台横向行程：350mm。

升降台垂向行程：440mm。

T 形槽数及宽度：3×14mm。

T 形槽间距：65mm。

工作台允许最大承重：250kg。

2）主轴。

主轴转速（16 级）：65～4760r/min。

主轴孔锥度：R8。

主轴套筒行程：100mm。

主轴中心至床身导轨面的距离：170～470mm。

主轴断面至工作台面的高度：62～381mm。

3）摇臂。

摇臂行程：300mm。

摇臂回转角度：360°。

4）进给速度。

铣削进给速度：0～1m/min。

快速移动速度：2m/min。

5）电动机。

主轴电动机：1.5kW。

进给电动机：3.57N·m。

冷却泵电动机 40W。

6) 精度。

分辨率: 0.001mm。

定位精度:

X 轴: 0.06mm。

Y 轴: 0.05mm。

Z 轴: 0.04mm。

重复定位精度: 0.015mm。

7) 控制器型号: KND。

(3) 机床的结构特点 本机床共分为 6 个主要部分, 即床身部分; 铣头、变速箱部分; 工作台部分、横进给部分; 升降台部分; 冷却、润滑及电气部分。铣头装于摇臂上, 能在垂直面内做纵、横两个方向的回转。纵向可向左右各回转 90°, 横向可向前向后各回转 45°, 摇臂能前、后移动并在水平面内做 360° 回转, 因而加工零件尺寸允许大于工作台面。

2. XK6325B 数控摇臂铣床实训操作流程

(1) 开机操作

1) 机床上电 (使蓝色电器箱上旋钮在 "ON" 的位置)。

2) 数控系统上电 (按下操作面板侧面绿色按钮), 等待界面稳定, 最上方蓝色行显示 "急停" 及 "运行正常" 状态。

3) 伺服系统上电。旋开操作面板右上方黄色急停按钮, 按下操作面板左下方 "超程解除" 键, 此时 "急停" 转换为 "复位" 状态, 复位状态下不能进行任何操作, 直到显示 "手动" 状态为止。

(2) 坐标轴移动

1) 手动操作。按下屏幕下方 "手动" 键, 使最上方蓝色行显示 "手动" 加工方式, 分别按压右下方面板 "-X" "+X" "-Y" "+Y" "-Z" "+Z" 键, 各坐标轴分别向其正向或负向连续移动。如果同时按压 X、Y 坐标轴键, 可实现两轴联动, Z 轴必须小心并单独操作; 若同时按坐标轴键及中间 "快进" 键, 则可实现坐标轴快速进给。

注意: 开机后, 默认进给及快速修调均为 10% 状态, 进给速度很慢, 如果按下控制面板的三个 "100%" 键则使移动速度变为正常, 也可根据需要按其侧面 "+" "-" 键, 每按一次增加或减少修调倍率的 10%。

2) 步进手轮操作。按下屏幕下方 "增量" 键, 当手持单元的坐标轴选择开关置于 "OFF" 时, 最上方蓝色行显示 "步进" 加工方式。以 X 轴为例, 按下 "+X" 或 "-X" 键, 只向正向或负向移动一个增量值, 增量值倍率选择位于 "增量" 键下方, 有 "×1" "×10" "×100" "×1000" 键 4 种方式。

注意: 各坐标轴正方向安全行程均只到 +5, 负向安全行程为 X 轴 "-670", Y 轴 "-260", Z 轴 "-75"。操作时请在安全行程范围内操作, 如遇超程情况须反向操作解除超程。

(3) 回参考点操作 (建立机床坐标系)

1) 按 F9 "显示切换" 键, 切换到四坐标界面, 看左下角的机床实际坐标值是否都为负值, 不为负值调为负值, 安全状态是 Z 轴 "-5" 左右, X 轴和 Y 轴为 "-10" 左右。

2）按"回参考点"键，使最上方蓝色行显示"回零"加工方式。顺序是先按"+Z"，再按"+X"或"+Y"。

开机回零后，"回参考点"键将不被使用，因为在此方式下不能进行任何其他操作。

3）在"手动"或"手摇"加工方式下，把工作台移动到目测中心位置，防止工作台重心偏移。

（4）关机操作

1）伺服系统断电。按下"急停"按钮。

2）数控系统断电。按下操作面板侧面红色按钮。

3）机床断电。使电器箱上旋钮在"OFF"的位置。

4）在关机时，工作台必须在目测中心位置，显示屏在任意状态下均可关机。

（5）编辑程序　在系统主菜单下，按F1"程序"键，进入其功能子菜单。

1）选择程序。按F1"选择程序"键，可用"↑""↓"键选择所需程序，按"Enter"键进入选择程序状态。

2）新建程序。按F2"编辑程序"键，再按F3"新建程序"键，系统提示输入新建文件名，输入文件名后，按"Enter"键进入编辑程序界面，即可输入程序名及已编辑好的程序，完成后按F4"保存程序"键，"Pgup"键、"PgDn"键为上下翻页键，"BS"键为删除前一字符。

注意：文件名开头必须为字母O，后可加四位数字，例如：O8030。程序名开头必须为%，后加小于或等于4位的数字，但数字不能全为0，例如：%0112。

（6）程序校验

1）在手动加工方式下，按"机床锁住"键，使机床处于安全状态。

2）使加工方式在"自动"或"单段"状态。

3）按F9"显示切换"键使界面处在图形界面状态。

4）选择原有程序或编辑一个新程序。

5）按F5"程序校验键"。

6）按面板最右侧绿色"循环启动"键。

注意：校验后，可根据图形或下方提示行所给信息，在编辑程序下修改程序，若想修改红色行，按F6"停止运行"键，再回到编辑界面即可进行修改。"重新运行"键，是再一次加工，并非重新校验。

3. 试切法对刀操作（建立工件坐标系）

首先在工作台上安装好所选择的80mm×100mm×150mm毛坯料。

（1）坐标轴X方向和Y方向对刀　调整主轴转速并使其正转，以X轴方向对刀为例（Y轴同理），操作步骤如下：

1）从毛坯X轴左侧（或右侧）准备切入并留取一定空间。

2）使刀具在Y轴方向内进刀，但不宜过深，大约距上表面5mm左右。

3）贴近毛坯料，先使用稍大倍率调整，接近后，倍率调整为"×1"直至产生飞屑为止。

4）在主菜单下按F5"设置"键，在四坐标界面下，再按F6"X轴清零"键，观察右上角相对坐标值X清零。

5）抬起刀具，向毛坯右侧移动 X 轴，距离为 $X/2+R$（R 为刀具半径）。

6）按 F1 "坐标系设定"，把当前所在机床指令坐标 X 值记录在 G54～G59 中任意一个工件坐标系中。

（2）坐标轴 Z 方向对刀

1）调整刀具至毛坯上方位置。

2）使用 "×10" 倍率缓慢下刀，刀具将接近毛坯上表面时，倍率调整为 "×1" 位置，直到产生飞屑为止。

3）在设置子菜单下，按 F8 "Z 轴清零" 键，并重复上述第（1）项第 6）条操作步骤并记录数值。

4）抬起刀具，主轴停止转动，完成对刀操作。

注意：X 轴、Y 轴方向对刀所用倍率对初学者应设为 "×10" 位置，熟练后可调整为 "×100" 位置，Z 轴方向倍率必须设为 "×10" 位置，X、Y、Z 三个坐标轴所对应的数值要输入同一个共建坐标系中，如 G54 坐标系。

扩展内容及复习思考题

第13章 特 种 加 工

【目的与要求】

1. 了解特种加工的产生、分类、特点及应用。

2. 掌握电火花加工的基本原理，了解电火花加工的分类、特点及应用。掌握数控电火花线切割加工的基本原理、加工特点及应用。

3. 熟悉数控电火花线切割机床的分类和组成；了解电火花穿孔成形加工和电火花高速小孔加工的基本原理、设备组成和应用。

4. 了解激光加工、超声加工的基本原理、设备组成和应用。

5. 掌握数控电火花线切割的安全操作技术规程。

6. 熟悉数控高速电火花线切割机床的操作，并能加工出符合要求的零件。

13.1 概述

13.1.1 特种加工的产生与特点

特种加工是指传统的切削加工以外的新的加工方法。传统的切削加工是利用刀具和工件做相对运动从毛坯（铸件、锻件或型材坯料等）上切去多余的金属，以获得尺寸精度、形状精度、位置精度和表面粗糙度完全符合图样要求的机器零件，如车削、钻削、铣削、刨削、磨削等。切削加工的本质和特点为：一是靠刀具材料比工件更硬；二是靠机械能把工件上多余的材料切除。

20世纪50年代以来，随着生产发展和科学实验的需要，很多工业部门，尤其是国防工业部门，要求尖端科学技术产品向高精度、高速度、高温、高压、大功率、小型化等方向发展，它们所使用的材料越来越难加工，零件形状越来越复杂，表面精度、表面粗糙度和某些特殊要求也越来越高，对机械制造部门提出了下列新的要求：

1）解决各种难切削材料的加工问题。如硬质合金、钛合金、耐热钢、不锈钢、淬火钢、金刚石、宝石、石英、锗、硅等各种高硬度、高强度、高韧性、高脆性的金属及非金属的加工。

2）解决各种特殊复杂表面的加工问题。如喷气涡轮机叶片、整体涡轮、发动机机匣和锻压模、注射模的立体成型表面，各种冲模、冷拔模上特殊截面的型孔，炮管内腔线，喷油器、栅网、喷丝头上的小孔、窄缝等的加工。

3）解决各种超精、光整或具有特殊要求的零件的加工问题。如对表面质量和精度要求很高的航天航空陀螺仪以及细长轴、薄壁零件、弹性元件等低刚度零件的加工。

要解决这一系列工艺问题，仅仅依靠传统的切削加工方法就很难实现，甚至根本无法实现，人们相继探索研究新的加工方法，特种加工就是在这种前提条件下产生和发展起来的。

比如，当工件材料非常硬，传统的切削工具根本无法完成加工的时候怎么办？于是人们开始探索能否用软的工具加工硬的材料，能否采用电、化学、光、声、热等能量来进行加工。到目前为止，已经找到了多种这一类的加工方法。为了区别现有的金属切削加工，这类新加工方法统称为特种加工。它们与切削加工的不同点是：

1）不是主要依靠机械能，而是主要用其他能量（如电、化学、光、声、热等）去除金属材料。

2）工具材料的硬度可以低于被加工材料的硬度。

3）加工过程中工具与工件之间不存在显著的机械切削力。

正因为特种加工工艺具有上述特点，所以就总体而言，特种加工可以加工任何硬度、强度、韧性、脆性的金属或非金属材料，且专长于加工复杂、微细表面和低刚度零件。同时，有些方法还可用以进行超精加工、镜面光整加工和纳米级（原子级）加工。

13.1.2　特种加工的分类

特种加工的分类还没有明确的规定，一般按照能量来源和作用形式以及作用原理可分为表 13-1 所示的形式。

表 13-1　常用特种加工分类表

特种加工		能量来源及形式	作用原理	英文缩写
电火花加工	电火花成型加工	电能、热能	熔化、汽化	EDM
	电火花线切割加工	电能、热能	熔化、汽化	WEDM
电化学加工	电解加工	电化学能	金属离子阳极溶解	ECM（ELM）
	电解磨削	电化学能、机械能	阳极溶解、磨削	EGM（ECG）
	电解研磨	电化学能、机械能	阳极溶解、研磨	ECH
	电铸	电化学能	金属离子阴极沉积	EFM
	涂镀	电化学能	金属离子阴极沉积	EPM
激光加工	激光切割、打孔	光能、热能	熔化、汽化	LBM
	激光打标记	光能、热能	熔化、汽化	LBM
	激光处理、表面改性	光能、热能	熔化、相变	LBT
电子束加工	切割、打孔、焊接	电能、热能	熔化、汽化	EBM
离子束加工	蚀刻、镀覆、注入	电能、动能	原子撞击	IBM
等离子弧加工	切割（喷镀）	电能、热能	熔化、汽化（涂覆）	PAM
超声加工	切割、打孔、雕刻	声能、机械能	磨料高频撞击	USM
化学加工	化学铣削	化学能	腐蚀	CHM
	化学抛光	化学能	腐蚀	CHP
	光刻	光能、化学能	光化学腐蚀	PCM
快速成形	液相固化法	光能、化学能	增材法加工	SL
	粉末烧结法			SLS
	纸片叠层法	光能、机械能		LOM
	熔丝堆积法	电能、热能、机械能		FDM

在特种加工范围内还有一些属于降低表面粗糙度值或改善表面性能的工艺，前者如电解抛光、离子束抛光等，后者如电火花表面强化、镀覆、刻字，激光表面处理、改性，电子束曝光，离子束注入掺杂等。随着半导体大规模集成电路生产发展的需要，上述提到的电子束、离子束加工就是近年来提出的超精微加工，即所谓原子、分子单位的纳米加工方法。

尽管特种加工具有传统加工无法比拟的优点且应用日益广泛，但不同形式的特种加工的特点和应用范围也不一样，表 13-2 为几种常用特种加工的综合比较。

表 13-2　几种常用特种加工的综合比较

加工方法	可加工材料	最低/平均工具损耗率（%）	平均/最高材料去除率/(mm³/min)	可达到尺寸平均/最高精度/mm	可达到平均/最高表面粗糙度 Ra/μm	主要应用范围
电火花加工	任何导电的金属材料，如硬质合金、耐热钢、不锈钢、淬火钢、钛合金等	0.1/10	30/3000	0.03/0.003	10/0.04	从数微米的孔、槽到数米的超大型模具、工件等。如圆孔、方孔、异形孔、深孔、微孔、弯孔、螺纹孔以及冲模、锻模、压铸模、炉料、塑料模、拉丝模，还可以刻字、表面强化、涂覆加工
电火花线切割加工		较小（可补偿）	20/200	0.02/0.002	5/0.32	切割各种冲模、塑料模、粉末冶金模等二维及三维直纹面组成的模具和零件。可直接切割各种样板、磁钢、硅钢片，也常用于钼、钨、半导体材料或贵重金属的切割
电解加工		不损耗	100/10000	0.1/0.01	1.25/0.16	从细小零件到1t重的超大型工件及模具。如仪表微型小轴、齿轮上的毛刺、涡轮叶片、炮管膛线、螺旋内花键、各种异形孔、锻造模、铸造模，以及抛光、去毛刺等
电解磨削		1/50	1/100	0.02/0.001	1.25/0.04	硬质合金等难加工材料的磨削。如硬质合金刀具、量具、轧辊、小孔、深孔、细长杆磨削，以及超精光整研磨、珩磨
超声加工	任何脆性材料	0.1/10	1/50	0.03/0.005	0.63/0.16	加工、切割脆性材料。如玻璃、石英、宝石、金刚石及半导体单晶锗、硅等，可加工型孔、型腔、小孔、深孔等

（续）

加工方法	可加工材料	最低/平均工具损耗率（%）	平均/最高材料去除率/（mm³/min）	可达到尺寸平均/最高精度/mm	可达到平均/最高表面粗糙度 Ra/μm	主要应用范围
激光加工	任何材料	不损耗（三种加工没有成形的工具）	瞬时去除率很高，受功率限制，平均去除率不高	0.01/0.001	10/1.25	精密加工小孔、窄缝及成形切割、刻蚀，如金刚石拉丝模、钟表宝石轴承、化纤喷丝孔、不锈钢板上打小孔，切割钢板、石棉、纺织品、纸张，还可焊接、热处理
电子束加工						在各种难加工材料上打微孔、切割、刻蚀，曝光以及焊接等，常用于铸造中、大规模集成电路微电子器件
离子束加工			很低	/0.01μm	/0.01	对零件表面进行超精密、超微量加工、抛光、刻蚀、掺杂、镀覆等
水射流切割	钢铁、石材	无损耗	>300	0.2/0.1	20/5	下料、成形切割、剪裁
快速成形	增材加工，无可比性			0.3/0.1	10/5	快速制作样件、模具

13.2　电火花加工

电火花加工又称放电加工，是 20 世纪 40 年代开始研究并逐步应用于生产的。它是在加工过程中，使工具和工件之间不断产生脉冲性的火花放电，靠放电时局部、瞬时产生的高温把金属蚀除下来。因放电过程中可见到火花，故称之为电火花加工。日本、英国、美国称之为放电加工，俄罗斯称之为电蚀加工。

13.2.1　电火花加工的基本原理和设备组成

1. 电火花加工的基本原理

电火花加工的原理基于工具和工件（正、负电极）之间脉冲性火花放电时的电腐蚀现象来蚀除多余的金属，以达到对零件的尺寸、形状及表面质量预定的加工要求。电腐蚀现象早在 19 世纪初就被人们发现了，例如在插头或电器开关触头开、闭时，往往产生火花而把接触表面烧毛、腐蚀成粗糙不平的凹坑而逐渐损坏。研究结果表明，电腐蚀产生的主要原因是：电火花放电时火花通道中瞬时产生大量的热，达到很高的温度，足以使任何金属材料局部熔化、汽化而被蚀除掉，形成放电凹坑。

要利用电腐蚀现象对金属材料进行尺寸加工，必须具备以下 3 个条件：

1）必须使工具电极和工件被加工表面之间经常保持一定的放电间隙，这一间隙随加工条件而定，通常为几微米至几百微米。如果间隙过大，极间电压不能击穿极间介质，因而不会产生火花放电；如果间隙过小，很容易形成短路接触，同样也不能产生火花放电。为此，在电火花加工过程中必须具有工具电极的自动进给和调节装置，使其和工件保持某一放电间隙。

2）火花放电必须是瞬时的脉冲性放电，放电延续一段时间后，需停歇一段时间，放电延续时间一般为 $1 \sim 1000\mu s$，这样才能使放电所产生的热量来不及传导扩散到其余部分，把每一次的放电蚀除点分别局限在很小的范围内；否则，像持续电弧放电那样，会使表面烧伤而无法用做尺寸加工。为此，电火花加工必须采用脉冲电源。图 13-1 所示为脉冲电源的空载电压

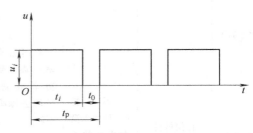

图 13-1 脉冲电源的空载电压波形

波形，图中 t_i 为脉冲宽度，t_0 为脉冲间隔，t_p 为脉冲周期，u_i 为脉冲峰值电压或空载电压。

3）火花放电必须在有一定绝缘性能的液体介质中进行，例如煤油、皂化液或去离子水等。液体介质又称工作液，它们必须具有较高的绝缘强度（$10^3 \sim 10^7 \Omega \cdot cm$），以有利于产生脉冲性的火花放电，同时，液体介质还能把电火花加工过程中产生的金属小屑、炭黑等电蚀产物从放电间隙中悬浮排除出去，并且对电极和工件表面有较好的冷却作用。

图 13-2 为电火花加工原理示意图。工件和工具分别与脉冲电源的两输出端相连接。自动进给调节装置使工具和工件之间经常保持一个很小的放电间隙，当脉冲电压加到两极之间时，便在当时条件下某一间隙最小处或绝缘强度最低处击穿介质，在该局部产生火花放电，瞬时高温使工具和工件表面都蚀除掉一小部分金属，形成一个小凹坑，如图 13-3 所示。其中图 13-3a 表示单个脉冲放电后的电蚀坑，图 13-3b 表示多次脉冲放电后的电极表面。脉冲放电结束后，经过一段间隔时间（即脉冲间隔 t_0），工作液恢复绝缘后，第二个脉冲电压又加到两极上，又会在当时极间距离相对最近或绝缘强度最弱处击穿放电，又电蚀出一个小凹坑。这样随着相当高的频率、连续不断地重复放电，工具电极不断地向工件进给，就可将工具的形状复制在工件上，加工出所需要的零件，整个加工表面是由无数个小凹坑组成的。

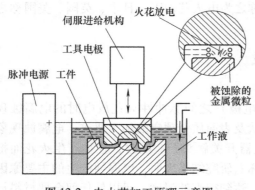

图 13-2 电火花加工原理示意图

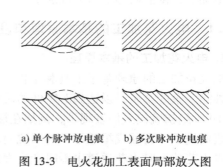

a) 单个脉冲放电痕　　b) 多次脉冲放电痕

图 13-3 电火花加工表面局部放大图

2. 电火花加工设备的组成

电火花加工机床一般由机床本体、脉冲电源、自动进给调节装置、工作液净化及循环系统 4 个部分组成。图 13-4 所示为电火花加工机床结构示意图。

（1）机床本体　用来固定装夹工件和工具电极，实现工具与工件之间精确的相对运动。机床本体包括床身、工作台、主轴头、立柱等部分。

（2）脉冲电源　周期性地利用电容器缓慢充电并在极短时间内快速放电，把直流或整流后的电流转换成具有一定频率的重复脉冲电流。它是产生脉冲放电实现蚀除加工的供能装置。

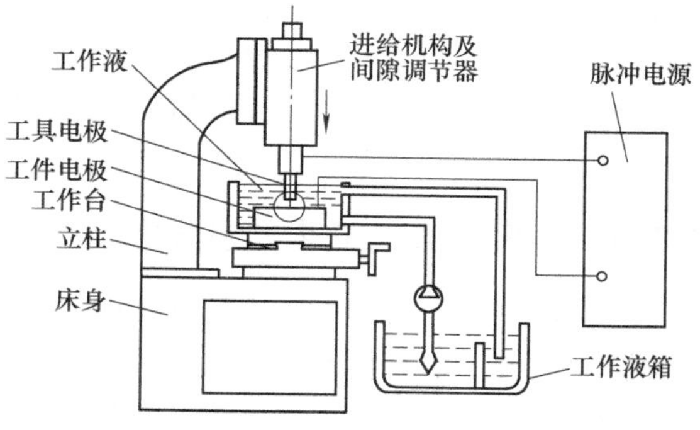

图 13-4　电火花加工机床结构示意图

（3）自动进给调节装置　脉冲放电必须在一定的间隙下才能产生，这一间隙依据加工条件而定。放电间隙的大小对蚀除效果有一个最佳值，加工时应将放电间隙控制在最佳值附近。采用自动进给调节系统控制工具电极的进给，自动调节工具电极与工件之间的合理的放电间隙，使得放电加工能顺利进行。自动进给调节装置常采用的传动方式有两种，即液压传动方式和电动机传动方式。由于数控电火花机床的发展，已广泛采用宽调速力矩电动机并配以码盘作为数控电火花加工机床的自动进给调节装置。

（4）工作液净化及循环系统　为使电蚀产物及时排除，一般采用强迫循环方式，并经过滤以保持工作液的清洁，防止因工作液中电蚀产物过多而引起短路或电弧放电。

13.2.2　电火花加工的特点及其应用

1. 电火花加工的主要优点

（1）适合于任何难切削材料的加工　由于加工中材料的去除是靠放电时的电热作用实现的，材料的可加工性主要取决于材料的导电性及其热学特性，如熔点、沸点、比热容、电导率、电阻率等，而几乎与其力学性能（硬度、强度等）无关。这样可以突破传统切削加工对刀具的限制，可以实现用软的工具加工硬韧的工件，甚至可以加工像聚晶金刚石、立方氮化硼一类的超硬材料。目前电极材料多采用纯铜或石墨，因此工具电极较容易加工。

（2）可以加工特殊及复杂形状的表面和零件　由于加工中工具电极和工件不直接接触，没有机械加工宏观的切削力，因此适宜加工低刚度工件及做微细加工。由于可以简单地将工具电极的形状复制到工件上，因此特别适用于复杂表面形状工件的加工，如复杂型腔模具加工等。

2. 电火花加工的局限性

（1）主要用于加工金属等导电材料　但在一定条件下也可以加工半导体和非导体材料。

（2）一般加工速度较慢　因此通常安排工艺时多采用切削加工来去除大部分余量，然后再进行电火花加工以求提高生产率。但最近已有新的研究成果表明，采用特殊水基不燃性工作液进行电火花加工，其生产率甚至不亚于切削加工。

（3）存在电极损耗　电极损耗多集中在尖角或底面，影响成形精度。但近年来粗加工时已能将电极相对损耗比降至 0.1% 以下，甚至更小。

由于电火花加工具有许多传统切削加工所无法比拟的优点，因此其应用领域日益扩大，目前已广泛应用于机械（特别是模具制造）、电子、仪器仪表、汽车、航天等各个行业，以解决难加工材料及复杂形状零件的加工问题。加工范围已达到小至几微米的小轴、孔、缝，大到几米的超大型模具和零件。

13.2.3 电火花加工工艺方法分类

按工具电极和工件相对运动的方式和用途的不同，大致可分为电火花穿孔成形加工、电火花线切割、电火花磨削和镗削、电火花同步共轭回转加工、电火花高速小孔加工、电火花表面强化与刻字6大类。前5类属于电火花成形、尺寸加工，是用于改变零件形状或尺寸的加工方法；后者则属于表面加工方法，用于改善或改变零件表面性质。各种电火花加工工艺方法中以电火花穿孔成形加工和电火花线切割加工应用最为广泛。表13-3所列为总的分类情况及各类加工方法的主要特点和用途。

表 13-3 电火花加工工艺方法分类及特点和用途

类别	工艺方法	特 点	用 途	备 注
1	电火花穿孔成形加工	1. 工具和工件间主要只有一个相对的伺服进给运动 2. 工具为成形电极，与被加工表面有相同的截面或形状	1. 型腔加工：加工各类型腔模及各种复杂的型腔零件 2. 穿孔加工：加工各种冲模、挤压模、粉末冶金模、各种异形孔及微孔等	约占电火花机床总数的30%，典型机床有D7125、D7140等电火花穿孔成形机床
2	电火花线切割加工	1. 工具电极为顺电极轴线方向移动着的线状电极 2. 工具与工件在两个水平方向同时有相对伺服进给运动	1. 切割各种冲模和具有直纹面的零件 2. 下料、截割和窄缝加工	约占电火花机床总数的60%，典型机床有DK7725、DK7740数控电火花线切割机床
3	电火花内孔、外圆和成形磨削	1. 工具与工件有相对旋转运动 2. 工具与工件间有径向和轴向的进给运动	1. 加工高精度、表面粗糙度值小的小孔，如拉丝模、挤压模、微型轴承内环、钻套等 2. 加工外圆、小模数滚刀等	约占电火花机床总数的3%，典型机床有D6310电火花小孔内圆磨床等
4	电火花同步共轭回转加工	1. 成形工具与工件均做旋转运动，但二者角速度相等或成倍数，相对应接近的放电点可有切向相对运动速度 2. 工具相对工件可做纵、横向进给运动	以同步回转、展成回转、倍角速度回转等不同方式加工各种复杂型面的零件，如高精度的异型齿轮，精密螺纹环规，高精度、高对称度、表面粗糙度值小的内外回转体表面等	约占电火花机床总数不足1%，典型机床有JN-2、JN-8内外螺纹加工机床

（续）

类别	工艺方法	特 点	用 途	备 注
5	电火花高速小孔加工	1. 采用细管（>φ0.3mm）电极，管内冲入高压水基工作液 2. 细管电极旋转 3. 穿孔速度较高（60mm/min）	1. 线切割穿丝孔 2. 深径比很大的小孔，如喷嘴等	约占电火花机床总数的 2%，典型机床有 D703A 电火花高速小孔加工机床
6	电火花表面强化、刻字	1. 工具在工件表面振动 2. 工具相对工件移动	1. 模具、刀具、量具的刃口表面强化和镀覆 2. 电火花刻字、打印记	占电火花机床总数的 2%～3%，典型机床有 D9105 电火花强化器等

13.2.4 电火花穿孔成形加工

电火花穿孔成形加工是利用火花放电腐蚀金属的原理，用工具电极对工件进行复制加工的工艺方法。其应用范围包括穿孔加工和型腔加工。

1. 电火花穿孔加工

电火花穿孔加工应用比较广泛，常用来加工各种冲模、挤压模、粉末冶金模、各种异形孔及微孔等。冲模加工是电火花穿孔加工的典型应用。冲模加工主要是冲头和凹模加工，冲头可采用机械加工，而凹模应用一般的机械加工是困难的，在有些情况下甚至不可能，而靠钳工加工则劳动强度大，质量不易保证，还常因淬火变形而报废，采用电火花加工能比较好地解决这些问题。

凹模的质量指标主要是尺寸精度、冲头与凹模的单边配合间隙、刃口斜角、刃口高度和落料角。凹模的尺寸精度主要靠工具电极来保证，因此对电极的精度和表面粗糙度都应有一定的要求。由于存在放电间隙，工具电极尺寸必须小于凹模的尺寸。为保证获得冲头与凹模之间的配合间隙，电火花穿孔加工常用"钢打钢"直接配合法，此方法是用钢凸模作为电极直接加工凹模，加工时将凹模刃口端朝下，加工时形成向上的"喇叭口"，如图 13-5 所示，加工后将工件翻过来使"喇叭口"（此喇叭口有利于冲模落料）向下作为凹模。

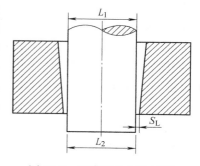

图 13-5 凹模的电火花加工

2. 电火花型腔加工

电火花型腔加工常用来加工各类型腔模及各种复杂的型腔零件。型腔模包括锻模、压铸模、胶木模、塑料模、挤压模等，它加工比较困难，主要因为是不通孔加工，工作液循环和电蚀产物排除条件差，工具电极损耗后难以补偿，金属蚀除量大；其次是加工面积变化大，加工过程中电规准调节范围也比较大，而且型腔表面复杂，电极耗损不均匀，对加工精度影响大。

常用的型腔模电火花加工方法有单电极平动法、多电极更换法、分解电极加工法和数控电极加工法。

（1）单电极平动法　单电极平动法在型腔模电火花加工中应用最广泛。它是采用一个电极完成型腔的粗、中、精加工如图 13-6 所示。这种方法的优点是只需一个电极，一次装夹定位，便可达到 ±0.05mm 的加工精度，并便于排除电蚀产物；缺点是难以获得高精度的型腔模，特别是难以加工出清棱、清角的型腔。

（2）多电极更换法　多电极更换法采用多

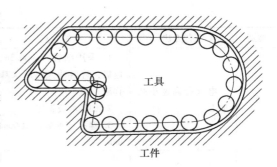

图 13-6　平动头扩大间隙原理图

个电极（分别制造的粗、中、精加工用电极）依次更换来加工同一个型腔。这种方法的优点是仿形精度高，尤其适用于尖角、窄缝多的型腔加工；缺点是需要用精密机床制造多个电极。另外，电极更换时要有高的重复定位精度，需要附件和夹具来配合，因此，一般只用于精密型腔加工。

（3）分解电极加工法　分解电极法是单电极平动法和多电极更换法的综合应用。它工艺灵活性强，仿形精度高，适用于尖角、窄缝、沉孔、深槽多的复杂型腔模具加工。根据型腔的几何形状，把电极分解成主型腔电极和副型腔电极分别制造。先用主型腔电极加工出主型腔．再用副型腔电极加工尖角、窄缝、异形不通孔等部位。

这种方法的优点是可根据主、副型腔不同的加工条件，选择不同的电极材料和加工规准，有利于提高加工速度和改善表面质量，同时还可简化电极制造，便于电极修整；缺点是主型腔和副型腔间的定位精度要求高，但当采用高精度的数控机床和完善的电极装夹附件时，这一缺点是不难克服的。

（4）数控电极加工法　采用数控电火花加工机床时，是利用工作台按一定轨迹做微量移动来修光侧面的，为区别于夹持在主轴头上平动头的运动，通常将其称作摇动。由于摇动轨迹是靠数控系统产生的，所以具有更灵活多样的模式，除了小圆轨迹运动外，还有方形、十字形运动，因此更能适应复杂形状的侧面修光的需要，尤其可以做到尖角处的"清根"，这是平动头所无法做到的。采用工作台变半径圆形摇动，主轴上下数控联动，可以修光或加工出锥面、球面。图 13-7a 所示为基本摇动式，图 13-7b 所示为锥度摇动模式。

另外，可以利用数控功能加工出以往普通机床难以或不能实现加工的零件。如利用简单电极配合侧向（X 向、Y 向）移动、转动、分度等进行多轴控制，可加工复杂曲面、螺旋面、坐标孔、侧向孔、分度槽等，如图 13-7c 所示。

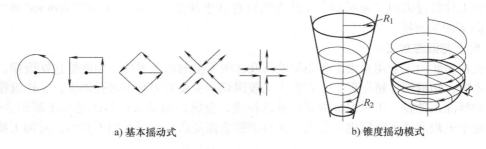

a) 基本摇动式　　　　　　　　　　　b) 锥度摇动模式

图 13-7　几种典型的摇动模式和加工实例

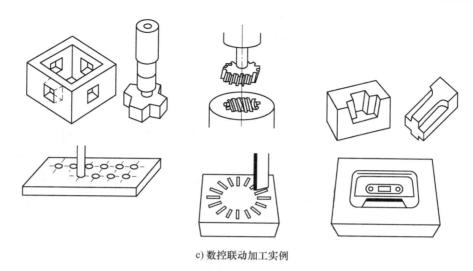

c) 数控联动加工实例

图 13-7　几种典型的摇动模式和加工实例（续）

13.3　电火花线切割加工

电火花线切割加工是在电火花加工基础上，于 20 世纪 50 年代末最早在苏联发展起来的一种新的工艺形式，是用线状电极（钼丝或铜丝）靠火花放电对工件进行切割，故称为电火花线切割，有时简称线切割。

13.3.1　电火花线切割加工的基本原理和设备组成

1. 电火花线切割加工的基本原理

电火花线切割加工的基本原理是利用移动的细金属导线（钼丝或铜丝）作电极，对工件进行脉冲火花放电、切割成形。图 13-8 为数控电火花线切割加工原理示意图。

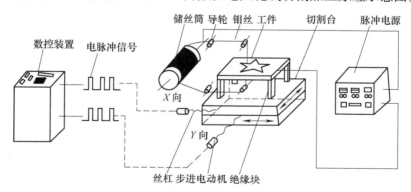

图 13-8　数控电火花线切割加工原理示意图

根据电极丝的运行速度，电火花线切割机床通常分为两大类：一类是高速走丝（或称快走丝）电火花线切割机床，这类机床的电极丝做高速往复运动，一般走丝速度为 8~10m/s，是我国生产和使用的主要机种，也是我国独有的电火花线切割加工模式；另一类是低速走丝（或称慢走丝）电火花线切割机床，这类机床的电极丝做低速单向运动，走丝速度低于0.2m/s，是国外生产和使用的主要机种。

2. 电火花线切割加工的设备组成

电火花线切割加工设备主要由机床本体、脉冲电源、控制系统、工作液循环系统四部分组成。

（1）机床本体　机床本体由床身、坐标工作台、走丝系统等组成。图 13-9 为高速走丝线切割机床本体结构示意图。

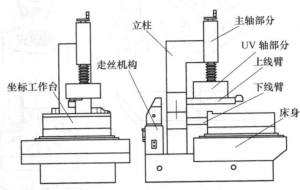

图 13-9　高速走丝线切割机床本体结构示意图

1）床身。床身是支撑和固定坐标工作台、走丝机构等的基体。

2）坐标工作台。电火花线切割机床最终都是通过坐标工作台与电极丝的相对运动来完成对零件加工的。为保证机床精度，对导轨的精度、刚度和耐磨性有较高的要求。一般都采用"十"字滑板、滚动导轨和丝杆传动副将电动机的旋转运动变为工作台的直线运动，通过两个坐标方向各自的进给移动，可合成获得各种平面图形曲线轨迹。为保证工作台的定位精度和灵敏度，传动丝杆和螺母之间必须消除间隙。图 13-10 为坐标工作台传动示意图。

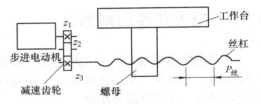

图 13-10　坐标工作台传动示意图

3）走丝系统。走丝系统使电极丝以一定的速度运动并保持一定的张力。在高速走丝机床上，一定长度的电极丝平整地卷绕在储丝筒上，丝张力与排绕时的拉紧力有关，储丝筒通过联轴器与驱动电动机相连。为了重复使用该段电极丝，电动机由专门的换向装置控制做正反向交替运转。走丝速度等于储丝筒周边的线速度，通常为 8~10m/s。在运动过程中，电极丝由丝架支撑，并依靠导轮保持电极丝与工作台垂直或倾斜一定的几何角度（锥度切割时）。为了切割有落料角的冲模和某些有锥度（斜度）的内外表面，有些线切割机床具有的锥度切割功能。图 13-11 为某种型号高速走丝线切割机床走丝系统结构简图。

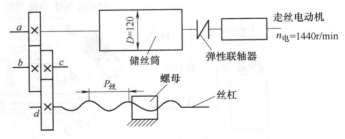

图 13-11　高速走丝线切割机床走丝系统结构简图

（2）脉冲电源　电火花线切割加工脉冲电源与电火花成形加工所用的在原理上相同，不过受加工表面粗糙度和电极丝允许承载电流的限制，线切割加工脉冲电源的脉宽较窄（2~60μs），单个脉冲能量、平均电流（1~5A）一般较小，所以线切割加工总是采用正极性加工（即工件接脉冲电源的正极）。脉冲电源的形式很多，如晶体管矩形波脉冲电源、高频分组脉冲电源、并联电容型脉冲电源和低损耗电源等。

（3）控制系统　控制系统是进行电火花线切割加工的重要环节。控制系统的稳定性、可靠性、控制精度及自动化程度都直接影响到加工工艺指标和工人的劳动强度。

控制系统的主要作用是在电火花线切割加工过程中，按加工要求自动控制电极丝相对工件的运动轨迹和伺服进给速度，来实现对工件的形状和尺寸加工。亦即当控制系统使电极丝相对于工件按一定轨迹运动时，同时还应该实现伺服进给速度的自动控制，以维持正常的放电间隙和稳定切割加工。前者轨迹控制靠数控编程和数控系统，后者是根据放电间隙大小与放电状态自动控制的，使进给速度与工件材料的蚀除速度相平衡。

电火花线切割机床控制系统的具体功能包括：

1）轨迹控制。即精确控制电极丝相对于工件的运动轨迹，以获得所需的形状和尺寸。

2）加工控制。主要包括对伺服进给速度、电源装置、走丝机构、工作液系统以及其他的机床操作控制。此外，失效、安全控制及自诊断功能也是一个重要的方面。

（4）工作液循环系统　工作液循环系统由工作液、工作液泵和循环导管等组成。工作液起绝缘、排屑、冷却等作用。每次脉冲放电后，工件与电极丝间必须迅速恢复绝缘状态，否则脉冲放电会转变为稳定持续的电弧放电，影响加工质量。加工过程中，工作液可把加工过程中产生的金属小屑、炭黑等电蚀产物迅速从电极间冲走，使加工顺利进行。工作液还可冷却受热的电极丝和工件，防止工件变形。低速走丝线切割机床大多采用去离子水作工作液，只有在特殊精加工时才采用绝缘性能较高的煤油。高速走丝线切割机床使用的工作液是专用乳化液，目前供应的乳化液有 DX-1、DX-2、DX-3 等多种，各有其特点，有的适于快速加工，有的适于大厚度切割，也有的是在原来工作液中添加某些化学成分来提高其切割速度或增加防锈能力等。对高速走丝机床，通常采用浇注式供液方式，而对低速走丝机床，近年来有些采用浸泡式供液方式。

13.3.2　线切割加工的特点及其应用

1. 线切割加工的特点

1）由于电极工具是直径较小的细丝，故脉冲宽度、平均电流等不能太大，加工工艺参数的范围较小，属于中、精正极性加工。

2）采用水或水基工作液，不会引燃起火，容易实现安全无人运行。

3）由于电极丝比较细，可以加工微细的异形孔、窄缝和复杂形状的工件。

4）由于采用移动的长电极丝进行加工，使单位长度电极丝的损耗较少，从而对加工精度的影响比较小。

5）可加工高硬度材料。

2. 线切割加工的应用范围

线切割加工为新产品试制、精密零件加工及模具制造开辟了一条新的工艺途径，主要应用于以下几个方面：

（1）加工模具　适用于加工各种形状的冲模。调整不同的间隙补偿量，只需一次编程就可以切割凸模、凸模固定板、凹模及卸料板等。还可加工挤压模、粉末冶金模、弯曲模、塑压模等，也可加工带锥度的模具。高速走丝线切割机床加工精度可达 $0.01 \sim 0.02$mm，表面粗糙度值可达 $Ra1.6 \sim 2.5\mu m$。低速走丝线切割机床加工精度可达 $0.002 \sim 0.005$mm，表

粗糙度值可达 $Ra0.4\mu m$。

（2）加工电火花成形加工用的电极　一般穿孔加工用的电极和带锥度型腔加工用的电极以及铜钨、银钨合金之类的电极材料用线切割加工特别经济，同时也适用于加工微细复杂形状的电极。

（3）加工零件　在试制新产品时，用线切割在坯料上可直接割出零件，由于不需另行制造模具等，可大大缩短制造周期、降低成本。另外修改设计、变更加工程序比较方便，加工薄件时还可多片叠在一起加工。在零件制造方面，可用于加工特殊形状、特殊材料、特殊结构的难加工零件；贵重金属切割加工，可节省不少贵金属；微细加工等。

13.3.3　电火花线切割加工的主要工艺指标及影响因素

1. 线切割加工的主要工艺指标

（1）切割速度　在保持一定的表面粗糙度的切割过程中，单位时间内电极丝中心线在工件上切过的面积总和称为切割速度，单位为 mm^2/min。最高切割速度是指在不计切割方向和表面粗糙度等条件下，所能达到的切割速度。通常高速走丝线切割速度为 $40\sim80mm^2/min$，它与加工电流大小有关，为比较不同输出电流脉冲电源的切割效果，将每安培电流的切割速度称为切割效率，一般切割效率为 $20mm^2/(min\cdot A)$。

（2）表面粗糙度　高速走丝线切割机床加工的表面粗糙度值可达 $Ra1.6\sim2.5\mu m$；低速走丝线切割机床加工的表面粗糙度值可达 $Ra0.4\mu m$。

（3）电极丝损耗量　对高速走丝机床，用电极丝在切割 $10000mm^2$ 面积后电极丝直径的减少量来表示。一般每切割 $10000m^2$ 后，钼丝直径减小不应大于 $0.01mm$。

（4）加工精度　加工精度是指所加工工件的尺寸精度、形状精度和位置精度的总称。高速走丝线切割的可控加工精度为 $0.01\sim0.02mm$，低速走丝线切割可达 $0.002\sim0.005mm$。

2. 影响线切割加工工艺指标的主要因素

（1）电参数的影响　电参数主要指脉冲宽度、脉冲间隔、脉冲频率、峰值电压、峰值电流和极性等。电规准是指电火花加工过程中的一组电参数。电参数对材料的电腐蚀过程影响极大，它们决定着表面粗糙度、蚀除率、切缝宽度的大小和钼丝的损耗率等。要求获得较低的表面粗糙度值时，应选小的电规准；要求获得较高的切割速度时，可选用大一些的电规准，但应注意所选电极丝的截面积对加工电流的限制，以免造成断丝；工件厚度大时，应选用较高的脉冲电压、较大的脉宽和峰值电流，以增大放电间隙，改善排屑条件；在易断丝的场合，如工件材料含非导电杂质多、工作液中脏污程度较严重等，应减小电流、增大脉冲间隔时间。

（2）电极丝及其走丝速度的影响　高速走丝机床主要用 $\phi0.06\sim\phi0.20mm$ 的钼丝、钨丝和钨铜丝作为电极。电极丝直径决定了切缝宽度和允许的峰值电流，最高切削速度一般都要用较粗的丝才能实现，而切割小模数齿轮等复杂零件时，采用细丝才能获得精细的形状和很小的圆角半径。

电极丝的走丝速度直接影响切割速度。在一定范围内提高走丝速度有利于电极丝把工作液带入较大厚度工件的放电间隙中，有利于电蚀产物的排除和放电的稳定。但速度过快，将加大机械振动，降低精度和切割速度，表面粗糙度也恶化，并易造成断丝，一般以小于 10m/s 为宜。

（3）切割路线的影响　在电火花线切割加工时要合理选择切割路线，否则可能产生变形，影响加工精度。通常应将工件与其夹持部分分割的线段安排在切割程序的末端。图 13-12a 是不合理的切割路线，图 13-12b 是合理的路线。

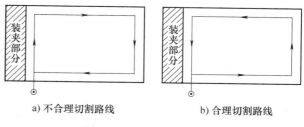

a) 不合理切割路线　　　　　b) 合理切割路线

图 13-12　切割路线的确定

13.3.4　线切割数控编程要点

数控编程就是把要切割的图形用机器所能接受的语言编排成顺序指令的过程。目前高速走丝线切割机床一般采用 3B 格式，而低速走丝线切割机床通常采用国际上通用的 ISO 格式。

1. 3B 代码编程

3B 代码程序格式为：Bx　By　BJ　G　Z

其中：

B——分隔符，用它来区分、隔离 x、y 和 J 数码，B 后的数字如为 0，则此 0 可以不写。

x、y——直线的终点或圆弧起点的坐标值（增量坐标值），编程时均取绝对值，以 μm 为单位。

J——计数长度，以 μm 为单位。

G——记数方向，分 Gx 或 Gy，即可按 x 方向或 y 方向记数，工作台在该方向每走 1μm，即计数累减 1，当累减到计数长度 J=0 时，这段程序即加工完毕。

Z——加工指令，分为直线 L 与圆弧 R 两大类。直线按走向和终点所在象限分为 L1、L2、L3、L4 4 种；圆弧按第一步进入的象限及走向的顺、逆圆而分为 SR1、SR2、SR3、SR4、NR1、NR2、NR3、NR4 8 种。

（1）直线的编程

1）把直线的起点作为坐标的原点。

2）把直线的终点坐标值作为 x、y，均取绝对值，单位为 μm，因 x、y 的比值表示直线的斜度，故亦可用公约数将 x、y 缩小。

3）计数长度 J，按计数方向 Gx 或 Gy 取该直线在 x 轴或 y 轴上的投影值，即取 x 或 y 的值，以 μm 为单位，决定计数长度时，要和选计数方向一并考虑。

4）计数方向的选择原则，取 x、y 中较大的绝对值和轴向作为计数长度 J 和计数方向，如图 13-13 所示。如是与坐标轴成 45°角的线段，计数方向取 x 轴、y 轴均可。

5）加工指令 Z，按直线走向和终点所在象限不同而分为 L1、L2、L3、L4 4 种，如图

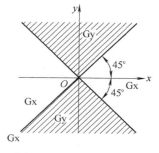

图 13-13　加工直线时计数方向的确定

13-14 所示。当直线在第 I 象限（包括 x 轴而不包括 y 轴）时，加工指令记作 L1，当处在第 II 象限（包括 y 轴而不包括 x 轴）时，加工指令记作 L2，L3、L4 依此类推。

（2）圆弧的编程

1）把圆弧的圆心作为坐标的原点。

2）把圆弧直线的起点坐标值作为 x、y，均取绝对值，单位为 μm。

3）计数长度 J 按计数方向取 x 轴或 y 轴上的投影值，以 μm 为单位。如果圆弧较长，跨越两个以上象限，则分别取计数方向 x 轴（或 y 轴）上各个象限投影值的绝对值相累加，作为该方向总的计数长度，也要和选计数方向一并考虑。

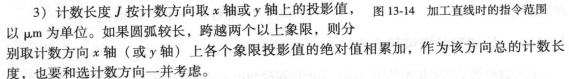

图 13-14　加工直线时的指令范围

4）计数方向的选择原则。取终点坐标中绝对值较小的轴作为计数方向（与直线相反），如图 13-15 所示。当圆弧的终点与坐标轴成 45°时，计数方向取 x 轴、y 轴均可。

5）加工指令 Z，加工顺时针圆弧时有 4 种加工指令 SR1、SR2、SR3、SR4，当圆弧的起点在第 I 象限（包括 y 轴而不包括 x 轴）时，加工指令记作 SR1，当起点在第 II 象限（包括 x 轴而不包括 y 轴）时，记作 SR2，SR3、SR4，依此类推；加工逆时针圆弧时有 4 种加工指令 NR1、NR2、NR3、NR4，当圆弧的起点在第 I 象限（包括 x 轴而不包括 y 轴）时，加工指令记作 NR1，当起点在第 II 象限（包括 y 轴而不包括 x 轴）时，记作 NR2，NR3、NR4，依此类推，如图 13-16 所示。

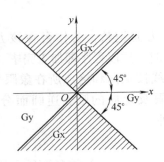

图 13-15　加工圆弧时计数方向的确定

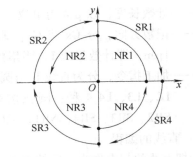

图 13-16　加工圆弧时的指令范围

2. ISO 代码编程

ISO 代码是国际标准化组织制订的通用数控编程格式。对线切割而言，程序段的格式为：

程序格式：地址+数据

　　　　G ＿ X ＿ Y ＿ I ＿ J ＿

　　　　M ＿

其中：G 表示准备功能，其后的两位数字表示不同的功能，见表 13-4；M 为辅助功能，见表 13-4；X、Y、I、J 后面是插补终点坐标值。

表 13-4　常用代码表

代码	功　能	代码	功　能
G00	快速定位	G51	锥度左偏
G01	直线插补	G52	锥度右偏
G02	顺时针圆弧插补	G80	接触感知
G03	逆时针圆弧插补	G90	绝对坐标系
G40	取消间隙补偿	G91	相对坐标系
G41	左间隙补偿	G92	定义程序起始点
G42	右间隙补偿	M00	程序暂停
G50	取消锥度	M02	程序结束

例：图 13-17 所示为一样板零件，定义 1 点为坐标原点，也为程序起始点，加工轨迹设定为①~⑧，加工程序为：

G90 G92 X0 Y0

G01 X0 Y2

G01 X−30 Y10

G01 X−30 Y34

G01 X0 Y42

G01 X0 Y32

G02 X0 Y12 I0 J−10

G01 X0 Y2

G01 X0 Y0

M02

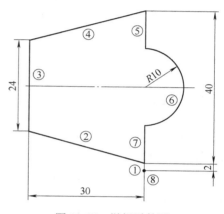

图 13-17　样板零件图

13.3.5　电火花线切割加工安全操作规程

电火花线切割操作除了必须遵守一般操作安全技术规程外，还应注意以下几点：

1）加工时应随时观察加工运行情况，保证加工顺利进行。

2）勿将非导电物体或锈蚀的工件安装在机床上进行加工，否则会损坏电源。

3）装夹工件时应考虑装夹部位和穿丝、切入点位置，保证切割路径通畅。

4）扳手等工具使用后要放在安全位置，以免发生事故。

5）加工时的进给速度不要太快，以免影响加工质量或出现断丝等。

6）加工时也不要用手或其他物体去触摸工件或电极。

7）放电加工时有火花产生，需注意防火措施。

8）机床使用后必须清理擦拭干净，以免零部件锈蚀。

复习思考题

第 14 章　3D 打印技术

【目的与要求】

1. 了解 3D 打印技术的发展历程及在各领域中的应用。
2. 掌握各种 3D 打印技术的成形原理及适用范围。
3. 掌握并联式 3D 打印机的结构组成及基本操作方法。
4. 了解并联式 3D 打印机的常见问题处理及维护保养。
5. 掌握 Deltasmart 300 并联式 3D 打印机打印流程及相关软件的使用方法，并熟悉常见打印类型的参数设置。

14.1　概述

3D 打印技术是一种以数字模型文件为基础，运用粉末状金属或塑料的可黏合材料，通过逐层打印的方式来构造物体的技术。与传统实体制造技术相比，其加工方式并不像传统实体制造那样通过切削或模具塑造制造物体，而是通过连续的物理层叠加，"自下而上"逐层增加材料来生成三维实体，因此又称增材制造技术（Additive Manufacturing，AM）。3D 打印技术综合了机械工程、CAD、逆向工程技术、分层制造技术、机电控制技术、信息技术、数控技术、材料科学与化学、激光技术等诸多方面的前沿技术，可以自动、直接、快速、精确地将设计思想转变为具有一定功能的原型或直接制造零件，从而为零件原型制作、新设计思想的校验等方面提供一种高效、低成本的实现手段。其最突出的优点是无须机械加工或模具，就能直接从计算机图形数据中生成任何形状的物体，从而极大地缩短产品的研制周期。

3D 打印技术的优势如下。

优势 1：制造复杂零部件不增加成本。

就传统制造技术而言，零部件形状越复杂，制造成本也就越高。而对于 3D 打印技术而言，制造零部件的成本并不随其形状复杂程度的增加而增加，制造一个形状复杂的零部件并不比打印一个简单的方块消耗更多的时间、技能或成本。制造复杂物品而不增加成本将打破传统的定价模式，并改变制造成本的计算方式。

优势 2：产品多样化不增加成本。

运用 3D 打印技术可以打印许多类型的形状，可以像熟练的工匠一样每次都制作出不同形状的物品。传统的制造设备功能有一定的局限性，制造出的产品种类有限。运用 3D 打印技术，只需要不同的数字设计蓝图和一批新的原材料即可实现产品多样化（图 14-1）。

优势 3：部件一体化成形，无须组装。

应用 3D 打印技术能使部件一体化成形。传统的大规模生产建立在组装线基础上，在现代工厂中，机械设备生产出的各种零件由机器人或工人进行组装。产品组成零件越多，组装耗费的时间和成本也就越多。3D 打印技术通过分层制造可以同时打印一个产品中的各个零件，不需再进行组装，省略组装就缩短了产品的供应链，节省在劳动力和运输方面的花费。如纽约设计公司 Proxy Design Studio 利用熔融沉积 3D 打印技术生产的球体齿轮 Mechaneu v1，如图 14-2 所示。这个球形齿轮由 64 片啮合的零件构成，运用复杂的 3D 铸型工具和定制的算法，参考了蜂窝的成长模式，一次打印成形。静态的时候它貌似普通，但只要转动 64 片零件中的一个，整个球体的所有零件就会跟着旋转。

图 14-1　选择性激光烧结打印复杂形状件

图 14-2　Mechaneu v1 球形齿轮

优势 4：零时间交付。

3D 打印技术可以按需打印、即时生产，减少了企业的零件库存，企业可以根据客户订单制造出特别的或定制的产品以满足客户需求。如果客户所需的物品按需就近生产，零时间交付式生产能最大限度地减少长途运输的成本。

优势 5：设计空间无限。

采用传统制造技术所制造的产品在形状方面往往受到传统加工方式的限制，制造形状的能力受制于所使用的工具。例如，传统的车床只能制造圆形物品，轧机只能加工金属型材，制模机仅能制造模铸形状。然而，3D 打印技术可以突破这些局限，开辟巨大的设计空间，甚至可以制造目前可能只存在于自然界的形状。图 14-3 所示为一款花朵台灯，整个灯罩是一次成形、连为一体的，包括花瓣之间的连接部分，"花瓣"可以慢慢展开，灯光也会随着"花瓣"的展开而变强。

图 14-3　一体成形打印花朵台灯

优势 6：零技能制造。

传统工匠需要当几年学徒才能掌握所需的加工技能，即使批量生产和计算机控制的制造机器降低了对技能的要求，然而传统的制造机械仍然需要熟练的专业人员进行机器操作和调整。应用 3D 打印技术可从设计文件里获得各种指令，自动完成与设计文件一致的复杂产品。3D 打印设备所需要的操作技能远比传统加工设备少得多，经过简单培训即可进行打印操作。

优势 7：不占空间、便携制造。

传统加工设备只能制造比自身小很多的零部件，与此相反，3D 打印设备可以制造和其自身一样大或比自身还要大的零部件。3D 打印设备安装调试完成后，并不像传统设备一样需要固定（地基），打印设备可以自由移动，制造比自身还要大的物品，如图 14-4 所示为 Branch Technology 公司采用细胞构造法 3D 打印完成的框架结构。

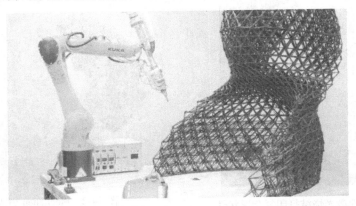

图 14-4　Branch Technology 公司采用细胞构造法 3D 打印完成的框架结构

优势 8：减少废弃副产品。

与传统制造技术相比，应用 3D 打印技术制造时将产生较少的副产品。传统机械加工的浪费量惊人，90% 的原材料被丢弃在工厂车间里，应用 3D 打印技术制造时浪费量很少。随着打印材料的进步，"净成型"制造可能成为更环保的加工方式。

优势 9：材料无限组合。

对当今的制造机器而言，将不同原材料结合成单一产品是件难事，因为传统的制造机器在切割或模具成形过程中不能轻易地将多种原材料融合在一起。随着多材料 3D 打印技术的发展，以前无法混合的原料混合后将形成新的材料，这些材料色调种类繁多，具有独特的属性或功能，如图 14-5 所示。

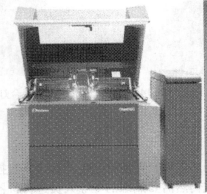

图 14-5　Stratasys 公司研制的多材料全彩 3D 打印机及其打印的冰球头盔

优势 10：精确的实体复制。

数字音乐文件可以被无休止地复制，音频质量并不会下降。3D 打印技术将数字精度扩展到实体世界，扫描技术和 3D 打印技术将共同提高实体世界和数字世界之间形态转换的分辨率，针对实体对象可以进行扫描、编辑和复制，创建精确的副本或优化原型。

14.2　FDM 3D 打印机的组成及其基本操作

熔融沉积成形（FDM）3D 打印机按结构形式可分为箱式结构和并联式结构。各结构特点如下：

1. 箱式结构

箱式结构的 3D 打印机是目前市面上最多的打印机类型，不管是桌面级的还是工业级的。箱式结构外形规整大方，容易制作，如图 14-6 所示。

箱式结构 3D 打印机是目前市面上最为普及的机型，从整个 3D 打印技术的发展来历程来看，这种形式的机器也是发展较为完备的机器，商业化程度最高。箱式结构 3D 打印机的工作台移动是沿 Z 轴移动的，打印物体定在工作台上，不会有 X、Y 轴方向的移动，所以基本不用担心打印的物体在打印过程中出现位移情况。而且由于只需对喷头做 X、Y 轴移动，减轻喷头重量就可以提高打印速度和打印精度。箱式结构 3D 打印机优缺点如下：

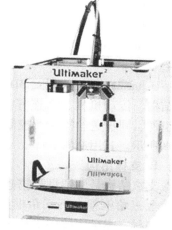

图 14-6　箱式结构 3D 打印机

优点：

1）安装精度高，其精度可以轻松达到 0.1mm。

2）外观简洁、易于设计，电源、电线、控制单元等可以很好地收藏在机体内。

缺点：

1）安装过程较为复杂、维修也较为困难。

2）丝杠、光轴加工精度要求较高。

3）整机成本较高。

2. 并联式结构

并联式结构 3D 打印机是近几年来发展比较迅速的一种机型，它的特点是结构简单，占地面积小，故障率低，成本低廉，尤其适合打印高度比较高的零部件，如图 14-7 所示。并联式结构的坐标系实际上还是笛卡儿坐标系，只是通过三角函数将 X、Y 坐标映射到 3 根垂直的轴上去，这种结构对喷头的重量有较高的要求。并联式结构 3D 打印机的优缺点如下：

优点：

图 14-7　并联式结构 3D 打印机

1）打印精度高、打印速度快。

2）安装过程较为简单、维修也较为容易。

缺点：

1）固件调试复杂。

2）整机在 Z 轴方向的体积较大，构建高度为 200mm 的零件，打印机整体高度可以达到 400mm ~ 500mm，所以这种结构适合在固定场所使用。

14.2.1 并联式 3D 打印机的组成

各种型号的并联式 3D 打印机的主要组成部分是相同的，只是在细节之处略有不同，下面以 Deltasmart 300 并联式 3D 打印机为例来介绍。

Deltasmart 300 并联式 3D 打印机主要由支撑结构、传动机构、六连杆机构（Delta）、喷头组件、同步送丝机构及控制系统组成，如图 14-8 所示。其用途如下：

1. 支撑结构

支撑结构是由铝型材搭建的正三棱柱，主要由上三角框架、下三角框架和侧立柱组成，各铝型材之间由连接件进行定位连接。支撑结构是整台打印机的主体框架，其他各种组成部分均通过各种方式与其连接。

2. 传动机构

传动机构由 3 根直线导轨副及同步带等组成，3 根直线导轨副安装在铝型材侧立柱上；

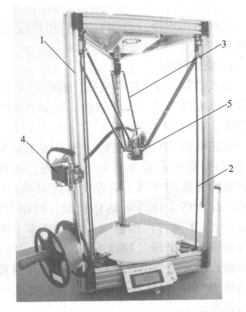

图 14-8　Deltasmart 300 并联式 3D 打印机组成
1—支撑结构　2—传动机构　3—六连杆机构
4—同步送丝机构　5—喷头组件

导轨的下方安装有 3 台步进电动机，步进电动机带动轴上的同步带轮做旋转运动；同步带轮依靠与滑块固定在一起的同步带，将同步带轮的旋转运动转变为滑块的直线运动，并带动滑块沿导轨进行垂直运动。

3. 六连杆机构

六连杆机构又称 Delta 机构，由 6 根长度一致的连杆组成，每两根连杆为一组，每组连杆一端与直线导轨副的滑块连接，另一端与喷头组件连接，如图 14-9 所示。当滑块上下运动时，依靠连杆的刚度完成对喷头组件的牵引，实现对喷头组件位置的控制。

4. 同步送丝机构

同步送丝机构主要由驱动电动机、卡丝轮组和导料管组成，如图 14-10 所示。卡丝轮组包括第一卡丝轮和第二卡丝轮，驱动电动机同步驱动

图 14-9　并联式 3D 打印机六连杆机构

第一卡丝轮和第二卡丝轮，使得左右两边的卡丝轮根据需要来滚动，增大了送丝推力，保证送丝可靠，同时利用弹性将热熔丝压紧，进一步减小了热熔丝打滑的可能性，热熔丝通过一根聚乙烯导料管输送到喷头组件的上方。

5. 喷头组件

喷头组件主要由挤丝驱动器和热熔加热喷头组成，如图 14-11 所示。挤丝驱动器通过齿轮驱动机构拉动绕在线轴上的热熔丝，热熔丝的直径为 1.75mm；挤丝驱动器通过一个步进电动机来控制进入加热喷头的流量，为了增加驱动力，这些电动机通常连接一个齿轮或者一个变速箱，热熔丝由挤丝驱动器拉动进入进料头，然后送到热熔加热喷头内。

图 14-10　并联式 3D 打印机同步送丝机构

图 14-11　并联式 3D 打印机喷头组件

热熔加热喷头由一大块铝块、嵌入式加热器件或其他加热组件以及一个温度传感器构成，当热熔丝到达加热喷头，就会被加热到 180~230℃，使热熔丝变成半流体状态；半流体状态的热熔丝通过加热喷头下方 ϕ0.4mm 的开口流出，并在打印托盘上绘制当前所打印层的外围轮廓或者根据填充方式进行内部填充。

14.2.2　并联式 3D 打印机的基本操作

Deltasmart 300 并联式 3D 打印机对操作者的专业技能要求较低，比较容易上手，其基本操作主要包括打印机的开机、回参考点、热熔加热喷头预热及 SD 卡打印。

1. 开机

把电源输入插头插到 220V 电源插座上，确保打印机开关处于关闭状态下，把电源直流输出插头插到打印机下面的插孔中，如图 14-12 所示，然后打开打印机开关。图 14-12 中，1 为打开电源，2 为关闭电源，3 为电源直流输出插头，

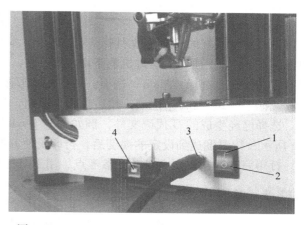

图 14-12　Deltasmart 300 并联式 3D 打印机开机图示

4 为 USB 接口。

2. 热熔加热喷头预热

1）按 LCD 屏幕右端的圆形按钮，如图 14-13a 所示。

2）旋转圆形按钮，在主菜单下选择"Prepare"选项，然后按圆形按钮，如图 14-13b 所示。

3）选择"Preheat PLA"选项，然后按圆形按钮，这时机器开始给热熔加热喷头加热，如图 14-13c 所示。

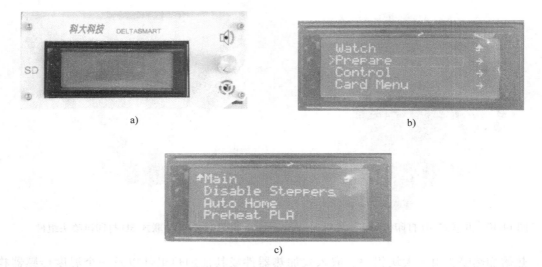

a)

b)

c)

图 14-13　热熔加热喷头预热流程

3. 回参考点

按圆形按钮，在主菜单里选择"Auto Home"选项，这时 3D 打印机各轴会向上移动执行回参考点动作，如图 14-14 所示。

4. SD 卡打印

将软件生成好的 G 代码文件拷贝到 SD 卡内，并把 SD 卡反面向上插进机器下端的 LCD

图 14-14　回参考点执行界面

屏幕左端插槽；选择"Main"选项，然后按圆形按钮，回到主屏幕显示，如图 14-15a 所示。

选择"Card Menu"选项，然后按圆形按钮，进入 SD 卡，如图 14-15b 所示。

选择已经生成的 G 代码文件，例如"3. gcode"，然后按圆形按钮，开始打印，如图 14-15c 所示，待温度达到设定的温度后，打印机便开始打印了。

打印完毕后，机器会自动回参考点，用工具把打印完的物体铲下来即可。

14.2.3　并联式 3D 打印机常见问题处理

虽然 Deltasmart 300 并联式 3D 打印机的打印过程对操作者的专业化技能要求较低，但在打印过程中也会遇到意想不到的问题。以下举例介绍几种常见问题，并说明问题的解决办法。

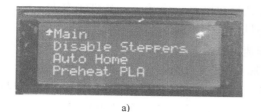
a)

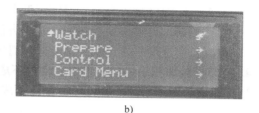
b)

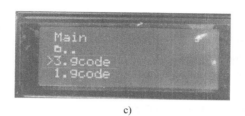
c)

图 14-15　3D 打印机打印步骤图示

1. 打印第一层高度不一致

当打印第一层时，高度不一容易造成打印件整体高度不一致的现象出现。

解决方法：调节滑块（上下移动的零件）上的调节螺钉。如果想使打印第一层时喷头离工作台近些，逆时针旋转调节螺钉；相反，如果想使打印第一层时喷头离工作台远些，顺时针旋转调节螺钉。调节螺钉规格为 M3，所以，旋转一周螺钉的高度变化为 0.5mm。正常情况下，喷头距离整个工作台的距离为一张 A4 复印纸的厚度。

2. 热熔加热喷头堵塞

当出现热熔加热喷头堵塞的现象时应做以下检查：

1）检查打印温度是否合适。打印温度过低会导致挤出困难，容易造成喷头堵塞，适时提高打印温度。

2）检查打印耗材直径是否偏大。使用游标卡尺测量打印耗材直径（质量较好的耗材直径一般为 1.75mm±0.05mm），最好多处测量，如只有某一段直径偏大，则将直径偏大的一段耗材去除即可；如整体偏大，则应更换质量更为可靠的耗材。

3）打印第一层时，检查热熔加热喷头是否离工作台过近。如过近，适当加大喷头与工作台的距离。

4）检查打印速度是否过快。打印速度过快时，耗材在热熔加热喷头内停留时间较短，热熔加热喷头的加热块来不及将耗材加热到半流体状态便通过挤出机构挤出，从而导致喷头堵塞，因此应适当降低打印速度。

5）检查热熔加热喷头与加热块连接是否可靠，如连接不可靠，则导致热传递不够，致使耗材不能加热到预先设定的温度，无法达到半流体状态。在加热块处于 200℃ 左右时，使用螺钉旋具将固定喷头的螺钉拧紧。

当热熔喷头发生堵塞后，应将热熔喷头加热到 200℃ 左右，把热熔喷头上端的气动接头拧下来，快速拔出打印耗材，用剪刀把前段变大的一段剪掉，然后插回去，继续打印。

3. 挤出机出现"当当"响声

当出现"当当声"时，说明送丝出现阻力，应做以下检查：

1）检查打印温度是否合适。温度过低会导致挤出困难，应适当提高打印温度。

2）检查热熔加热喷头是否堵塞。解决方法见上。

3）检查打印速度是否过快。适当降低打印速度。

4. 打印横截面积小的的物体时，物体不成形

当打印横截面积小的的物体时，物体不成形，是因为打印的横截面积小时，下一层打印的材料还没有干，上一层就开始打印了，造成了"软趴"的现象。解决办法是：

1）降低打印速度。

2）一次打印多个物体，使每层的停留时间延长。

5. 打印第一层耗材粘贴不牢

1）检查喷头与平台的距离是否过远，如果过远，则调近。

2）工作台上面粘贴的美纹纸需要更换了。

14.2.4 并联式 3D 打印机的维护保养

要保证 3D 打印机可靠的工作，其日常维护保养是必须要做的，而且与传统加工设备相比，大多数情况下 3D 打印机的维护保养也相对容易，下面简单介绍一下 3D 打印机的维护保养方法。

作为一台机械设备，3D 打印机需要定期保养以保证它能够稳定运行。包括清洁、替换打印托盘表面；清洁进料头的驱动齿轮或喷嘴；为滑杆或丝杠润滑。

1. 润滑

当 3D 打印机在工作时发出"吱吱"的响声时，这表明该 3D 打印机需要进行润滑了。所需润滑的部分主要包括直线导轨副和连杆万向联轴器等。

首先要对直线导轨副和连杆万向联轴器进行清洁，通常使用丙酮清洁这些部件，用干净的纸巾或抹布沾一些丙酮擦拭（也可以用酒精擦拭），不过注意不要让丙酮碰到任何塑料部件。其次在进行润滑时，通常使用沾了含 PTFE 润滑剂的棉签对直线导轨副和轴承润滑。对于直线导轨副，在直线导轨的凹槽内涂抹少许的润滑剂，然后来回移动滑轨让润滑剂晕开，最后清理掉多余的油脂；对于连杆万向联轴器，在万向联轴器球头处涂抹少许的润滑剂，然后使连杆往复运动，让润滑剂晕开。

在操作过程中，应注意以下两点：

1）不能使用 WD-40 润滑剂。这种润滑剂的主要成分是煤油和矿物酒精，润滑剂本身具有腐蚀性，不适合机械的润滑。

2）不可使用锂基润滑剂。这种润滑剂不但不润滑，而且干得非常快，极有可能损坏轴承。

2. 清洁

Deltasmart 300 并联式 3D 打印机属于桌面型 3D 打印机，这种打印机结构相对简单，防护装置较少，因此在打印机里易于留下很多耗材的小颗粒或者模型的碎片等。残留的颗粒或碎片可能散落到同步电动机和同步轮内或导轨上，因此需每隔一段时间进行清洁。清洁方法同上述直线导轨副和连杆万向联轴器清洁方法类似，在此不再赘述。

同步送丝机构内也会残留耗材残渣，如同步送丝机构长时间运行，送料过程中产生的耗材渣会造成进料头堵塞。清洁时去掉固定压紧热熔丝轴承的 4 个螺栓和弹簧，打开进料驱动部分后，就可以清理里面的耗材渣了。清理时可用吹风机将耗材残渣吹出来，如果同步送丝机构内残留的耗材残渣很多，则说明耗材质量不好。

14.2.5　Deltasmart 300 并联式 3D 打印机主要技术参数

设备外尺寸：540mm×540mm×900mm。

打印行程：φ300mm×300mm。

打印耗材：PLA（Polylactic Acid）。

耗材直径：φ1.75mm。

喷嘴直径：φ0.4mm。

打印温度：190℃。

打印层厚：0.1~0.3mm。

定位精度：0.0002mm。

支持 LCD 脱机打印。

铝合金加热成形平台。

连续稳定工作时间：48h。

14.3　Deltasmart 300 并联式 3D 打印机的打印流程

14.3.1　打印基本流程

1. 建立三维数字模型

使用三维设计软件建立需要打印零件的三维数字模型。图 14-16 所示为使用 CATIA V5 R20 软件设计的三维数字模型，也可使用其他三维设计软件建立三维数字模型，如 UG、SolidWorks、Pro/Engineer 等，也可通过网络下载三维模型。

2. 生成 STL 格式文件

在三维设计软件中将已建立好的三维数字模型另存为 STL 格式的模型文件，如图 14-17 所示。如通过网络下载的模型为 STL 格式，则无须进行转换。

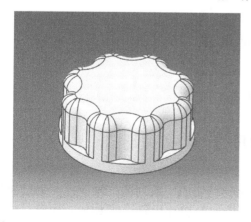

图 14-16　CATIA V5 R20 软件建立的三维数字模型

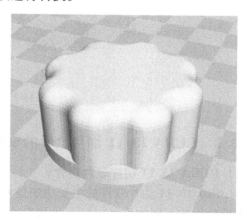

图 14-17　STL 格式的三维数字模型

3. 生成 G 代码文件

将生成好的 STL 格式文件导入到 CURA 13.11 切片软件里进行切片处理，如图 14-18 所示，生成并联 3D 打印机可以识别的代码文件，即 GCode 代码文件。

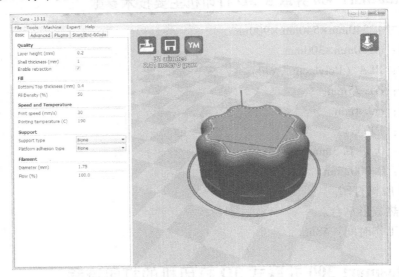

图 14-18　CURA 13.11 切片软件操作界面

4. 打印

有两种方法可以进行打印：一种是通过 SD 卡打印，将生成的 GCode 代码文件存储到 SD 卡上，如图 14-19 所示，并将 SD 卡插入 3D 打印机内，按照 14.2.2 节中的 "4. SD 卡打印" 操作即可；一种是通过上位机软件 Repetier-Host 进行打印，如图 14-20 所示。

图 14-19　通过 SD 卡打印

14.3.2　CURA 13.11 切片软件的设置与使用

1. CURA 13.11 切片软件简介

CURA 13.11 切片软件的主要功能是将三维数字模型切成一系列的二维面片，每层面片根据形状生成不同的路径，从而生成整个三维数字模型的切片代码，即 GCode 代码。导出的文件命名为切片文件，扩展名为 ".gcode"。CURA 13.11 切片软件内大部分参数已进行过

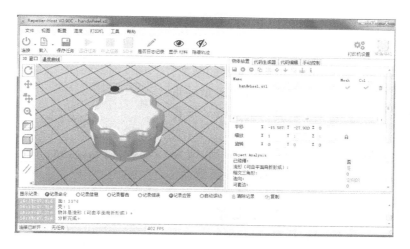

图 14-20　通过上位机软件 Repetier-Host 进行打印

优化，而且具备帮助提示的功能。CURA 13. 11 切片软件操作界面如图 14-21 所示，左侧为参数栏，包含基本设置、高级设置及插件等；右侧是三维视图栏，可查看模型的各个角度，还可以对模型进行缩放、旋转、镜像等操作。

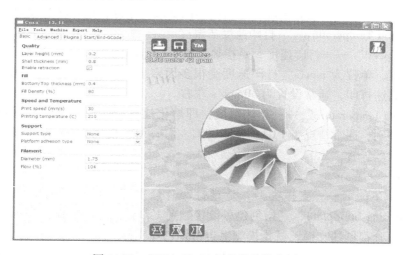

图 14-21　CURA 13. 11 切片软件操作界面

2. CURA 13. 11 切片软件基本操作

（1）模型导入与视图操作

1）模型导入。模型导入是将生成的 "STL" 格式的三维数字模型导入到 CURA 13. 11 切片软件内，具体操作方式有两种：一是通过 File→Load Model File 打开 "STL" 格式文件；另外一种是直接将 "STL" 格式文件拖动到窗口内。

2）视图操作。鼠标左键单击模型，出现图标按钮，左侧的图标为旋转操作，中间的图标为比例缩放操作，右边的图标为镜像操作。通过这三个按钮，可以把模型进行旋转、缩放和镜像操作。

（2）Basic——基本设置 "Basic"基本设置参数界面，如图 14-22 所示。

1）Quality——质量。

① "Layer height" ——层高，为最基本的参数，是指切片后每层的高度，是决定侧面打印质量的重要参数。最大层高不得超过喷头直径的 80%，通常将其设置为 "0.2"。

② "Shell thickness" ——壁厚，是指模型侧面外壁的厚度，一般设置为喷头直径的整数倍。壁厚=外壁+内壁，通常将其设置为 "1.0"。

③ "Enable retraction" ——回丝，是指当跨越非打印区域时回抽一定数量的耗材，以消除拖丝现象，通常将其设置为打开的状态。

2）Fill——填充。

① "Bottom/Top thickness" ——顶/底面厚度，即模型上、下面的厚度，一般为层高的整数倍，通常将其设置为 "0.4"。

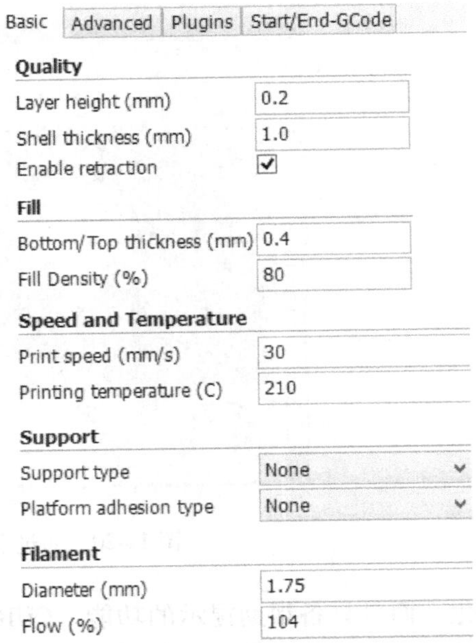

Basic	Advanced	Plugins	Start/End-GCode
Quality			
Layer height (mm)	0.2		
Shell thickness (mm)	1.0		
Enable retraction	☑		
Fill			
Bottom/Top thickness (mm)	0.4		
Fill Density (%)	80		
Speed and Temperature			
Print speed (mm/s)	30		
Printing temperature (C)	210		
Support			
Support type	None		
Platform adhesion type	None		
Filament			
Diameter (mm)	1.75		
Flow (%)	104		

图 14-22 "Basic"基本设置参数界面

② "Fill Density" ——填充密度，是指模型内部填充密度，通常将其设置为 "80"。

3）Speed and Temperature——打印速度与温度。

① "Print speed" ——打印速度，是指热熔喷头打印时的机头移动速度，也就是边吐丝边运动时的速度，单位为 mm/s。打印速度受很多因素影响，建议复杂零件使用低速打印，简单零件使用高速打印，通常设置为 30mm/s 左右。

② "Printing temperature" ——打印温度，即熔化耗材所使用的温度，不同厂家的耗材的熔化温度有差别，通常情况下 PLA 使用 200℃左右，ABS 使用 240℃左右，温度过高或者过低都会引起送丝异常。

4）Support——支撑。

① "Support type" ——支撑类型，是指打印有悬空部分模型时的支撑方式，默认为 "None"。"Touching buildplate" 是指创建可以接触到工作台部分的支撑；"Everywhere" 是指凡是有悬空的部分都创建支撑，就是模型上也可以创建支撑。

② "Platform adhesion type" ——工作台附着方式，是指使用哪种方式将模型固定到工作台上。"Brim" 是指在模型边缘创建一个宽边界，这种方式易于清除；"Raft" 是指在模型底部和工作台之间创建一个网格状底盘。

5）Filament——打印耗材。

① "Diameter" ——耗材直径，是指打印耗材的直径。应使用尽量准确的数值，直径设置偏大会导致送料量偏少，设置偏小会导致送料量增大。这里设置为 "1.75"。

② "Flow" ——送料率，是指对送料量多少的补偿。

（3）Advanced——高级设置 "Advanced"高级设置参数界面，如图 14-23 所示。

1）Machine——机器设置。

"Nozzle size" ——喷嘴直径，是指 3D 打印机所安装的热熔喷头喷嘴直径，通常为一个固定值，用于计算打印设置里壁厚的大小和填充的宽度，可以微调这个参数以匹配打印件的尺寸，过大或过小都会引起送料的异常。

2）Retraction——回丝。

①"Speed"——回丝速度，打印时当跨越非打印区域时需要回抽耗材以防止熔化的耗材自然下淌，回丝速度一般设置为 80～100mm/s。这里设置为"80"。

②"Distance"——回丝距离，是指回抽耗材的长度，具体长度要依据模型的实际情况而定，通常设置为"4.5"。

3）Quality——质量。

①"Initial layer thickness"——首层层高，即第一层的打印厚度，该参数一般和首层打印速度关联使用，稍厚的首层厚度和稍慢的首层速度都可以让模型更好地粘贴在工作台上，通常设置为"0.2"。

②"Cut off object bottom"——模型底部切平，把凸凹不平的模型底部切平打印，防止底部的不平的模型打印底层的时候接触面过小，通常设置为"0.0"；

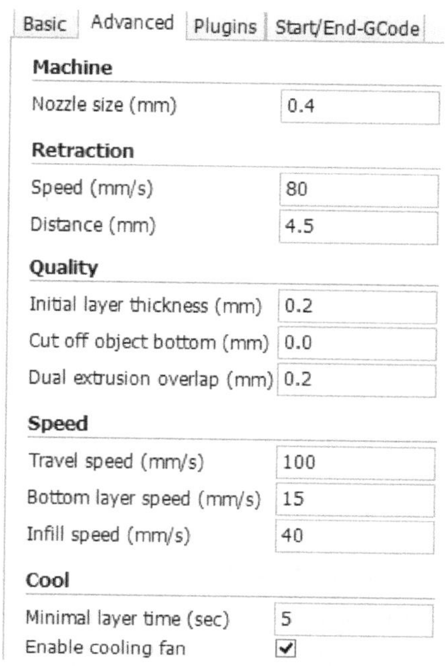

③"Dual extrusion overlap"——双头重叠，是指双头打印重叠量。使双头打印有部分重叠，这样可以使两种不同的颜色更好地结合。

4）Speed——速度。

①"Travel speed"——空程速度，不打印（吐丝）时喷头的移动速度。一般设置为80～100mm/s，过高的速度会引起步进电动机失步，这里设置为"100"。

②"Bottom layer speed"——首层打印速度，打印最底层时的速度，应取较小值，通常设置为"15"。

③"Infill speed"——填充速度，指填充时的打印速度，通常设置为40～60mm/s。这里设置为"40"。

5）Cool——冷却。

①"Minimal layer time"——每层至少用时，是指打印每层至少要使用的时间，以便打印新层时留有足够的冷却时间。

②"Enable cooling fan"——启用冷却风扇，指打印过程中使用风扇协助冷却，打印小模型时或者快速打印时必需启用这个选项。

（4）Start/End-GCode——开始/结束 G 代码　Start/End-GCode 参数界面，如图 14-24 所示。

1）Start GCode——开始 G 代码。

G21——米制单位。

G90——绝对坐标系。

M107——开始时风扇关闭。

图 14-23　"Advanced"高级设置参数界面

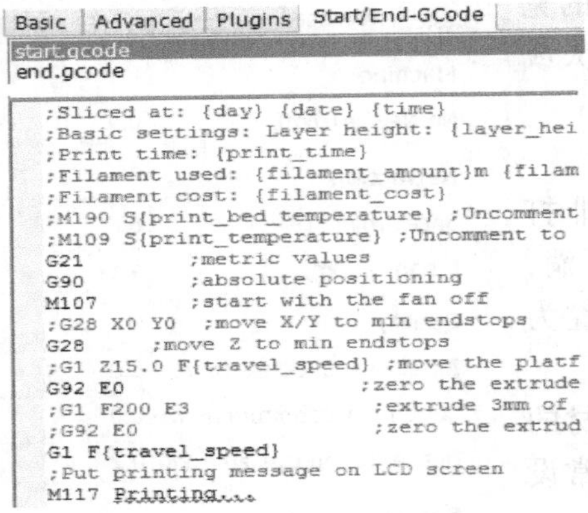

a) Start GCode 参数界面 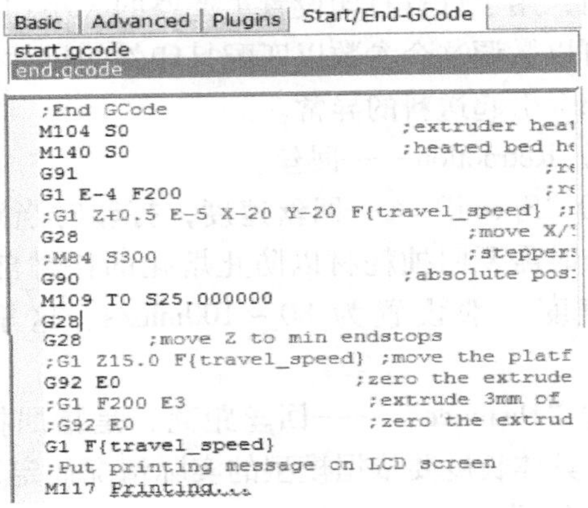　　　　　　　　　b) End GCode 参数界面

图 14-24　Start/End-GCode 参数界面

G28——Z 轴返回零点。

G92 E0——挤出机回零点。

2）End GCode——结束 G 代码。

M104——挤出机初始温度。

M140——打印平台温度。

G91——相对坐标系。

（5）Expert config——专家设置　Expert config 参数界面，如图 14-25 所示。

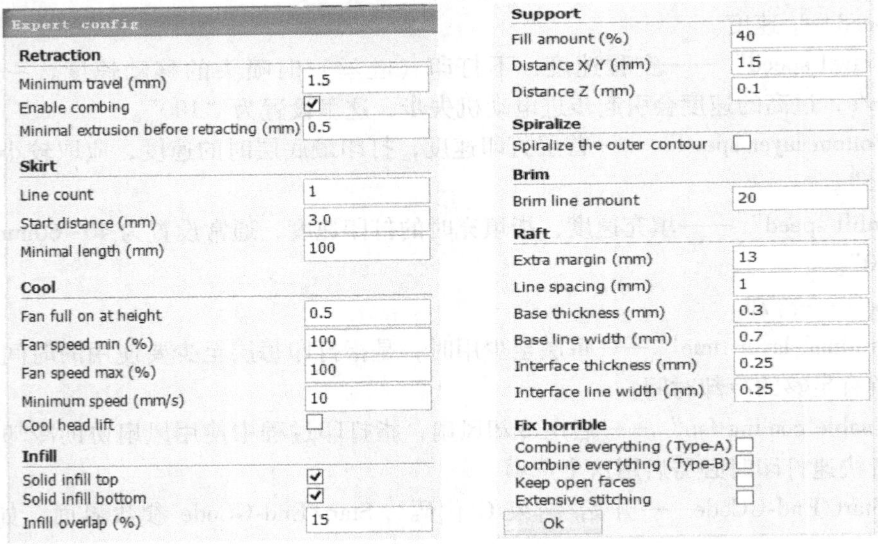

图 14-25　Expert config 参数界面

1）Retraction——返回。

①"Minimum travel"——退丝的最小定位距离，通常设置为"1.5"。

② "Enable combing" ——优化路径。

③ "Minimal extrusion before retracting" ——退丝前最小挤出量。

2）Skirt——外廓线。

① "Line count" ——圈数，即打印时底层外廓线的数目，可以确定打印区域是否合理。此数值为 0 时，表示不使用外廓线。

② "Start distance" ——开始距离，外廓线与打印第一层之间的距离。

③ "Minimal length" ——外廓线长度，达到设置圈数后，如果仍未达到此最小长度，将继续增加打印圈数。

3）Cool——冷却。

① "Fan full on at height" ——风扇在哪一层开启工作。

② "Fan speed min" ——风扇最小转速比率。

③ "Fan speed max" ——风扇最大转速比率。

④ "Minimum speed" ——最小打印速度。

⑤ "Cool head lift" ——抬起喷头冷却。

4）Infill——填充。

① "Solid infill top" ——打印实心上表面。

② "Solid infill bottom" ——打印实心下表面。

③ "Infill overlap" ——填充比例。

5）Support——支撑。

① "Fill amount" ——填充率。

② "Distance X/Y" ——支撑与打印轮廓在 X/Y 方向的距离。

③ "Distance Z" ——支撑与打印轮廓在 Z 方向的距离。

Brim——边界。

6）"Brim line amount" ——边界线数量。

7）Raft——网格状底盘。

① "Extra margin" ——加大底盘。

② "Line spacing" ——线间距。

③ "Base thickness " ——底层线高度。

④ "Base line width" ——底层线宽度。

⑤ "Interface thickness" ——连接高度。

⑥ "Interface line width" ——连接宽度。

（6）Machine settings——机器设置　Machine settings 参数界面，如图 14-26 所示。

1）"E-Steps per 1mm filament" ——挤出电动机脉冲当量（每挤出 1mm 耗材，需要的脉冲数）。

2）"Maximum width/depth/height" ——机器外形（打印区域）尺寸。

3）"Extruder count" ——喷头数量。

（7）生成打印文件——GCode 代码文件　在主界面下单击 File→Save GCode，生成打印文件，如图 14-27 所示。

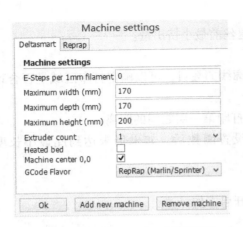

图 14-26 Machine settings 参数界面

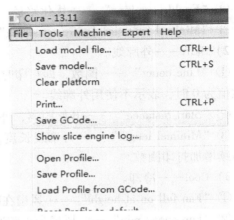

图 14-27 GCode 代码文件生成界面

14.3.3 Repetier-Host 打印软件的设置与使用

1. Repetier-Host 打印软件简介

Repetier-Host 是打印控制软件的最新成员，其独特的功能在于可实时修改 GCode 文件，并能立即在预览窗口里看到改动的效果，这是其他打印控制软件无法比拟的。

2. Repetier-Host 打印软件基本操作

1）打开 Repetier-Host 软件，单击"配置"菜单，选择"打印机设置"选项，弹出"打印机设置"对话框，如图 14-28 所示。其中，通信端口填写并联打印机在该台计算机中的端口号（鼠标右键单击左下角的"开始"，单击"打开 windows"资源管理器，在右边的控制面板中的"查看设备和打印机"，通过相应打印机属性来查看），通信波特率填写"250000"，然后单击"应用"按钮，如图 14-28a 所示。

2）单击"打印机形状"选项卡，如图 14-28b 所示，并按图 14-28b 所示设置好各项，然后单击"应用"按钮，再单击"确定"按钮，回到主界面。

a)

b)

图 14-28 Repetier-Host 打印机设置界面

3）单击"连接"按钮，把并联 3D 打印机与计算机相连。

4）导入切片代码程序。单击"载入"按钮，弹出"导入打印文件"对话框，选择需要打印的切片代码程序，如图 14-29 所示。

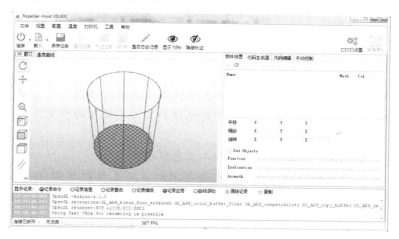

图 14-29　Repetier-Host 切片代码导入界面

5）热熔喷头预热及打印。单击"手动控制"选项卡，然后单击"加热挤出头"按钮，对挤出头进行预加热，等待加热温度达到 200℃左右后，单击"运行任务"按钮，进行打印，如图 14-30 所示。

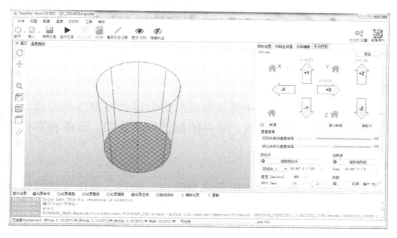

图 14-30　Repetier-Host 打印界面

扩展内容及复习思考题

第15章　零件加工工艺和结构工艺性

【目的与要求】

1. 了解生产过程与工艺过程的关系及工艺文件在生产中的作用。
2. 掌握机械加工工艺过程的组成以及制订机械加工工艺规程的步骤。
3. 掌握拟订工艺路线的主要内容。
4. 能分析和编制简单典型零件的机械加工工艺规程。
5. 通过对一般典型零件的加工分析，结合机械加工工艺规程的制订方法，了解一般典型零件加工中的共性问题。

15.1　基本概念

在实际生产中，由于零件的生产类型、加工精度、表面质量和技术条件等要求不同，所以，对于某一零件，往往不是在一种机床上用一种加工方法就能完成的，而是要经过一定的加工工艺过程才能制成。因此，不仅要根据零件的具体要求，对各组成表面选择合适的加工方法，还要合理安排加工顺序，逐步地把零件加工出来。即在保证加工质量、提高生产率和降低生产成本的前提下，拟订出较合理的机械加工工艺过程。

15.1.1　生产过程与工艺过程

1. 生产过程

在机械制造厂制造机器时将原材料转变为成品的全过程称为生产过程。它包括原材料的运输和保存、生产的准备、毛坯的制造、零件的加工与热处理、部件和整机的装配、机器的检验和调试以及涂装和包装等。

2. 工艺过程

由原材料经浇注、锻造、冲压或焊接而成为铸件、锻件、冲压件或焊接件的过程，分别称为铸造、锻造、冲压或焊接工艺过程。将铸、锻件毛坯或钢材经机械加工方法，改变它们的形状、尺寸、相互位置关系及表面质量，使其成为合格零件的过程，称为机械加工工艺过程。在热处理车间，对机器零件的半成品通过各种热处理方法，直接改变它们的材料性质的过程，称为热处理工艺过程。最后，将合格的机器零件、外购件及标准件装配成组件、部件和机器的过程，称为装配工艺过程。

3. 对工艺过程的基本要求

对于任何一种产品，不同工厂的工艺过程不会完全一样。每个工厂应该结合自己的设备、工装、技术力量、管理能力等具体条件，确定一个较合理的方案，这个方案应满足如下要求：

1）保证零件和机器具有符合设计技术要求所规定的质量。

2）使设备、工装和工人劳动生产率能达到较高水平。

3）保证有较好的经济性，即生产成本最低。

15.1.2　机械加工工艺过程的组成

机械加工工艺过程是由一系列依次排列的工序所组成，毛坯通过这些工序的加工而成为成品。

1. 工序

工序是指一个或一组工人，在一个工作地点对同一个或同时对几个工件所连续完成的那一部分工艺过程。工序是工艺过程的基本组成部分，也是安排生产计划的基本单元。加工如图 15-1 所示的阶梯轴，在不同生产形式下的工序分别见表 15-1 和表 15-2。

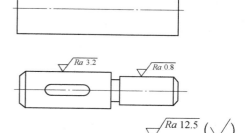

图 15-1　阶梯轴及毛坯

表 15-1　阶梯轴单件生产的工艺过程

工序号	工序名称	设　备
1	车端面，钻中心孔，车外圆，切退刀槽，倒角	车床
2	铣键槽	铣床
3	磨外圆，去毛刺	磨床

表 15-2　阶梯轴大批大量生产的工艺过程

工序号	工序名称	设　备
1	铣端面，钻中心孔	铣端面和钻中心孔机床
2	粗车外圆	车床
3	精车外圆，倒角，切退刀槽	车床
4	铣键槽	铣床
5	磨外圆	磨床
6	去毛刺	钳工台

工人、机床（工作地点）、工件和连续作业是构成工序的 4 个要素，其中任意一个要素的变更即构成新的工序。连续作业是指在该工序内的全部工作要不间断地接连完成。

2. 安装

工件在一次装夹下所完成的那一部分工艺过程，称为一个安装。一道工序按其工作内容不同，有时只包含一个安装，有时则包含几个安装。

表 15-1 中的工序 1，先用自定心卡盘夹紧工件，车端面，钻中心孔，然后松开工件，掉头装夹后车另一端面，钻中心孔。这些工作是在工件经过两次装夹下完成的，故属于两个安装。而表 15-2 的工序 1 是在双面铣端面和钻中心孔机床上，在一次装夹下完成的，所以它只含一个安装。在一道工序中，应该尽量减少装夹次数。因为多一次装夹，就会多一份误差，而且装卸工件的辅助时间也会增加。

3. 工步

在加工表面（或装配时的连接表面）、加工（或装配）工具、转速和进给量都不变的情况下，所连续完成的那一部分工序，称为工步。图 15-2 所示的在转塔自动车床上加工零件的一个工序中包括 6 个工步。

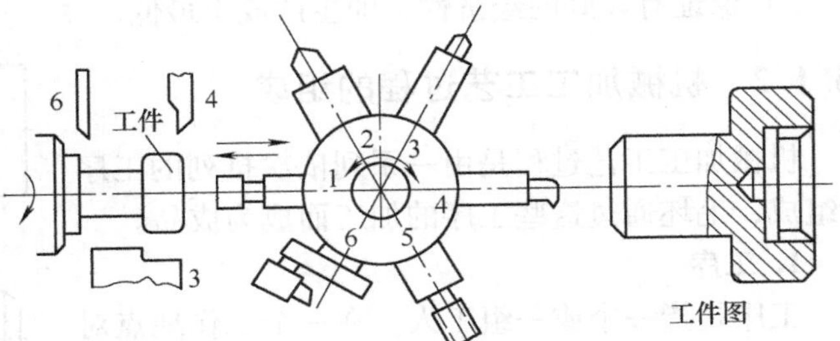

图 15-2　包括 6 个工步的工序

4. 工位

工件与夹具或机床的移动部分一起相对于机床的固定部分所占据的每 1 个位置所完成的那一部分工艺过程，称为工位。例如，用分度头铣六方，每转位一次即为 1 个工位。

5. 走刀

同 1 个工步中，若加工余量大，需要用同一刀具，在相同转速和进给量下，对同一加工面进行多次切削，则每切削一次，就是一次走刀。

15.1.3　生产类型及其工艺特征

1. 生产纲领

企业在计划期内应当生产的产品产量和进度计划，称为生产纲领。零件的年生产纲领就是包括备品和废品在内的生产量，通常按下式计算

$$N_零 = Nn(1 + \alpha + \beta)$$

式中　$N_零$——零件的年生产纲领（件/年）；

　　　N——产品的年产量（台/年）；

　　　n——每台产品中，该零件的数量（件/台）；

　　　α——备品率，以百分数表示；

　　　β——废品率，以百分数表示。

2. 生产类型的工艺特征

根据产品的大小和生产纲领的不同，按企业（或车间、工段、班组、工作地）生产专业化程度，一般把机械制造生产分为三种类型。

（1）单件生产　单个制造一种零件（或产品），很少重复或不重复生产，称为单件生产。例如，重型机器、大型船舶制造及新产品试制等。

（2）成批量生产　成批量制造相同的零件（或产品），一般是周期性地重复进行生产，称为成批量生产。每批所投入或产出的同一零件（或产品）的数量，称为批量。按照批量的大小和产品的特点，成批量生产又可分为小批量、中批量、大批量生产 3 种类型。

（3）大量生产　同一种零件（或产品）的制造数量很多，大多数工作地点经常重复地进行一种零件的某一工序的加工，称为大量生产。例如，汽车、拖拉机、轴承、缝纫机和自行车的制造，通常是以大量生产的方式进行的。

由表 15-3 可见生产类型主要由生产纲领来确定，同时还与产品大小和复杂程度有关。表 15-4 列出了各种生产类型的主要工艺特征。

表 15-3 生产类型和生产纲领的关系

生产类型		同种零件的生产量/件		
		重型（≥30kg）	中型（4~30kg）	轻型（≤4kg）
单件生产		5 以下	10 以下	100 以下
批量生产	小批量生产	5~100	10~20	100~500
	中批量生产	100~300	200~500	500~5000
	大批量生产	300~1000	500~5000	5000~50000
大量生产		>1000	>5000	>50000

表 15-4 各种生产类型的主要工艺特征

项 目	单件小批量生产	成批量生产	大批量、大量生产
产品数量	少	中等	大量
加工对象	经常变换	周期变换	固定不变
机床设备和布置	采用通用（万能的）设备，按机群布置	通用和部分专用设备，按工艺路线布置成流水线	广泛采用高效率专用设备和自动化生产线
夹具	极少用专用夹具和特种工具	广泛采用专用夹具和特种工具	广泛采用高效率专用夹具和特种工具
刀具和量具	一般刀具和通用量具	部分采用专用刀具和量具	高效率专用刀具和量具
装夹方法	划线找正	部分划线找正	不需划线找正
加工方法	根据测量进行试切加工	用调整法加工，有时还可以组织成组加工	使用调整法自动化加工
装配方法	钳工试配	普通应用互换性，同时保留某些试配	全部互换，某些精度较高的配合件用配磨。配研，选择装配，不需钳工试配
毛坯制造	木模造型和自由锻	部分采用金属型造型和模锻	采用金属型机器造型、模锻、压力铸造等高效率毛坯制造方法
工人技术水平	需技术熟练工人	需技术比较熟练的工人	调整工要技术熟练，操作工要求技术熟练程度较低
工艺过程的要求	只编制简单的工艺过程卡片	除有较详细的工艺过程外，对重要零件的关键工序需有详细说明的工序操作卡	详细编写工艺过程和各种工艺文件
生产率	低	中	高
成本	高	中	低

15. 2　机械加工工艺规程的制订

15. 2. 1　工艺规程的作用

把工艺过程按一定的格式用文件的形式固定下来，便成为工艺规程。正确的工艺规程是根据长期的生产和科学实验总结出来的经验，结合具体生产条件而制订的，并通过生产实践不断改进和完善。生产中有了这种工艺规程，就有利于保证产品质量，便于车间的生产管理、以及计划和组织工作，提高设备的利用率。工艺规程是一切生产人员都应严格执行，认真贯彻的纪律性文件。生产人员不得违反工艺规程或任意改变工艺规程所规定的内容，否则就会影响产品质量，打乱生产秩序。

工艺规程必须满足优质、高产、低消耗的要求。首先是确保设计图样所要求的质量，同时还应确保以最经济的办法达到所要求的生产纲领，即人力、物力消耗最少而生产率足够高。

提高生产率和提高经济性，二者有时是互相矛盾的。如果用了高生产率设备，虽然可以提高生产率，但这些设备的价格较高，投资较多，在生产纲领不够大的情况下，就会使生产成本提高。倘若产品数量增加，高生产率的设备得到充分利用，则此时不但提高了生产率，制造成本也会随之降低。由此可见，质量、生产率和经济性三者之间具有辩证的关系。在设计工艺规程时还应根据生产类型和现有设备，在保证质量的前提下选择最经济，最合理的工艺方案。

15. 2. 2　制订机械加工工艺规程的原始资料

制订机械加工工艺规程时，必须具备下列原始资料。

1）零件的设计图和产品装配图。

2）零件的生产纲领。

3）毛坯和半成品的资料，包括：毛坯的品种和规格图，毛坯供应单位的生产能力与技术水平。

4）工厂的生产条件，如现有设备的规格、性能、设备更新计划、工人技术水平、设备及工艺装备的制造能力。

5）国内外生产技术的发展情况、各种技术资料，如切削用量手册、夹具手册、机械加工工艺师手册，有关的国家标准、部颁标准及厂标，类似零件的工艺规程以及国内外新技术、新工艺资料等。

15. 2. 3　制订工艺规程的步骤

制订零件机械加工工艺规程的步骤大致如下：

1）加工对象的工艺分析。首先计算零件的生产纲领，确定生产类型，大致了解该种生产类型所具有的工艺特征。然后熟悉产品的性能、用途和工作条件，了解各零件的装配关系及其作用，分析各项技术要求的必要性和合理性，找出主要表面和主要技术要求，审查零件的结构工艺性。

2）确定毛坯。毛坯质量高，则机械加工劳动量少、可提高材料利用率、降低机械加工成本。目前国内机械制造厂多半由本厂的毛坯车间供应毛坯。选择毛坯时，既要充分注意到采用新工艺、新技术、新材料的可能性，又必须结合毛坯车间的具体情况，确定毛坯的形式和制造方法。

3）拟订工艺路线。选择定位基准面，确定各表面的加工方法，划分加工阶段；确定工序集中与分散的程度，合理安排各表面加工顺序等。

4）确定各工序的设备、刀具、夹具、量具和辅助工具。

5）确定各工序的加工余量，计算工序尺寸及其公差。

6）确定各工序的技术要求及检验方法。

7）确定切削用量及工时定额。

8）填写工艺文件。

15.3　工件的装夹与定位

机械加工时，为使工件的被加工表面获得图样规定的尺寸和位置精度要求，必须使工件在加工前相对机床、刀具占有某一正确的位置，这个过程称为定位。在加工过程中，工件在各种力的作用下应当保持这一正确位置始终不变，这就需要夹紧。定位和夹紧两个过程的总和称为工件的"装夹"。工件装夹时必须依据一定的基准，下面先讨论一下基准的概念。

15.3.1　基准的概念

工件上任何一个点、线、面的位置必须用它与另外一些点、线、面的相互关系（如尺寸、同轴度、平行度等）来表示，这些被用来作为依据的点、线、面叫作基准。根据基准的用途不同，可分为两类：设计基准和工艺基准。

1. 设计基准

在零件图上用来确定其他点、线、面位置的基准为设计基准。如图 15-3 所示轴套零件，外圆和孔的设计基准是零件的轴线；端面 A 是端面 B、C 的设计基准；内孔的轴线是 $\phi25h6$ 外圆径向圆跳动的设计基准。对于某一个相互位置要求（包括两个表面之间的尺寸或者相互关系）而言，它所指向的两个表面之间常常是互为设计基准的。如图 15-3 所示，对于尺寸 35 来说，A 面是 C 面的设计基准，也可以认为 C 面是 A 面的设计基准。

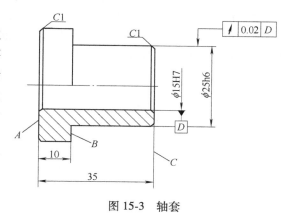

图 15-3　轴套

2. 工艺基准

工艺基准包括零件在制造过程中所使用的定位基准、测量基准和装配基准。

（1）定位基准　工件定位时用以确定被加工表面位置的基准。

（2）测量基准　用来测量工件各加工表面位置的基准。如图 15-3 所示，零件以内孔套

在心轴上测量外圆 $\phi25h6$ 的径向圆跳动，则内孔为外圆的测量基准，用游标卡尺测量尺寸"10"和"35"，表面 A 则是表面 B、C 的测量基准。

（3）装配基准　装配时用以确定零件在部件或产品中位置的基准，如箱体零件的底面，主轴的主轴颈等。

15.3.2　工件的装夹方式

根据定位的特点不同，工件在机床上装夹一般有3种方式。

1. 直接找正装夹

工件定位时，用量具或量仪直接找正工件的某一表面，使工件处于正确的位置，称为直接找正装夹。在这种装夹方式下，被找正的表面就是工件的定位基准。如图15-4所示的套筒，为了保证磨孔时孔的加工余量均匀，先将套筒预夹在单动卡盘中，用划针或指示表找正内孔表面。

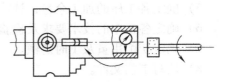

图 15-4　直接找正法

2. 划线找正装夹

这种装夹方式是先按加工表面的要求在工件上划线，加工时在机床上按线找正以获得工件的正确位置。如图15-5所示为在牛头刨床上按划线找正装夹。可在工件底面垫一适当的纸片或铜片以获得正确的位置，也可将工件支承在几个千斤顶上，调整千斤顶的高低以获得工件正确的位置。此时支承工件的底面不起定位的作用，而定位基准即为所划的线。

3. 用夹具装夹

机床夹具是指在机械加工工艺过程中用以装夹工件的附加装置。常用的有通用夹具和专用夹具两大类型。车床的自定心卡盘和机用虎钳便是最常用的通用夹具，图15-6所示钻模是专用夹具的一个例子。轴套零件以其内孔为定位基准套在夹具定位销上定位，用螺母和压板夹紧工件，钻头通过夹具上的钻套引导在工件上钻出孔来。使用夹具安装时，工件在夹具中迅速而正确地定位与夹紧，不需找正就能保证工件与机床、刀具间正确的相对位置，广泛用于成批和大量生产。这种方式生产率高、定位精度好。

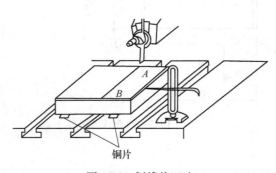

图 15-5　划线找正法

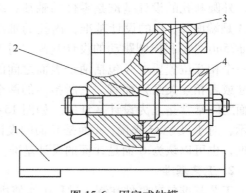

图 15-6　固定式钻模

1—夹具体　2—定位销　3—钻套　4—工件

15.4 零件的结构工艺性和毛坯的选择

15.4.1 零件的结构工艺性概述

　　设计人员在进行机械产品零件设计时，一方面必须保证使用要求，即所设计的产品或零件应当性能优良、工作效率高、寿命长、安全可靠、操纵灵活、易于维修；另一方面要使设计的产品或零件，必须能够制造、易于装配、便于拆卸，而且采用周期短、效率高、劳动量小、耗材少和成本低的制造方法。

　　在零件的整个制造过程中，切削加工所占加工工时比例往往最大，切削加工费用约占整个产品成本的 50%~60%，所以切削加工的结构工艺性就显得特别重要。

　　切削加工结构工艺性具有综合性和相对性等特点，因此要结合机器的整个制造过程来考虑。例如要自制一把呆扳手，应采用自由锻造毛坯。此时，扳手上圆角、曲线、凹槽（图 15-7）难以锻出，只能留

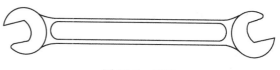

图 15-7 扳手

待切削加工完成。但切削加工时希望毛坯的加工余量（余块）越少越好。这就要求设计人员从整体出发，在仍然采用自由锻造的前提下，将零件尽量简化，如去掉某些曲线、内凹面等以适应自由锻造结构工艺性要求。这时适当增加一些切削加工工作量也是可取的。

　　零件结构工艺性应结合实际生产条件（生产批量、设备条件和加工方法等）确定。例如铣床工作台端部结构设计（图 15-8a），在小批量时，其工艺性是良好的。但批量生产时要求在龙门刨床一次同时加工多件，以提高生产率。此时，由于 a 壁挡刀，结构工艺性就不好。改成图 15-8b、c 所示的结构，均不挡刀，但图 15-8b 所示的结构，增加了结合面的加工工作量和结构复杂程度，而图 15-8c 所示的结构，将油槽位置降低，a 壁顶面低于 T 形槽底面，既不增加加工工作量和加工成本，又可实现多件同时加工。

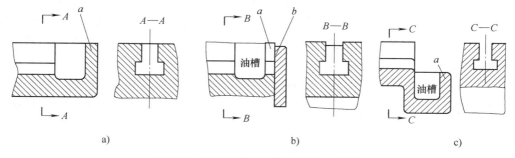

a)　　　　　　　　　　b)　　　　　　　　　　c)

图 15-8 铣床工作台端部的结构工艺性

　　结构工艺性不是一成不变的，而是随着新的工艺方法的出现而变化。例如，生产塑料管的螺旋挤出机内主要零件是变螺距的螺杆，它用普通机床很难加工，往往是把它分成几段不同螺距螺杆加工好后再用焊接或机械方法将它们连接起来，工作量大、成本高而且质量难以保证。现在用数控车床加工可以很轻松地进行加工，而且容易保证加工质量。

再举一例说明，电动剃须刀网罩制造，它的作用是固定刀片。网孔外边缘需倒圆，从而保证网罩在脸上能光滑移动，并使胡须容易进入网孔；而网孔内侧边缘锋利，使旋转刀片很容易切削胡须。若用普通机械加工方法加工，质量很难保证而且生产效率低，而采用电铸这种特种加工方法，产品质量容易保证且无须专用设备，生产效率也远较普通机械加工方法高。

另外，必须看到，随着科学技术的发展，新工艺、新设备不断涌现，零件的结构工艺性也应随之发生变化。如异形孔、形状复杂的轮形件和曲面等结构，过去很难加工。但是随着仿形机床加工，电火花、激光等特种加工方法以及数控线切割机床的出现，则加工变得容易了。因此，零件切削加工结构工艺性应视为相对概念，它是在实际生产中随着科学技术的发展而不断丰富和完善的。

15.4.2　毛坯的选择

1. 毛坯的种类

机械加工中常用的毛坯有：

（1）铸件　适用于做形状复杂的零件毛坯。

（2）锻件　适用于要求强度较高、形状比较简单的零件。

（3）型材　热轧型材的尺寸较大、精度低，多用做一般零件的毛坯。冷拉型材尺寸较小、精度较高，多用于制造毛坯精度要求较高的中小型零件，适宜于自动机床加工。

（4）焊接件　对于大件来说，焊接件简单方便，特别是单件小批量生产，可以大大缩短生产周期，但焊接的零件毛坯变形较大，需要经过时效处理后才能进行机械加工。

（5）冲压件　适用形状复杂的板料零件，多用于中小尺寸零件的大批量、大量生产。

2. 选择毛坯应考虑的因素

（1）生产类型　产品年产量的批量大，应采用精度高、生产率高的毛坯制造方法。

（2）工件结构和尺寸　它决定了选用方法的可能性和经济性。例如形状复杂的薄壁件毛坯，往往不采用金属型铸造，尺寸较大的毛坯也往往不采用模锻和压铸。某些外形特殊的小零件，由于机械加工困难，往往采用较精密的毛坯制造方法。如压铸、熔模铸造等，以最大限度地减少机械加工余量。

（3）工件的机械加工性能要求。毛坯制造方法不同，将影响其力学性能。例如锻件的力学性能高于型材，对重要的零件，不论其结构和形状的复杂程度如何，均不宜直接选用轧制型材而要选用锻件。金属型浇注的铸件强度高于砂型浇注的铸件。

（4）工件的工艺性能（可锻性及可塑性）要求　如铸铁、青铜不能锻造只能铸造，各种材料加工工艺性和制坯方法可参阅有关资料。

15.4.3　切削加工工艺性的评价

因为机械加工的切削加工工艺性具有综合性和相对性的特点，所以不存在唯一的绝对的评价指标。常用的评价方法是从加工成本、加工劳动量、加工周期，材料消耗及材料利用率，标准化结构要素利用率，平均和最高加工公差等级，平均和最高表面粗糙度等，成熟工艺过程利用率，现有机床和工艺装备利用率，高、大、精、尖加工和检测设备用量，特种刀具用量，检测难易程度，生产投资等方面进行衡量。主要是按照最低成本原则予以综合评价。

切削加工工艺性的评价也具有高度的综合性和显著的相对性。只有从工厂的全局出发，通盘考虑零件和产品的整体工艺性，并且抓住降低生产成本这一主要矛盾，才能做出较为客观的评价。

复习思考题

第16章 综合创新训练

【目的与要求】

1. 了解创新的概念和特性。
2. 熟悉创新与实践的关系。
3. 熟悉创新的思维方式和创新的技法。
4. 掌握创新方案的审查标准和创新的实施要求。
5. 熟悉创新能力的培养途径和训练方法。
6. 了解机电产品的设计制造过程。
7. 掌握简单零部件的加工工艺。

16.1 创新的概念及特性

16.1.1 创新及其相关概念

1. 创新的概念

创新是人们把新设想、新成果运用到生产实际或社会实践而取得进步的过程，是获得更高社会效益和经济效益的综合过程。或者可以认为是对旧的一切所进行的革新、替代或覆盖。这种效益可能是物质的，也可能是精神的，但必须是对人类社会有益的。由以上定义不难看出，构成创新的基本要素是人、新成果、实施过程和更高效益。

创新从经济现象开始，随着科学技术的进步和经济的发展，人们对创新的认识也在不断扩展和深化，而且已扩展至科学、政治、文化和教育等各个方面。其中既有涉及技术性变化的创新，如知识创新、技术创新和工艺创新等，也有涉及非技术性变化的创新，如组织创新、管理创新、政策创新等，创新已经成为人类社会进步中的普遍现象。我们这里主要研究涉及机电工程技术方面的创新。

2. 创新与其他相关概念的关系

（1）创造 创造与创新的内涵没有太大的差别，两者都具有首创性特征。但创造与创新的首创性特征的含义并不完全相同。创造是指新构思、新观念的产生，创造的"首创性"是指"无中生有"，着重于一个具体的结果。创新的含义要广泛得多，创新的"首创性"不仅指"无中生有"，更多的是指"推陈出新"，它指的是事物内部新的进步因素通过矛盾斗争战胜旧的落后因素，最终发展成为新事物的过程，是一切事物向前发展的根本动力。

创新与创造的主要差别是：创新有很强的目的性，它更着重于市场需求，着重于与市场相关的技术；创造着重的是研究活动本身或它的直接结果，而创新着重的是新事物的发展过程和最终结果，譬如，怎样把创造应用于生产过程和商业经营活动中去，并由此带来更高的经济效益和社会效益。

（2）发现和发明　发现是指经过探索研究找出以前还没有认识的事物规律。如科学家发现地球本身自转一周为一天等。

发明是指获得人为性的创造成果。如人类发明了第一艘宇宙飞船进入太空飞行等。

发明加上成功的开发才可以称为创新。付诸实践的创新也不一定必然是任何的一种发明，创新是把发明创造应用于生产经营活动中去的一个过程，过程的起始应该是发明创造。有了发明创造出来的新理论、新产品、新工艺和新技术，创新也就有了起始点。小的发明有时可以引发大的创新，如集装箱的出现算不上大的发明，甚至谈不上技术上的发明创造，但它引发了世界运输革命，使航运业的效率增加了 3 倍，因此被认为是重大创新。

3. 创新能力

创新能力是指一个人（或群体）通过创新活动、创新行为而获得创新性成果的能力。它是人的能力中最重要、层次最高的一种综合能力。创新能力包含多方面的因素，如探索问题的敏锐性、联想能力、侧向思维能力和预见能力等。

对于在校就读的学生而言，创新能力是求职、就业、创业乃至其一生事业发展过程中的一种通用能力。

创新能力在创新活动中，主要是提出问题和解决问题这两种能力的合成。提出问题包括了发现问题和提出问题，首要的是发现问题的能力。发现问题的能力是指从外界众多的信息源中，发现自己所需要的、有价值的问题的能力。发现问题也是科学研究和发明创造的开端。相对于解决问题，提出问题在创新活动中占有更重要的地位。

16.1.2　创新的特性

创新研究者认为，创新具有以下主要特性。

1. 首创性

创新是解决前人没有解决的问题，因此创新必然具有首创性特征。创新要求人们要敢于积极进取、标新立异。一件创新产品应该具有时代感和新颖性。

创新并不一定是全新的东西，旧的东西以新的方式结合或以新的形式出现也是创新。一般认为某些模仿也是创新，模仿已成为创新传播的重要形式之一。模仿可分为创造性模仿和简单性模仿。现实中的模仿大多数属第一类，对原产品进行了进一步的改进，带有一定的创造性，因此被看作是创新。没有创造性的产品属低级重复性产品，在经济发展不均衡的地区，不排除这种产品会有一定的市场，但这种市场往往表现出很大的局限性和暂时性，这种产品的制造与销售，多数人认为不能称之为创新。

2. 综合性

创新不是凭空设想。一项创新活动需要广泛的知识和深厚的科技理论功底。在学习的时候，人们往往是一个学科、一门课程地分开学习，但如果把思想仅仅束缚在某一门课程的知识范围内就很难进行创新。创新需要把各相关学科的知识加以综合利用，融会贯通。

作为一个完整的产品创新活动，需要完成由产品发明到开发直至市场化的过程。在这个过程中，除了需要发明者的科技知识，还需要各有关方面具体创新执行者的密切配合，主要是生产工作者和经营管理者的密切配合，创新才能成功。

创新过程每一个阶段的工作往往不是仅凭一个人的能力就能完成的，不同的人在其中所起的作用不同，但一项创新产品的成功必然是众多参与者集体智慧的结晶。创新的综合性就表现在创新活动的产品是众多人的共同努力、多学科知识交叉融合及多种行业协调配合的成果。

3. 实践性

创新活动自始至终都是一项实践活动。创新初期，产品类型的确定是建立在社会需要的基础之上。在创新过程中，产品的构思阶段和制造阶段中都显示出或隐含着大量实践性经验的因素。一种新产品产生后，能否被称为完整意义上的创新最终还要经过市场实践的检验。

16.1.3 创新的思维方式

创新思维是人们在已有的知识和经验的基础上，通过主动地、有意识地思考，产生独特、新颖的认识成果，是一种心理活动过程。从创新的特性可推出，创新思维应该具有突破性、独立性和辩证性。

应该强调要创新，就应该突破原有的思维定式，打破迷信权威的思维障碍，敢于标新立异。

创新思维包括形象思维、联想思维、发散思维、辩证思维等。

16.2 工程综合创新训练

16.2.1 实践是创新实现的基本途径

人类所从事的任何创新，无论是物质创新还是精神创新，无论是具体物品创新还是知识理论创新，都是通过实践来实现的，是在实践的过程中形成、检验和发展的。脱离了实践活动，任何创新都难以实现与发展。

1. 创新与实践检验

选题和目标需要实践检验。选题和目标是根据社会的需要和实现的可能提出的，经过理论的论证才能确定下来。但选题和目标确定得是否完全合理，能否像人们预想的那样克服实现过程中遇到的困难，只有通过实践检验后才能最终确定。

实践可以检验创新过程和创新的成果。在检验中就会发现问题和不足，从而有针对性地提出改进的措施和方法，修正创新目标或创新方案，修正创新的过程，使创新得以实现和发展。任何事物的发展，都是在修正错误中前进的，创新也不例外。一些重大的创新目标，往往要经过实践的反复检验，才能最终确立和完善。

2. 实践锻炼提高人的创新能力

创新成果的大小，往往取决于人的创新能力。创新能力和创新品质是在实践中锻炼和发展起来的。人们只有在社会实践中丰富了创新知识，培养了创新思维，加强了创新意识，修炼了创新意志，增长了创新才干，才能成为勇于创新、善于创新的人。

由于实践贯穿于创新的全过程，而且反馈和调节着整个创新活动，因此实践在创新中的地位和作用决不能低估。有人认为创新是头脑的自由创造物，是某种机遇、某种灵感，似乎只要某种灵机一动就可轻而易举地取得某种创新成果。这种观点显然是不科学的，必然导致对实践操作和实验的轻视。明确了这一点，我们就必须着重实践能力的培养和锻炼。

总之，创新是通过实践来实现的。任何创新思想，只有付诸行动，才能形成创新成果。

因此重视实干、重视实践才能提高创新能力。

16.2.2　创新能力的培养和训练

现代心理学的研究表明，人人都有创造力，都有创造的可能性。人的创新思维能力不是天生的，天生的只是创新的潜能，这种潜能仅具有自然属性。

创新能力是在实践中、日常生活中、学习和工作中锻炼和培养起来的。人人都有好奇的心理、求知的欲望和创新的潜力，创新训练就是为了重新激发潜能，使学生的创新潜能转变为创新能力。

创新能力是靠教育、培养和训练激励出来的。提升创新能力主要通过 3 条途径来实现。

1. 培养问题意识

第一是在日常生活中经常有意识地观察和思考一些问题，如"为什么""做什么""应该怎样做""是不是只能这样""还有没有更好的方法"等。通过这种日常的自我训练，可以提高观察能力和大脑灵活性。

2. 系统学习创新理论和技法

通过参加创新能力的培训班，学习一些创新理论和技法，建立"创新思维能够改变你的一生""方法就是力量""方法就是世界"的观念，经常做一做创造学家、创新专家设计的训练题，就能收到提高创新思维能力的效果。

3. 积极参加创新实践活动

积极参加创新实践活动是最重要的，如小发明、小制作和小论文写作等实践活动，尝试用创造性方法解决实践中的问题，在实践中培养和训练自己的创新能力。只要持之以恒，必有所成。

16.3　综合创新训练的技法

创新技法即创新的技巧和方法，是以创新思维规律为基础，通过对广泛创新活动的实践经验进行概括、总结和提炼而得出来的。创新技法是最终实现创新目标的重要武器和途径，世界各国已经总结出 300 多种，以下介绍几种可操作性强，并能够按照一定的方法、步骤实施的常用创新技法。

16.3.1　设问法

设问法是围绕创新对象或需要解决的问题发问，然后针对提出的具体问题予以研究解决的创新方法。其特点是强制性思考，有利于突破不善于思考提问的思维障碍；目标明确、主题集中，在清晰的思路下引导发散思维。

1. 5W2H 法

这种方法是围绕创新对象从 7 个主要方面去设问的方法。这 7 个方面的疑问用英文字表示时，其首字母为 W 或 H，故归纳为 5W2H。

（1）Why（为什么）　为什么要选择该产品？为什么必须有这些功能？为什么采用这种结构？为什么要经过这么多环节？为什么要改进？

（2）What（是什么）　该产品有何功能？有何创新？关键是什么？制约因素是什么？

条件是什么？采用什么方式？……

（3）Who（谁）　该产品的主要用户是谁？组织决策者是谁？由谁来完成产品创新？谁被忽略了？……

（4）When（何时）　什么时候完成该创新产品？产品创新的各阶段怎样划分？什么时间投产？……

（5）Where（何地）　该产品用于何处？多少零件自制，其余到何处外购？什么地方有资金？……

（6）How to（怎样做）　如何研制创新产品？怎样做效率最高？怎样使该产品更方便实用？……

（7）How much（多少）　产品的投产数量是多少？达到怎样的水平？需要多少人？成本是多少？利润是多少？

此种方法抓住了事物的主要特征，可根据不同的问题，确定不同的具体内容，适用于技术创新中的全新型创新选题。

2. 和田法

"和田法"是我国的创造学者，根据上海市和田路小学开展创造发明活动中所采用的技法，总结提炼而成的，共12种，下面分别加以简要介绍。

（1）加一加　可在这件东西上添加些什么吗？把它加大一些、加高一些、加厚一些，行不行？把这件东西和其他东西加在一起，会有什么结果？

（2）减一减　能在这件东西上减去什么吗？把它减小一些、降低一些、减轻一些，行不行？可以省略取消什么吗？可以减少次数或时间吗？

（3）扩一扩　把这件东西放大、扩展会怎样？功能上能扩展吗？

（4）缩一缩　把这件东西压缩一下会怎样？能否折叠？

（5）变一变　改变一下事物的形状、尺寸、颜色、味道、时间或场合会怎样？改变一下顺序会怎样？

（6）改一改　这种东西还存在什么缺点或不足，可以加以改进吗？它在使用时是不是会给人带来不便和麻烦，有解决这些问题的办法吗？

（7）联一联　把某一事物与另一事物联系起来，能产生什么新事物？每件事物的结果，跟它的起因有什么联系？能从中找出解决问题的办法吗？

（8）学一学　有什么事物可以让自己模仿、学习一下吗？模仿它的形状或结构会有什么结果？学习它的原理技术，又会有什么创新？

（9）代一代　这件东西有什么东西能够代替？如果用别的材料、零件或方法等行不行？替代后会发生哪些变化？有什么好的效果？

（10）搬一搬　把这件东西搬到别的地方，还能有别的用途吗？这个事物、设想、道理或技术搬到别的地方，会产生什么新的事物或技术？

（11）反一反　如果把一个东西、一件事物的正反、上下、左右、前后、横竖或里外颠倒一下，会产生什么结果？

（12）定一定　为了解决某一问题或改进某一产品，为了提高学习、工作效率，防止可能发生的不良后果，需要新规定些什么？制订一些什么标准、规章和制度？

"和田法"深入浅出、通俗易懂，且便于掌握，被人们称为"一点通"。此法适合各个领域的创新活动，尤其适合青少年开展的创新活动。

16.3.2 创新的其他技法

创新的技法还有类比法、组合创新法、逆向转换法、列举法等。

16.4 综合创新训练的实施

16.4.1 机电产品的基本要求

人类设计制造的机电产品种类繁多，大到飞机、高铁，小到手机、手表，但都有其特定的功能目标。例如汽车作为运输工具载人载物，电风扇扇动空气流动散热，金属切削机床作为切削工具改变零件的形状、尺寸，加工出符合工程图样要求的零件，最终组装成一种产品。

机电产品的种类繁多，其功能目标各不相同，对产品的要求也因不同产品而异，但基本的目的要求是相同的。无论是新产品的开发还是老产品的改造，其目的都是为市场提供高质量、高性能、高效率、低能耗、低成本的机电产品，以获取最大的经济效益和社会效益。对机电产品的设计要求可分为主要要求和次要要求。主要要求是指直接关系到产品的功能、性能、技术经济指标的那些要求，次要要求是指间接关系到产品质量的那些要求。

1. 主要要求

1）功能要求：即产品的功用。可以从人机功能分配、价值工程原理和技术可行性等 3 方面来分析。

2）适应性要求：即对作业对象的特征、工作状况、环境条件等工况发生变化的适应程度。

3）性能要求：是指产品所具有的工作特征。

4）生产能力要求：是指产品在单位时间内所能完成工作量的多少。

5）可靠性要求：是指产品在规定使用条件下，在预期使用寿命内能完成规定功能的概率。

6）使用寿命：是指正常使用条件下，因磨损等原因引起产品技术性能、经济指标下降在允许范围内而无须大修的延续工作的期限。

7）效率要求：是指输入量的有效利用程度。

8）使用经济性要求：是指单位时间内生产的价值与同时间内使用费用的差值。

9）成本要求：产品成本包括制造成本和使用成本，降低制造成本和使用成本，可以提升产品的竞争能力。

10）人机工程学要求。

11）安全防护、自动报警要求。

12）与环境适应的要求。

13）运输、包装的要求。

2. 其他设计要求（为了保证实现主要设计要求而提出的要求）

1）强度、刚度要求。

2）制造工艺要求。

3）零件加工技术要求。

4）各作业动作间的协调配合要求。

5）机电产品的开发过程一般分为 3 个阶段，即产品的设计、零部件的制造、产品的装配和测试。

16.4.2 产品的设计

产品的设计是设计者根据市场的需求、反馈或给定的边界条件，应用已掌握的科学技术知识和各种资源，通过创造性思维劳动，经过判断、决策、设计和评价，最终设计出满足要求的产品。

产品的设计包括产品的市场调研、产品的方案设计和产品的结构与图样设计。

1. 产品的市场调研

产品的设计从产品的市场调研开始，掌握市场对产品需求的第一手资料，了解市场或工程项目对某类产品的功能、性能和价格需求以及市场前景，对产品的功能、质量水平和价格进行正确定位。

无碳小车是 2010 年以来全国大学生工程训练综合能力竞赛作品，竞赛规则要求以 4J 重力势能驱动小车在给定的赛道上越障碍行驶，障碍桩间的距离可变，越障碍数多和行走距离长者获胜。无碳小车的唯一动力源是 4J 重力势能，要求小车行走方向控制方便、灵活；结构简单、可靠，便于制造、装配、调试；低成本。通过无碳小车越障碍竞赛，激发学生的创新精神，培养学生的工程实践能力和争先进位的竞争意识。

2. 产品的方案设计

经过产品需求分析，明确设计目标、任务和要求，了解产品外部环境的约束条件和影响。在此基础上选择技术原理和方案，确定主要技术参数。例如载重量、排气量、功率、最大加工直径等。

（1）外部边界条件（组委会给出）　本比赛的障碍桩等间距（或不等间距）布置在一条直线上，小车的行走路径一般应是近似余弦曲线 $y = A\cos(\omega t + \varphi)$。如图 16-1 所示为小车的行走路径。

比赛结果与很多因素有关，参赛者的小车要适应赛道表面特性（赛道表面的摩擦因数）和障碍桩的布置，小车结构应力求简单以适应拆装。

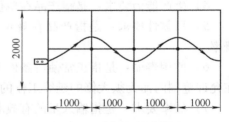

图 16-1　小车行走路径

（2）无碳小车的工作原理　无碳小车以 4J 重力势能克服摩擦力做功，摩擦力包括车轮与赛道间的摩擦阻力和小车机构的摩擦力。摩擦力对比赛结果有重要影响。车轮与赛道间的摩擦力与车轮材料、赛道表面特性和车体的重量有关，但重量大会增加车轮与赛道间的摩擦力，影响小车前行距离；重量轻会降低小车的稳定性。小车机构的摩擦力与小车的结构和制造精度有关。小车的行走路径根据障碍桩的设置自动控制。

（3）设计方案　实现产品的设计目标可能有多个方案，应对可能的方案进行分析、比较、模拟仿真和评价，从中选择最优或次优的方案。根据小车的需求、工作原理和外部边界条件，小车的设计方案如下：

1）小车采用三轮结构，后轮驱动，前轮控制转向。

2）后轮的驱动力矩来自 4J 重力势能，通过绕线轴、齿轮驱动后轮前进。

3）后轮采用传统的齿轮差动机构，或采用简单的左右轮分离驱动。

4）通过曲柄摇杆机构控制前轮转向。

3. 产品的结构和图样设计

根据设计方案进行结构和图样设计，原则是"结构简单、易于加工、便于装配"，主要包括产品总体布局设计，实现各功能的技术方案和结构设计，零部件的设计，确定主要结构尺寸，选择材料，绘制零件图，最后形成总体结构装配图，再进行零部件的拆图。也可根据总体布局先进行零件的三维设计，再组装成三维装配图，三维零件图根据装配情况边修改边装配，最后形成完整的三维装配图。

无碳小车的主要组成机构有动力转换机构、传动机构、行走机构、转向机构和底盘。

（1）动力转换机构　动力转换机构采用定滑轮机构，定滑轮安装在底盘支架上。绕线的一端连接砝码，另一端连接绕线轮，绕线轮的直径直接影响驱动力矩的大小，选择绕线轮直径的原则是驱动力矩足以克服摩擦力矩使小车行走。

施加在绕线轮上的驱动力矩为

$$M_0 = mgd/2 \tag{16-1}$$

式中　M_0——驱动力矩；

　　　m——砝码质量，$m = 1\text{kg}$；

　　　d——绕线轮直径（mm）。

（2）传动机构　传动机构的主要功能是将运动从原动机传递到执行机构，改变运动的方向、速度和力矩。常用的传动机构有机械传动机构、电气传动机构、液压气压传动机构。机械传动机构有齿轮传动、带轮传动、摩擦轮传动、丝杠螺母传动等。小车采用两级齿轮传动，下面对如图 16-2 和图 16-3 所示两种机构进行分析。

1）对如图 16-2 所示的传动机构进行分析。此结构为两级增速传动。将齿轮 z_1 安装在绕线轴 I 上，齿轮 z_2 安装在曲柄轴 II 上，此为第一级传动。它决定小车前行距离，即小车行走 S 形周期的数量。初选绕线轴直径为 10mm，则绕线轴可旋转 $400/10\pi = 12.7$ 圈，取第一级传动比 $i_1 = 2$，则 II 轴可旋转 25.4 圈，即小车行走 25.4 个 S 形周期，小车行走的直线距离为 50.8m。

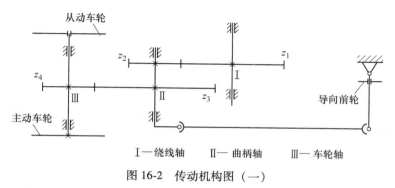

I—绕线轴　　　II—曲柄轴　　　III—车轮轴

图 16-2　传动机构图（一）

2）对如图 16-3 所示的传动机构进行分析。此结构为一级增速传动，一级减速传动。将齿轮 z_3 安装在车轮轴 II 上，齿轮 z_4 安装在曲柄轴 III 上，此为减速运动，它决定小车前行距离，即小车行走 S 形周期的数量。初设小车行走 25.4 个 S 形周期，小车行走的直线距离为 50.8m。取第二级传动比 $i_2=4$，则 II 轴可旋转 101.6 圈。

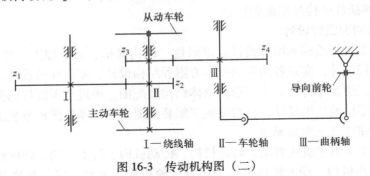

图 16-3　传动机构图（二）

（3）行走机构　无碳小车采用三轮式、后轮驱动行走机构，前轮转向由转向机构控制。小车行驶及转向时，左右车轮在赛道上应作无滑动的滚动，其转速是不相等的，即所谓转速差。如果转速差的问题不解决，小车在转弯时，离转弯中心远的车轮便会出现打滑。汽车上常用差速器实现左右车轮的转速差，无碳小车也可以采用差速器，但无碳小车多采用左轮（或右轮）与车轴固定连接，右轮（或左轮）与车轴空套连接的分离驱动方式。与车轴固定连接的车轮转速与车轴同步，与车轴空套连接的车轮转速随转弯半径自动调节。

后车轮直径的选择应考虑小车行走的距离（与导向轮的往复摆动周期匹配）和车轮的滚动摩擦力矩。车轮与赛道间的摩擦力是一定的，车轮直径越大，车轮的滚动摩擦力矩也越大，一般车轮直径不要超过 200mm。

1）对如图 16-2 所示的传动机构进行分析。将齿轮 z_3 安装在曲柄轴 II 上，齿轮 z_4 安装在车轮轴 III 上，此为第二级传动。传动比 i_2 保证后轮与导向轮的往复摆动周期匹配，即导向轮（曲柄）旋转一周时后轮必须行走一个 S 形周期的路程。后轮直径 D 与行走一个 S 形周期的路程 l 有关，一个 S 形周期的路程 l、余弦曲线的振幅 A 与桩距有关，如图 16-4 所示。

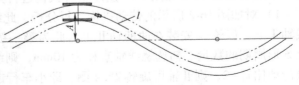

图 16-4　振幅 A 与路程 l 关系图

小车行走一个 S 形周期的路径长度 l 的计算公式

$$l = \pi D i_2 \tag{16-2}$$

这里重块接触底盘后小车惯性滑行长度忽略。

小车行走路径长度 l 与绕线轮直径 D 成反比，与传动比 i 和车轮直径 D 成正比。根据桩距大小设定 $A=150mm$，则 $l=2200mm$，取 $i_2=5$。

将数值代入式（16-2）计算得车轮直径 $D=140.13mm$。

该结构为两级增速传动，总传动比 $i=10$。机械产品中的传动大多数是减速传动，这里采用增速传动是为了增加小车的行走距离，但也缩小了施加在后车轮上的驱动力矩。

2）对如图 16-3 所示的传动机构进行分析。将齿轮 z_2 安装在车轮轴 III 上，齿轮 z_4 安装在绕线轴 I 上，此为第一级传动。传动比 i_1 保证后轮与导向轮的往复摆动周期匹配，即导向轮

（曲柄）旋转一周时后轮必须行走一个 S 形周期的路程。后轮直径 D 与行走一个 S 形周期的路程 l 有关，一个 S 形周期的路程 l、余弦曲线的振幅 A 与桩距有关，如图 16-4 所示。

小车行走一个 S 形周期的路径长度 l 按式（16-2）计算。

根据桩距大小设定 $A = 150mm$，则 $l = 2200mm$，如前计算可知，Ⅱ轴必须旋转 101.6 圈，则 $i_1 = 101.6/12.7 = 8$。

将数值代入式（16-2）计算得车轮直径 $D = 175.16mm$。

该结构为两级传动，一级增速，一级减速。这样增加了施加在后车轮上的驱动力矩。

（4）转向机构　无碳小车转向轮为前轮，小车行驶一个 S 形周期曲线长度，前轮往复摆动一恒定的角度。采用曲柄连杆机构实现前轮转向，如图 16-5 所示。曲柄安装在曲柄轴上，连杆一端用关节轴承和曲柄连接，另一段用关节轴承与摆杆连接，两个关节轴承一个选用左旋螺纹、一个选用右旋螺纹，以适应同步微调。摆杆带动前轮叉摆动。曲柄转一圈，前轮摆动一个 S 形周期。

调整曲柄半径、摆杆长度和连杆长度，使小车行走直线距离近似为 2m。

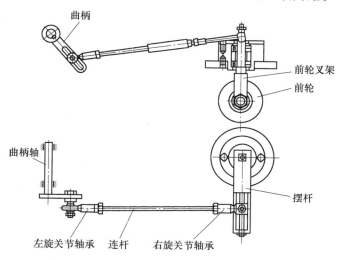

图 16-5　前轮转向机构简图

（5）底盘　底盘是安装小车的支架、传动机构、转向机构和车轮的零件，各轴通过轴承和轴承座固定在底盘上。底盘尺寸从小车转向的灵活性考虑，宁小勿大；从小车稳定性考虑，不宜过小。为提高小车的稳定性，小车的重心尽可能低，材料选用铝合金，厚度以 5～6mm 为宜。

综上分析，优化选择绕线轮直径 d、传动比 i 和车轮直径 D，使小车充分利用 4J 重力势能，在赛道上越障碍数多、行驶距离长。选择过程如下。

1）根据命题，考虑小车侧滑和加工精度等因素，初设小车振幅，计算行驶路径理论长度和直线距离。

2）通过计算选择传动比。

3）经理论分析初选绕线轮直径和车轮直径。

4）做运行试验，取得试验数据。

5）根据试验结果修改设计，直到取得满意结果。

无碳小车的总装配图如图 16-6 所示。

（6）零件的设计　一台机器是由若干个零件组成的。零件分为标准件和非标准件两大类。标准件通过外购获得，如螺钉、螺母、轴承等。外购标准件时要制订清单，注明规格、型号、数量。非标准件需要设计制造，绘制零件图，零件设计数据来自产品装配图。零件图上应标注尺寸、精度、材料、热处理等技术要求。小车传动轴零件图如图 16-7 所示。

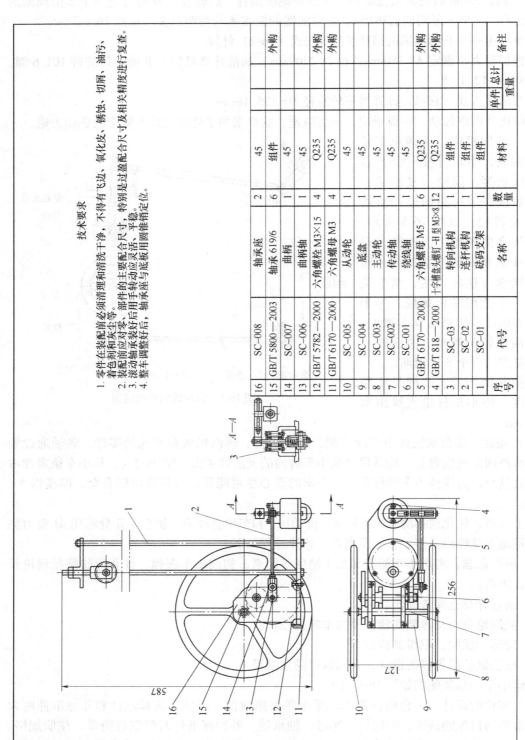

技术要求

1. 零件在装配前必须清理和清洗干净，不得有飞边、氧化皮、锈蚀、切屑、油污、着色剂和灰尘等。
2. 装配前应对零、部件的主要配合尺寸，特别是过盈配合尺寸及相关精度进行复查。
3. 滚动轴承装好后用手转动应灵活、平稳。
4. 整车调整好后，轴承座与底板用圆锥销定位。

序号	代号	名称	数量	材料	单件	总计	备注
					重量		
16	SC-008	轴承座	2	45			
15	GB/T 5800—2003	轴承 619/6	6	组件			外购
14	SC-007	曲柄	1	45			
13	SC-006	曲柄轴	1	45			
12	GB/T 5782—2000	六角螺栓 M3×15	4	Q235			外购
11	GB/T 6170—2000	六角螺母 M3	4	Q235			外购
10	SC-005	从动轮	1	45			
9	SC-004	底盘	1	45			
8	SC-003	主动轮	1	45			
7	SC-002	传动轴	1	45			
6	SC-001	绕线轴	1	45			
5	GB/T 6170—2000	六角螺母 M5	6	Q235			外购
4	GB/T 818—2000	十字槽盘头螺钉-H型 M3×8	12	Q235			外购
3	SC-03	转向机构	1	组件			
2	SC-02	连杆机构	1	组件			
1	SC-01	砝码支架	1	组件			

图 16-6　无碳小车总装配图

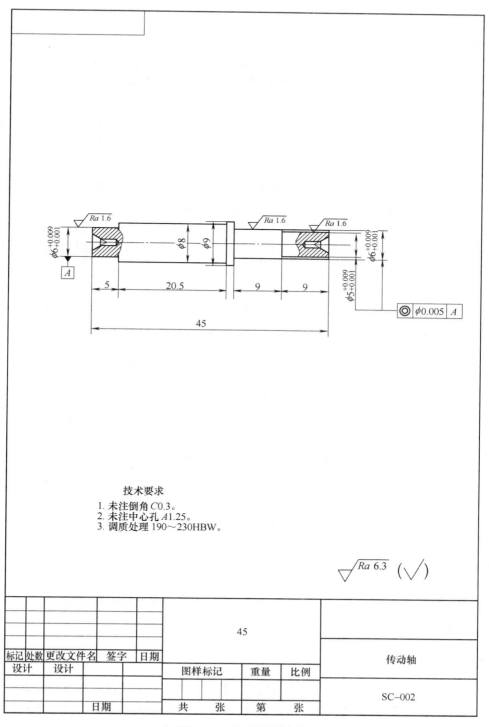

技术要求

1. 未注倒角 C0.3。
2. 未注中心孔 A1.25。
3. 调质处理 190~230HBW。

					45			传动轴
标记	处数	更改文件名	签字	日期				
设计		设计			图样标记	重量	比例	
								SC–002
			日期		共 张	第 张		

图 16-7 传动轴零件图

16.4.3 产品的制造

1. 零件的加工工艺设计

零件的制造从选择坯料开始，经过一系列加工工序，最终制造出符合图样要求的零件。零件的加工工艺设计的主要任务是对需加工的零件进行工艺分析和制订零件的机械加工工序卡。以如图 16-7 的小车传动轴为例进行工艺分析：传动轴是无碳小车的一个典型零件，它主要用来传递转矩和承受载荷。该轴按给定的生产纲领 500 件/年，则生产批量为 42 件/月，生产类型属于中批生产。而生产类型不同，则其工艺特征也不同，该传动轴的工艺应结合中批生产的工艺特征来考虑。具体工艺分析如下：

（1）零件结构及其工艺性分析 该轴为细长小台阶轴，总长 45mm，由直径 ϕ9mm、ϕ8mm、ϕ6mm 和 ϕ5mm 的外圆柱面组成，结构比较简单，长径比 $L/d=9$（$L/d>12$ 属挠性轴或称细长轴），虽说此轴不属挠性轴，由于直径比较小，刚性差，工艺性差，加工时极易造成弯曲变形，加工时要按挠性轴考虑，可以使用中心架来防止其变形，能够保证以高生产率和低成本制造。

（2）零件技术要求分析

1）尺寸精度。该轴的主要尺寸精度要求在 3 处台阶轴处，即安装轴承和安装齿轮的部位，精度较高，均是 6 级精度，过渡配合。可通过在 M135 外圆磨床上加以中心架辅助支撑进行磨削加工，均能保证其要求。

2）形状与位置精度分析。该轴只有 3 处阶梯轴段对基准的同轴度（0.005mm）的要求，属于位置精度要求，精度较高，且该轴长径比比较大，按挠性轴类零件考虑，该同轴度要求属于加工关键，加工时应优先考虑基准统一的原则，可通过以两端中心孔为工艺基准和辅以中心架做辅助支撑来保证其同轴度的位置精度要求。

3）表面粗糙度分析。表面粗糙度最低值为 $Ra1.6\mu m$，通过磨削加工可以保证。

4）零件材料及热处理分析。该轴虽属台阶轴，但外圆直径尺寸相差不大，且强度要求不高，毛坯选用棒料即可。该轴选用了比较常用的 45 圆钢，经过调质处理（硬度为 190~230HBW），能得到良好的切削性能，而且能获得较高的强度和韧性等综合力学性能。刀具材料选择范围较大，高速钢或 P 类硬质合金均可。

零件的加工工序卡见表 16-1。

2. 零件的加工

机械加工工序卡是零件加工的指导性文件，零件加工一般应按照机械加工工序卡的要求进行。零件加工涉及的主要工种有车工、铣工、钳工和齿轮加工。

16.4.4 产品的装配和调试

产品的装配和调试是产品开发过程的后期工作，装配工作对产品质量有重大影响，若装配不当，即使所有零件都合格，也不一定能够装配出合格的、高质量的产品。产品装配应按照产品图样和装配工艺规程进行，遵循装配基本原则，采用合理的装配工艺，提高装配质量和效率。

表 16-1　传动轴加工工序卡

				第四届全国大学生工程训练综合能力竞赛			产品名称	无碳小车	共 3 页	第 1 页	
机械加工工序卡片							零件名称	轴 1	生产纲领	500 件/年	编号
材料	圆钢	毛坯种类	圆钢	毛坯外形尺寸	φ11mm×250mm	每台件数	1	每毛坯可制作件数	5	生产批量	42 件/月
序号	工序名称	工序内容			工序简图		机床	夹具	刀具	量具、辅具	工时/min 备注
1	下料	锯床下料 φ11mm×250mm					GB4025 卧式带锯床		带锯条	钢直尺	
2	车	自定心卡盘夹一端平端面，钻中心孔，粗车外圆至 φ8mm 和 φ7mm，切断保证总长 50mm					CA6136 型车床	机床夹具	端面车刀、外圆车刀、车断刀、中心钻 A2	游标卡尺（0~150mm）	
3	车	自定心卡盘夹另一端平端面，钻中心孔，粗车外圆至 φ8mm，保证总长 45mm					CA6136 型车床		端面车刀、外圆车刀、中心钻 A2	游标卡尺（0~150mm）	
				编制（日期）	审核（日期）	标准化（日期）		会签（日期）			
标记	处数	更改文件号	签字	日期							

第四届全国大学生工程训练综合能力竞赛		机械加工工序卡片			产品名称	无碳小车	生产纲领	500件/年	
						共3页 第2页			(续)
					零件名称	轴1	生产批量	42件/月	
材料	毛坯种类	毛坯外形尺寸	每毛坯可制作件数						
	圆钢	φ11mm×250mm	5						
序号	工序名称	工序内容	工序简图	机床名称	夹具	刀具	量具、辅具	备注	工时/min
4	热	调质190~230HBW，校直		KJX-18箱式电阻炉				布氏硬度计	
5	车	修研两端端中心孔		CA6136型车床		金刚石顶尖			
6	车	顶两端中心孔，半精车各部分留1mm余量，φ8mm和φ9mm处车成		CA6136型车床		外圆车刀	游标卡尺(0~150mm)		
				编制（日期）	审核（日期）	标准化（日期）	会签（日期）		
标记	处数	更改文件号	签字	日期					

（续）

机械加工工序卡片

第四届全国大学生工程训练综合能力竞赛		产品名称	无碳小车	生产纲领	500 件/年
		零件名称	轴 1	生产批量	42 件/月
		每台件数	1	共 3 页	第 3 页　编号

材料	圆钢	毛坯种类		毛坯外形尺寸 φ11mm×250mm	每毛坯可制件件数 5

序号	工序名称	工序内容	工序简图	机床	夹具	刀具	量具、辅具	工时/min
7	车	顶两端中心孔，精车右部 Ra1.6μm 留 0.2mm 余量	φ5.2　φ6.2	CA6136 型车床	机床夹具	外圆车刀	游标卡尺（0～150mm）	
8	车	零件掉头顶两端中心孔，精车左部 Ra1.6μm 留 0.2mm 余量	φ6.2	CA6136 型车床		外圆车刀	游标卡尺（0～150mm）	
9	钳	去毛刺				锉刀		
10	磨	顶两端中心孔，磨 3 处 $\phi6^{+0.009}_{+0.001}$，$\phi6^{+0.009}_{+0.001}$ 和 $\phi5^{+0.009}_{+0.001}$	$\phi5^{+0.009}_{+0.001}$　$\phi6^{+0.009}_{+0.001}$　$\phi6^{+0.009}_{+0.001}$	M135 外圆磨床、中心架		60 棕刚玉砂轮	外径千分尺（0～15mm）	

					编制（日期）	审核（日期）	审批（日期）	标准化（日期）	会签（日期）
标记	处数	更改文件号	签字	日期					

1. 无碳小车的装配

无碳小车的装配工作先按连杆机构、转向机构、支架部分等部件安装，最后将各部件安装在底盘上。其中主要有螺纹的联接、轴承的安装、齿轮的安装等工作。

（1）螺纹装配　主要有螺栓、螺钉联接。装配后的螺栓、螺钉头部和螺母的端面都应与被紧固的零件表面均匀接触，不应倾斜和留有间隙。由于螺栓与孔都有一定的间隙，拧紧前一定要先确定各零件无卡阻现象之后再拧紧螺母。

（2）轴承装配　由于无碳小车使用的轴承比较小，轴承外圈装配时，要先测量轴承孔尺寸，符合要求后再摆正轴承，用小铜棒轻轻敲打使其进入孔内，切忌用力过猛；轴承内圈装配时，与外圈装配一样，先测量轴径尺寸，摆正轴承后用专用套管轻轻敲打，应紧靠轴肩。轴承装配后，应转动灵活，并无轴向窜动。

（3）齿轮装配　一般精度的齿轮装配后允许有一定的啮合间隙，但必须控制在许可范围内。齿轮装配后要求啮合顺畅，不允许有卡阻现象。

（4）曲柄连杆机构装配　装配后要求机构工作顺畅，不允许有卡阻现象，尤其是关节轴承部位。

（5）调试　小车装配完成后，用手盘动应转动、转向灵活，方可上赛道进行轨迹运行调试。

2. 无碳小车的轨迹运行调试

小车装配后在赛道上试运行，调整摆杆长度、曲柄半径和连杆长度，使小车行驶路径符合设计要求，取得试验数据并做好记录，发现问题，对小车进行改进设计和调试。调试的主要工作有：

1）首先进行运行轨迹调试，首次装配的小车不一定能走出 S 形轨迹，这应该是导向轮转角的问题，这要进行曲柄连杆机构的调整，主要调整摆杆长度、曲柄半径和连杆工作长度，使导向轮左右摆角一致，调整好转角就可走出设计的 S 形轨迹（如果计算无误的话）。

2）发车起始位置的调整，小车的 S 形轨迹调试好以后，找好小车出发位置及出发角度就能使小车按比赛要求进行运行了。

复习思考题

参 考 文 献

[1] 李海越，刘凤臣，管晓光. 机械工程训练：机械类 [M]. 哈尔滨：哈尔滨工程大学出版社，2010.

[2] 都维刚，李素燕，罗凤利. 机械工程训练：非机工科类 [M]. 哈尔滨：哈尔滨工程大学出版社，2010.

[3] 李文双，邵文冕，杜林娟. 工程训练：非工科类 [M]. 哈尔滨：哈尔滨工程大学出版社，2010.

[4] 吕常魁，刘润. 机械工程训练指导书 [M]. 北京：高等教育出版社，2015.

[5] 魏德强，昌汝金，刘建伟. 机械工程训练 [M]. 北京：清华大学出版社，2016.

[6] 梁延德. 工程训练教程机械大类实训分册 [M]. 大连：大连理工大学出版社，2012.

[7] 郑志军，胡青春. 机械制造工程训练教程 [M]. 广州：华南理工大学出版社，2015.

[8] 曾海泉，刘建春. 工程训练与创新实践 [M]. 北京：清华大学出版社，2015.

[9] 杨钢. 工程训练与创新 [M]. 北京：科学出版社，2015.

[10] 傅水根. 以项目驱动的机械创新设计与实践 [M]. 北京：清华大学出版社，2013.

[11] 李兵，吴国兴，曾亮华. 金工实习 [M]. 武汉：华中科技大学出版社，2015.

[12] 黄明宇. 金工实习：下册冷加工 [M]. 3 版. 北京：机械工业出版社，2015.

[13] 徐向纮，赵延波. 机电工程训练教程. 机械制造技术实训 [M]. 北京：清华大学出版社，2013.

[14] 张念淮，胡卫星，魏保立. 钳工与机加工技能实训 [M]. 北京：北京理工大学出版社，2013.

[15] 钟翔山. 图解钳工入门与提高 [M]. 北京：化学工业出版社，2015.

[16] 许允. 钳工操作实用技能全图解 [M]. 郑州：河南科学技术出版社，2014.

[17] 朱绍胜，朱静. 车工实训教程 [M]. 北京：化学工业出版社，2016.

[18] 陈星. 车工实训教程 [M]. 上海：上海交通大学出版社，2015.

[19] 吴云飞，许春年. 数控车工（FANUC 系统）编程与操作实训 [M]. 北京：中国劳动社会保障出版社，2014.

[20] 刘建伟，昌汝金，魏德强. 特种加工训练 [M]. 北京：清华大学出版社，2013.

[21] 白基成，刘晋春. 特种加工 [M]. 6 版. 北京：机械工业出版社，2014.

[22] 郎一民. 数控铣削（加工中心）加工技术与综合实训：华中、SIEMENS 系统 [M]. 北京：机械工业出版社，2015.

[23] 姜波，王存. 焊接工艺与技能训练：任务驱动模式 [M]. 北京：机械工业出版社，2015.

[24] 郭玉利，曹慧. 焊接技能实训 [M]. 北京：北京理工大学出版社，2013.

[25] 周志明，王春欢，黄伟久. 特种铸造 [M]. 北京：化学工业出版社，2014.

[26] 李晨希. 铸造工艺及工装设计 [M]. 北京：化学工业出版社，2014.

[27] 马德成. 机械零件测量技术及实例 [M]. 北京：化学工业出版社，2013.

[28] 朱华炳，田杰. 制造技术工程训练 [M]. 北京：机械工业出版社，2014.